Nicht nur das Aggregat-4 gebaut

von
Klaus-Peter Rothkugel

Keglige Fernrakete

Einstufig

Schutzkappe aus Holz

28 m hoch

große Reichweite

92 Prozent Treibstoff

8 Prozent Ausrüstung und Nutzlast

Wohlmöglicherweise noch im Zweiten Weltkrieg realisiert
und
im März 1945 von Thüringen aus gestartet

Kegelrakete beim Start
aus Silo
im
Eulengebirge

Abb., fiktive Modelldarstellung:

So könnte eine neue, 28m große Leichtbau-Kegelrakete, aus z.B. der Festungsanlage „Riese", aus einem Silo zu einem Fernziel hinter dem Ural gestartet sein, hätte es einen Dritten Weltkrieg gegeben.

Wurden nach dem Krieg in der SBZ heimlich Probeschüsse mit solch einer „Schulz-Rakete" in Kegelform Richtung Schweden vorgenommen? Oder aus einem Silo, das im „AWO-Gebiet" in Thüringen lag?

Die Rakete beschleunigte relativ langsam aus der unterirdisch gelegenen Startröhre und erreichte erst in großen Höhen die maximale Endgeschwindigkeit.

Wurde die Rakete beim Start auf einem rotierenden Startteller drallstabilisiert?

Der Sprengkopf wurde beim Wiedereintritt aus 120 km Höhe durch eine Schutzkappe aus Sperr- oder Eichenholz vor dem Verglühen geschützt.

Abb., fiktive Modelldarstellung:

Ob nach Kriegende, entweder noch im Jahre 1945, oder 1946, eine solche „Schulz-Rakete", z.B. im Eulengebirge, „Riese", vor den Augen der Russen und Amerikaner nacherprobt wurde, ist unklar.

Man hätte von Seiten der „Nicht-Verschwören" sicherlich gerne wissen wollen, wie die Rakete funktionierte, wie sich der Wiedereintrittskörper und die Schutzkappe aus Holz im Flug verhält und wie weit und zielgenau sie mit einer kardanischen Steuerung geflogen wäre.

Und wie der Start aus einem unterirdisch angelegten Startplatz gelingt (ggfs. durch einen rotierenden Startteller).

Wäre auch eine solche deutsche Rakete in 1946 nach Schweden oder Finnland geflogen? Hatte man die schnell herabstürzende „Schnelle Spitze" mit einer Schutzkappe aus Sperrholz versehen, damit diese beim „Re-entry" nicht auseinander bricht und verglüht?

Gab es beide Spitzen, sowohl die „Langsame Spitze" für Kurz- und Mittelstreckenraketen, und die „Schnelle Spitze" für keglige Fernraketen bereits während des Krieges in Deutschland?

Abb.: fiktive Modelldarstellung

Wurde eine Leichtbau-Kegelrakete ohne Flossen und Kreiselstabilisierung durch circa 60 m lange Stahlseile beim Start gehalten, die in der Anfangsphase die Kegelrakete stabilisierten, da aufgrund des langsamen Starts und des kaum vorhandenen Luftstroms während des Aufstieges noch keine ausreichende Eigenstabilität der Rakete vorhanden war?

Zumindest, wenn die Kegelrakete im Freien, u.a. auch den Witterungseinflüssen, wie Seitenwind ausgesetzt ist. Im Fluge bläst eine Zapfluft-Düse am Heck Druckluft aus, um eine Eigenrotation der Kegelrakete zu verhindern und sie weiter zu stabilisieren.

Später sollten solche Raketen ja aus unterirdischen Startrampen, Startröhren, Silos verschossen werden, wo das Problem von Seitenwind beim Start nicht auftrat.

Abb.: fiktive Modelldarstellung

Wurde eine „bi-konische" Raketenspitze auf einem Aggregat-4 getestet?

Eventuell auf dem Truppenübungsplatz „Heidelager", Blitzna, bei Krakau?

Sah ein Augenzeuge im Sommer 1944, wie solch eine „Langsame Spitze", ein Wiedereintrittskörper mit Übungs-Sprengsatz über einem Waldstück bei Krakau explodierte und zahlreiche Bäume umknickte?

Wenn die Rakete Brennschluss hatte, wurde automatisch der Sprengkopf, entweder mit Hilfe kleiner Raketentreibsätze, oder durch Sprengbolzen, von der Rakete separiert.

Einstufige keglige Schulz-Rakete
Schnelle Spitze
Schutzkappe aus Holz

Besteht aus 92% Treibstoff
8% Ausrüstung und Nutzlast
große Reichweite
extrem dünnwandig
gasbeaufschlagt
kardanisch aufgehängte Schwenkdüse
leicht zu produzieren

Nicht nur das Aggregat-4 gebaut!

Peenemünde, was alles vertuscht wird!

von

Klaus-Peter Rothkugel

©K-P Rothkugel, Herbst 2018

Vorwort

Vorsicht!

Alles hier Aufgeführte ist nur reine Spekulation und Verschwörung, also die Meinung des Autors!

Eine weitere „Verschwörungsgeschichte", gespickt mit vielen „Inserts", basierend auf Tatsachen, die gerne verschwiegen werden, da unter anderem militärisch noch hoch aktuell.

Die Geschichtsschreibung und deren Handlanger möchten diejenigen, die sich für die jüngste Geschichte und insbesondere für den Zweiten Weltkrieg interessieren, gerne suggerieren, das die „Vergeltungswaffe-2", das „Aggregat-4" die einzige funktionstüchtige und einsatzbereite Groß-Rakete gewesen sei, die man in den vielen Jahren, und den zig hunderte von Millionen, wenn nicht gar Milliarden an Reichsmark, die in die Forschung und Entwicklung von neuen Artilleriewaffen gesteckt wurden, in Peenemünde gebaut hatte.

Nach Erkenntnissen des Autors wurden aber, neben der „Wasserfall" und mehreren kleineren Boden-Boden und Boden-Luft Raketen (in Zusammenarbeit mit anderen, auch „privaten" Forschungsstellen), weiterhin an anderen Projekten geforscht und versucht, diese im Krieg noch rechtzeitig rumzusetzen.

Allseits bekannt in der Gerüchteküche sind die „Flugscheiben", ob eine kleine „Drohne" als senkrecht startender schneller „Abfangjäger", oder elektrostatische und elektromagnetische Flugkörper, die die Propaganda aus Geheimhaltungsgründen bis heute und weit darüber hinaus als „außerirdische Raumschiffe" verkaufen muss, um dahinter gigantische Machenschaften zu verstecken, die niemals an die Öffentlichkeit geraten dürfen. Würden diese doch zu einem Skandal führen und die Welt nachhaltig erschüttern.

Dieses Buch möchte u.a. in Erzählform mit dazugehörigen Tatsachen und Berichten, die eine oder andere Entwicklung, die neben dem A-4 in Peenemünde und deren angegliederten Erprobungsstätten noch in der Erprobung standen, nachvollziehen und beschreiben.

Gerne würde der Autor auch auf Hinweise zurückgreifen, die bis heute über Peenemünde zurückgehalten worden sind.

Denn es müssen schon einige Personen, ob Ingeniere, Techniker oder Handwerker, ganz zu schweigen von den vielen Fremdarbeitern und Spionen, ob aus dem Westen oder dem kommunistischen Einflussbereich, etwas mitbekommen haben, dass man außer an der V-2, noch an diversen anderen Projekten an der Baltischen Küste forschte und entwickelte.

Es muss eine rege Flugerprobung an neuen Raketen, an elektrostatischen Flugkörpern, an neuartigen, exotischen Fluggeräten, wie der Flugkreisel und Flugdiskus usw., gegeben haben. Und es könnten einige mutige und engagierte Personen davon entweder Zeichnungen oder gar Film- oder Fotoaufnahmen gemacht haben.

Wo sind diese Fotos, die auch teilweise im Privatbesitz sein könnten. Warum sind sie nie in der Öffentlichkeit aufgetaucht? Weder im Internet noch auf einer Auktionsplattform.

So wie eine Fotoserie von Dr.-Ing. Richard Miethe, der die Möglichkeit hatte, den Flugdiskus 1944 in der Luft am Ostseestrand zu fotografieren.

Es gibt viele Fotos und Filme über die V-1, wie sie von der Startrampe in die Luft katapultiert wurde, oder wie das A-4 senkrecht in den Himmel aufsteigt.

Wo sind die (Privat-) Aufnahmen von anderen Raketen, z.B. in Kegelform, wo sind die Fotos der A-8 mit „Langsamer Spitze", wo sind die Aufnahmen der vielen „Foo Fighters", wo die Schnappschüsse scheibenförmigen elektromagnetischen Flugkörper, die in der Luft schweben und eigentümlich leuchten? Hat niemand diese heimlich für sein Privatalbum aufgenommen?

So, wie ein SS-Wachmann, der in Prag auf einem der drei Flugplätze Wache schob und heimlich eine Flugscheibe in einer Flugzeughalle ablichtete. Dies erzählte ein Besucher dem Autor, der einmal seine Flugscheibenmodelle ausgestellt hatte.

Der Besucher hatte in einem alten Fotoalbum dieses Wachmannes geblättert und darin das scheibenförmige Fluggerät entdeckt.

Es muss mehr, viel mehr Leute gegeben haben, die aus Neugier, aus Abenteuerlust auf den Auslöser ihrer Privatkamera gedrückt haben, um ungewöhnliche Dinge, die sie während des Krieges beobachten konnten, heimlich zu fotografieren.

Wieso sind in den letzten 70 Jahren keine Bilder in der Öffentlichkeit, in Internet-Portalen oder zur Auktion im Internet erschienen, die bis heute unbekannte Entwicklungen aus dem Luft- und Raumfahrtbereich aus Peenemünde und dem Dritten Reich zeigen?

Weil man sie alle zensiert hatte, rechtzeitig abfangen konnte, Sondereinheiten - Algorithmen, KI - diese aus dem Internet fischen, die L-Presse sich hütet, brisantes (militärisch sensibles) Material zu publizieren, weil es zu viele gedungene Personen gibt, die bis heute verhindern, dass die Wahrheit ans Licht kommt?

Man scheint in den gelenkten Medien sehr gut unterscheiden zu können, was „enthüllt" werden darf und was für immer geheim gehalten werden muss.

Wer aus der Leserschaft Hinweise hat, die die einzelnen, geheim gehaltenen Entwicklungen betreffen, die in den Büchern des Autors angesprochen werden, möge sich gerne vertrauensvoll an den Autor wenden.

Auch Personen aus der Luft- und Raumfahrtindustrie, die von ungewöhnlichen Entwicklungen entweder gehört haben oder in irgendeiner Weise darin verwickelt waren!

Absolute Vertraulichkeit und Stillschweigen wird zugesagt!

Klaus-Peter Rothkugel

Winter 2018

© KP Rothkugel 2018

Folgende „Verschwörungen" werden in diesem Buch behandelt:

Kegelraketen dünn wie Papier

„Schulz-Rakete"

Elektrostatische Aufladung

Raketenteile aus Sperr-/Eichenholz

Abschussrampen

Flugabwehr-Raketen, Kommandogerät

Spionage

Sabotageakte 1945 in der SBZ?

Messerschmitt Me 262 im Juli 1945 auf Wright Field

UZ im Wendland?

Geheimdienstberichte aus der SU

MiG-15 - He 033 „Florett"

Der Bromskirchen-Westerwald Raketen-Zug

„Raum 2", „Reichenberg"

Vernonique

Al Zafer, Al Kaher

Drahtsteuerung bei Start

Vernon, Fliegende Zigarren

1. Kapitel

Eine Gruppe von Techniker, Ingenieuren und schwer bewaffnete SS-Wachen schritten schnellen Schrittes einen langen, schlecht beleuchteten endlos langen Tunnel entlang. Ziel der heutigen Kontrolle, der Stichprobe war ein Seitenstollen am Ende eines der mehreren untereinander liegenden Haupttunnel, der heute inspiziert werden sollte.

Die dort durchgeführte Produktion wollte SS-Sturmbannführer (Major) Ludwig Dengler heute mit einem Überraschungsbesuch stichprobenartig untersuchen.

Denn die Verantwortlichen der SS, die hier für die Raketenproduktion in geheimen unterirdischen Anlagen der „Sonderinspektion III" zuständig waren, hatten die Aufsicht über ein Heer von Zwangsarbeitern, die nicht immer eine hohe Motivation an den Tag legten, um korrekte, einwandfreie Arbeit für das deutsche Reich abzuliefern.

Es gab Sabotageakte zuhauf, die auf brutalst mögliche Art und Weise geahndet werden mussten, um die Arbeitskräfte bei der Stange zu halten.

SS-Mann Dengler war für die Qualitätskontrolle der Produktion von Fernraketen zuständig. Heute nahm er sich die Schutzkappe für die Vorspitze der hier produzierten Raketen vor, die von einem Trupp Kz-ler aus Holz gezimmert werden musste.

Dengler hatte mitbekommen, wie man darüber diskutierte, welche die einfachste, billigste und schnellste Lösung sei, die Vorspitze beim Wiedereintritt aus großen Höhen zu schützen, damit sie nicht in tieferen Luftschichten vorzeitig verglühe.

„Mir kam die Idee beim Kaminfeuer, als ich einige verglühende Holzscheide sah, wie sie langsam verkohlten und abbrannten, was Stunden gedauert hatte!", soll ein Peenemünder Ingenieur einmal zum Besten gegeben haben.

Da sprach man zudem von einer nuklearem Schutzbeschichtung, die man entweder aufdampfen wollte, oder einen rauen Belag, ähnlich dessen von grobem Schmirgelpapier, dass man aufkleben wollte, sogar komplizierte Elektronik wollte man in der vorderen Raketenspitze installieren.

Kammler hatte getobt:

„Ihr Idioten! Schnell und einfach herzustellen, dazu billig, aus noch genügend vorhandenen Rohstoffen muss der Schutz gefertigt werden. Wir müssen gefangene Rotarmisten da dran stellen können, die dumm sind, dumm wie Bohnenstroh, aber uns die Dinger trotzdem noch einwandfrei zusammenschustern können.

Nehmt das Holzding. Aus Holzlatten, zurechtgeschnitten, geschmirgelt, lackiert und fertig. Da können wir ehemalige Schreiner, Möbelfabrikanten und so weiter dransetzen, die die konischen Schutzkappen herstellen. Bis Sommer 1945 müssen unsere Raketen für den nächsten Krieg bereit stehen! Es eilt! Verstanden! Oberste Dringlichkeit"

„Jawohl, Herr Obergruppenführer!"

Dengler bog nun in den entsprechenden Fertigungsstollen ein. Einer aus seinem Tross schob die flexible, milchige und verdreckte Schutztür aus durchsichtigem Kunstmaterial beiseite.

In einem eher schlecht beleuchteten Raum standen zig Arbeiter in der üblichen blau-grau gestreiften Häftlingskleidung an Tischen und schmirgelten und lackierten was das Zeug hielt. Die Leute hatten hinten auf den Rücken Nummern und einen Buchstabencode aufgenäht bekommen, der sie für die jeweilige Fertigungsstraße hier im Kohnstein auswies.

Der Raum war stickig. Staub vom Feilen und Schmirgeln lag überall in der Luft und bedeckte alles, den Boden, die Tische, die Arbeiter. Außerdem stank es penetrant nach Lösungsmittel. Eine Kreissäge war ohrenbetäubend am Kreischen, und es roch nach frisch zugeschnittenem Holz.

„Was ist mit einer Belüftung . . . ?"

„Haben wir keine! Die Kerle kriegen eine Staublunge und werden nach einiger Zeit krank, kriegen keine Luft mehr. Dann beenden wir das Drama!"

„Was ist mit der Lackiererei? Ist die getrennt von dem Staub hier?"

„Jawohl, Herr Sturmbannführer. Auch hier vernichten sich die Häftlinge von selbst!"

„Mensch, Mensch! Wir brauchen keine all zu große Ausfallrate. Die Kerle sind angelernt, dann sollen sie auch durchhalten. Sehen Sie zu, dass der Raum belüftet wird, der Staub rauskommt, die Leutchen besser und leichter atmen können, klar!", rief Dengler im scharfen Befehlston.

„Jawohl, Herr Sturmbannführer!"

„Ich will einige der fertigen Konusse sehen . . . !"

„Jawohl, Herr Sturmbannführer! Hier herüber, Herr Sturmbannführer."

Auf einer Werkbank waren vielleicht zehn Holzkegel von circa eineinhalb Meter Länge schön ordentlich aufgereiht und warteten darauf, dass sie mit einem Wägelchen zur weiteren Verarbeitung abtransportiert werden konnten.

„Schön glatt geschliffen und mit einer Drei-Schicht-Lackierung aus Klarlack versehen, Herr Sturmbannführer . . . !"

Dengler zog einen seiner teuren, schwarzen Lederhandschuhe aus und strich über den Holzkegel.

„Na ja. Geht so!"

Dann hob er den Kegel hoch, um die Wandstärke zu kontrollieren.

„Was ist mit der Innenseite? Warum ist die nicht lackiert?"

„Auf Anweisung des zuständigen Ingenieurs. Die raue Innenfläche haftet besser auf dem dünnen Metall der Vorspitze, Herr Sturmbannführer!"

SS-Dengler wurde eine schriftliche Anweisung mit Bauanleitung vor die Nase gehalten:

„Zum Bau der Schutzkappe nehmen wir dünne Holzlatten, die wir zuerst Schicht für Schicht übereinander geleimt haben. Entweder einfaches, schichtweise verleimtes Sperrholz, oder feste, widerstandfähige Eiche. Wie im Schiffsbau werden die geschichteten Latten aus Eichen- oder Sperrholz dann überlappend über eine Holzform zu einem Konus geformt, zurechtgeschnitten und in Kegelform gebracht, Herr Sturmbannführer."

Dengler schaute sich genau die Holzbestände an, die in einer Ecke des halbrunden Stollenraumes, der teilweise mit Beton grob verkleidet war, lagen. Daneben stand eine elektrische Kreissäge, mit denen die, unter anderem aus Eiche bestehenden Bohlen zu entsprechenden Latten zur weiteren Verarbeitung zurecht geschnitten und angepasst wurden.

„Gut! Sehr gut! Weitermachen!"

Der Angesprochene, der die Aufsicht über die Produktion hier in dem Seitenstollen hatte, freute sich.

„Ach, was ist mit dem Ausschuss?"

„Kein Ausschuss, Herr Sturmbannführer!"

„Wirklich?"

„Kommt so gut, wie nie vor, Herr Sturmbannführer! Und wenn, dann hauen wir zu, bis das Blut nur so spritzt!"

„Gut, gut! Weitermachen!"

Major Dengler zitierte seinen Adjutanten herbei und gab ihm eine kurze Anweisung, wie er den (geschönten) Kontrollbericht abzufassen habe, der Kammler vorgelegt werden sollte.

„In Ordnung! Jetzt will ich die Lagerstelle der fertig produzierten Raketen sehen. Ach, ich hab mir da ein hübsches, kleines Prozedere ausgedacht, um eine der fertigen Raketen für einen Versuchsschuss auswählen zu lassen. Kommen Sie mal mit, meine Herren . . . !"

Der gesamte Tross marschierte wieder den Hauptstollen entlang, Richtung Aufzug. Sie waren hier tief, sehr tief unter dem Bergrücken, an die 400 m tief. Hier unten kam keiner mehr lebendig raus. Auch die Kapos und die zuständigen SS-Wachen nicht!

In einem weit höher gelegenen Bereich standen die fertig produzierten Raketen, die für den Abschuss auf das Feindgebiet vorgesehen waren.

„In vier Wochen soll gemäß Anweisung ein Probeschuss gen Norden erfolgen. Wir nehmen wahllos einer der fertigen Raketen, um sie abzufeuern.

„Aus der Röhre hinaus?"

„Diesmal nicht. Wir starten im Freien von dem getarnten Starttisch am Hang!"

„Dann müssen wir die Rakete endmontieren, das Oberteil auf das Heck aufsetzen und alles mit Gas beaufschlagen, wegen dem Überdruck und so, damit sie besser auf dem Meilerwagen transportiert werden kann."

Ein ganzer Trupp von Häftlingen hatte schon vor Wochen einen riesigen Starttisch aus Stahlbeton unweit der Raketenproduktion gegossen, den man an einem Hang positioniert hatte.

Unzählige Kz-Insassen hatten die Schinderei, den Bau der großen Startplattform, der bei Eis und Schnee im Dezember erfolgte, nicht überlebt. Gleichzeitig waren tausende von Zwangsarbeitern unterhalb eines ebenen Geländes im Jonastal dabei, unterirdische Startröhren aus dem Boden zu kratzen, damit später der Start der Fernraketen unentdeckt aus einer U-Anlage erfolgen konnte.

„Machen Sie das mit der Gasbeaufschlagung. Es sollen aber nur deutsche Techniker und Arbeiter beim Start mit dabei sein, keine Häftlinge!"

„Jawohl, Herr Sturmbannführer!"

„Und jetzt wählen wir wahllos die Rakete aus der laufenden Produktion aus, die wir zur Probe abfeuern werden!"

„Jawohl, Herr Sturmbannführer, nach dem Zufallsprinzip eine Rakete auswählen!"

„Damit wir sehen, dass alle dort gelagerten Raketen funktionstüchtig sind und nicht sabotiert wurden. Wer hat dort die Aufsicht und die Endkontrolle?"

„Ich zeige Ihnen den Mann!"

„Wenn die Rakete nicht funktioniert, dann ist der Typ dran. Auch wenn der aus Peenemünde kommt. Dann hängt er. Gleich an Ort und Stelle!"

„Jawohl, Herr Sturmbannführer!"

„Wie wählen wir die entsprechende Rakete aus?"

„Ich zeigt Ihnen wie und welche!", lächelte Dengler.

„Jawohl, Herr Sturmbannführer!"

Als sie mit dem Aufzug in ein höher gelegenes Stollensystem innerhalb der U-Anlage hinaufgefahren waren und die große Halle betraten, wo die Raketenteile schön aufgereiht an einer der Stollenwände standen, war auch Sturmbannführer Dengler von dem Anblick überwältigt.

Zehn Silber glänzende Raketenteile standen in dem jetzt hell erleuchteten Raum und warteten darauf, in einem nächsten Krieg zum Einsatz zu kommen.

„Die Spitze ist nur eine Attrappe, eine Schutzkappe. Die Sprengköpfe inklusive der Schnellen Spitze und der Holzverkleidung haben wir separat und sicher in einem anderen Bereich, einem streng bewachten Stollen sicher und trocken untergebracht. Da kommt keiner heran, und wenn, dann wird er sofort abgeknallt, Herr Sturmbannführer!"

„Sehr schön!"

Dengler schaute ehrfürchtig auf die Raketen, die in zwei Teilen, Heck und Oberteil, schön sauber aufgereiht in einen dunkel beleuchteten Gang entlang der Stollenwand aufgebockt waren. Ihm lief ein Schauer der Erregung den Rücken herunter, als er sich vorstellte, wie die silbernen Kegel zischend und fauchend von hier gegen den Feind in Salven abgefeuert werden würden, um dem Feind Tod und Verderben zu bringen!

„Dann ist der Endsieg wirklich unser! Wenn auch zusammen mit den verdammten Amis. Aber ohne die geht es nun mal leider nicht."

„Da ist doch dieses kleine Mädchen von der Liebschaft von diesem KZ-Aufseher hier . . . !", meinte Dengler.

„Jawohl! Die kleine Sarah!"

„Holt die mal her!"

„Jawohl, Herr Sturmbannführer."

Nach einer kurzen Zeit des Wartens, in der man Dengler erklärte, wie man die großen Raketenteile von hier in die bald fertig gestellten Startröhren schaffte, um danach Oberteil und Heck in der Röhre zu einer Einheit zusammen zu fügen. Zuerst wurde die obere Hälfte der Rakete aus der Röhre an die Oberfläche mit einem Kranwagen oder Friese-Kran gezogen. Dann positionierte man das Heck auf den rotierenden Starttisch und montierte von oben das Oberteil auf, sowie den separat herangeschafften Sprengkopf.

Dann war die 28 m lange Kegelrakete bereit, um aufgetankt zu werden.

Die zwei Treibstoffanlagen und Tanks dafür lagen links und rechts, einige 50 m seitlich der Startröhre und waren mit dicken Betonmauern und darüber aufgeschütteter Erde und Vegetation vor Fliegersicht und Bombenabwürfen von oben geschützt. Links und rechts am Waldrand sollten außerdem Flak-Raketen die Startanlage vor Angriffen aus der Luft schützen.

Treibstoffleitungen führten zur Startröhre und die Anschlüsse in Höhe des Hecks der Rakete ragten aus der runden Betonmauer.

Denn, wenn eine Kegelrakete beim Start in dem Silo, das 30 m in die Tiefe reichte, explodieren sollte, dann flogen die weiter entfernt gelegenen Tankanlagen nicht gleich mit in die Luft.

Alles, die Röhrenöffnungen, die schweren, zweiteiligen Stahlklappen zum Verschließen der Röhren, wurden aufwendig und fantasievoll gegen Fliegersicht getarnt und mit der Umgebung, was Vegetation, Felsen, Bäume usw. betrifft, so gut es ging, verschmolzen.

„Das hat sich eine Ingenieursgruppe aus Wien ausgedacht. Verdammt findige Burschen, diese Herren Ingenieure aus der Ostmark!", dachte Dengler, der die Baupläne zur Errichtung der unterirdischen Silos für die Raketen einsehen konnte. Sollte er doch für die Funktionstüchtigkeit der Anlage sorgen, und dass sie spätestens im Juli 1945 einsatzbereit war, wenn es endlich losging.

Da kam gerade eine SS-Wache mit dem kleinen Mädchen an der Hand in die enorm große Lagerhalle.

Als die kleine Sarah vor Dengler stand, strich dieser ihr durch das schwarze Kraushaar.

„Na, meine Kleene! Du darfst heute Glücksfee spielen. Du gehst jetzt zu den Raketen da drüben und suchst dir irgendeine der Nummern, die auf den Blechschildern vor den Raketenteilen stehen aus, und deutest darauf. Diese Rakete mit der entsprechenden Werknummer wählen wir dann für den Probeschuss aus.

Es hängt jetzt einzig und alleine von dir ab, meine kleine Sarah, welche Rakete abgefeuert werden soll.

Wenn die Kegelrakete aus irgendwelchen Gründen, Sabotage oder dergleichen, vorzeitig explodieren sollte, versagt oder nicht starten kann, dann meine kleine Sarah . . .", Dengler lächelte gequält und malte sich gerade aus, wie er Rache nehmen würde.

Sarah schaute den SS-Mann in seiner schwarzen, einschüchternden SS-Uniform und dem offenen schwarzen Ledermantel mit großen Augen fragend an.

„Dann, meine kleine Sarah, dann betest du zu deinem Gott, oder zu Satan, dass er dich zu ihm holt. Wenn die Rakete nicht fliegt, dann schneide ich dir eigenhändig die Kehle durch und lasse dich vor den Augen deiner Mutter und allen Häftlingen der Endmontage hier elendig verbluten . . . So lange bis du verreckt bist!"
…
Ja, das Regiment der SS war brutal und menschenverachtend!

Die Sabotagerate war hoch und die Motivation der Häftlinge, für die Nazis zu schuften, war niedrig. Und trotzdem musste das Kriegmaterial herbeigeschafft werden, um eiligst produzieren zu können, damit ein Dritter Weltkrieg von den West-Alliierten, den Angelsachsen gewonnen werden konnte.

Denn General Kammler stand mächtig unter Druck. Er musste den abtrünnigen U.S. Amerikanern bis Sommer 1945 funktionstüchtige Festungsanlagen und funktionierende Waffen, darunter Strahljäger und -bomber, sowie Fernraketen mit nuklearen Sprengköpfen bereitstellen. Und das mit den beschränkten Mitteln eines kriegsgeschüttelten Deutschlands, das 1945 bereits so gut wie am Boden lag.

Für die meisten Nazis stand deren Leben auf dem Spiel. Viele wussten, dass sie unglaubliche Kriegsverbrechen begannen hatten. Nur ein weiterer Krieg, der ausschließlich an der Seite der mächtigen USA gewonnen werden konnte, würde die Kriegsverbrecher noch reinwaschen können, um sie vor dem Galgen und dem sicheren Tod durch den Strang zu retten.

Unterirdische Abschussrampen

„Ich möchte den Bauabschnitt mit den unterirdischen Abschussrampen sehen!", meinte SS-Sturmbannführer Dengler zu seinen Begleitern.

Man fuhr nun wieder an die Oberfläche und mit den Kübelwagen rüber zu einem unscheinbar erscheinenden Gelände, wo unterhalb einer kargen, nahezu ebenen Graslandschaft die Versorgungsstollen lagen, um die Raketensilos mit den einzelnen Raketen zu bestücken.

Auf dem Gelände konnte man so etwas wie große „Maulwurfshügel" - die jeweiligen Tank- und Flüssigsauerstoffanlagen - erkennen, niedrige Erdaufschüttungen, die mit großen Tarnnetzen, die kunstvoll und aufwendig eingeflochtene künstliche Blätter und Zweige enthielten, gegen Fliegersicht hervorragend abgedeckt waren. Die Tanks und die dazu gehörende Infrastruktur war halb unter der Erde vergraben, halb oberirdisch verbunkert.

Ungefähr in der Mitte des Geländes, das wie ein verlassener, weitläufiger Truppenübungsplatz aussah, waren drei Silos eingegraben worden, die ebenso mit Tarnnetzen gut gegen Sicht von oben geschützt waren.

„Wir schießen immer eine Salve von drei Fernraketen mit nuklearen Sprengköpfen gegen den Feind ab. Die Raketen starten nacheinander aus Silos 1, 2 und 3."

Der entsprechende, hier her ins Jonastal abgestellte Ingenieur, gehörte einem zivilen Ingenieursbüro an, das seinen Stammsitz in Wien, Österreich hatte, deutete auf die mittlere, aus Stahlbeton gegossene Decke des Raketensilos, wo gerade die eiserne Abdeckung der Startröhre beiseite geschoben war, um eine darunter stehende Rakete abflugbereit machen zu können. Es wurden gerade noch einige abschließende Wartungs- und Installationsarbeiten vorgenommen, um in möglicherweise vier Wochen eine Rakete unterirdisch starten lassen zu können.

„Es kann aber sein, dass wir die Kegelrakete dort drüben am Hang im Freien starten lassen . . . !", und ein Techniker aus Peenemünde, der jetzt hier die Produktion der neuen, leichten und dünnwandigen Kegelraketen beaufsichtigte, deutete auf einen Hang, wo man einen großen Beton-Starttisch erkennen konnte. Oberhalb auf dem Bergrücken sah man eine gut getarnte Schmalspurbahn, die zum Startteller führte.

Dieser hatte eine Öffnung, wo der Abgasstrahl nach unten, den Berghang hinunter auf eine weitere Betonplatte abgeblasen wurde.

Insert

Dipl.-Ing. Karl Fiebinger

Informationen entnommen aus dem Internet:

Ingenieur Fiebinger wurde am 20. Januar 1913 in Wien geboren und starb am 27. November 2014 in Wien.
…
Dr. Karl Fiebinger war gebürtiger Österreicher und bis 1938 Assistent an der Technischen Hochschule Wien. Nach der Übernahme Österreichs leitete Fiebinger ein großes Architekturbüro, das auf Industriebauten spezialisiert war.

Das „Ingenieurbüro Fiebinger" plante so gut wie alle deutschen Rüstungsbauten in der „Ostmark" und viele der wichtigsten Bunkeranlagen im gesamten Reichsgebiet.

Nach dem Krieg ging Dipl.-Ing. Fiebinger nach Amerika, wo er am Bau von Abschussbasen für Interkontinentalraketen für die U.S. Armee tätig war.

Seine Expertise in Sachen Konstruktion unterirdischer Abschussbase könnte ein wichtiges Indiz dafür sein, dass Fiebinger in den USA auf Erfahrungswerte aus dem Krieg zurückgreifen konnte, und nicht von „Null an" aufwärts alles neu konzipieren und konstruieren musste!

Wichtige Bauten des Ingenieurbüros Fiebinger:

Deckname „Bergkristall" – unterirdische Me 262-(Rumpf) Fertigung bei Sankt Georgen an der Gusen (und wahrscheinlich noch weitere Anlagen, die tief unter der Erde gelegen sind, sowie ein Leichtwasser-Atommeiler, Anm.d.A.)
Flugmotorenwerke Ostmark - Flugmotorenwerk in Wiener Neudorf, Berechnung der Statik
Deckname „Olga" – „S III" – Festungsanlage mit Abschussrampen Jonastahl, Thüringen
Deckname „Quarz" - Stollenanlage bei Melk
„Raxwerke" - Lokomotiven- und V2-Fabrik
„Saurer-Werke", Panzerfabrik in Wien Simmering
Deckname „Schlier" - unterirdische V2-Prüfstände in Zipf
Deckname „Zement" - unterirdische Raffinerie bei Ebensee

Fiebinger ließ seinen Assistenten Dipl. Ing. Wilhelm Hasslinger, neben einigen der größten überirdischen Fabriken in Deutschland, fünf große Untergrundanlagen bauen, die ausschließlich von Hasslinger geplant und ausgeführt wurden.

Fiebinger war nach dem Krieg in den USA als Spezialist für das U.S. Army Engineering Corps tätig, und ab dem 5. November 1947 wurde Fiebinger zu dem "Engineer Research and Development Laboratory" in Fort Belvoir, Virginia, USA im Rahmen von "Project Paperclip" gebracht.

Ab 29. Dezember 1947, war Fiebinger für das U.S. "War Department" unter Vertrag.

Fiebinger residierte in New York City und arbeitete als Berater für Guy B. Panero, ein Vertragsnehmer für das "U.S. Corps of Engineers" bis 18. November 1948.

Fiebinger hatte zumindest zwei Verträge mit dem „War Department", Nr.: W49-129-eng-130, und W49-129-engineering-59."

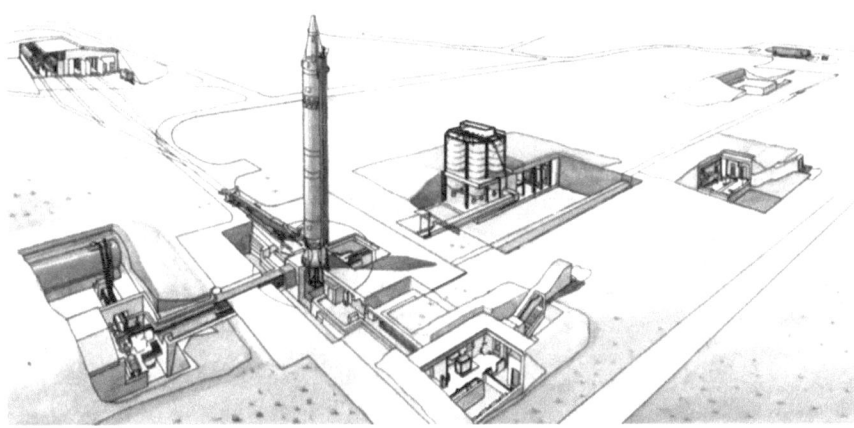

Abb.:

War die Auslegung dieser sowjetischen Raketenabschussrampe plus Tankanlagen und Produktionsanlage für flüssigen Sauerstoff ähnlich derer in Nazi-Deutschland während des Zweiten Weltkriegs?

Wurden die Raketen unter der Erde im bombensichern Stollen und Hallen produziert und gleich nach der Produktion unterirdisch zu den Startsilos transportiert?

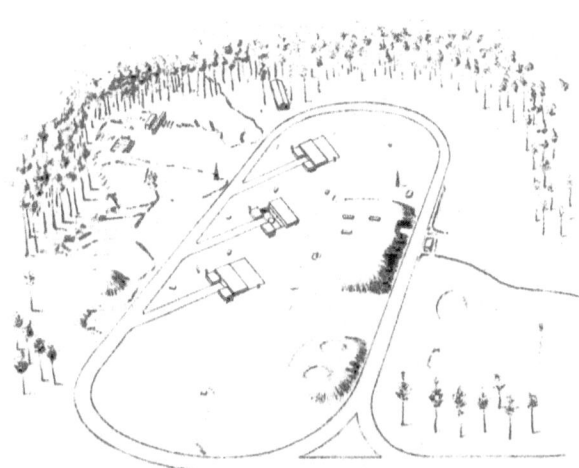

Abb.:

Lag z.B. im Eulengebirge in einer gerodeten Waldlichtung solch, oder eine ähnliche unterirdische Abschussrampe, hier mit drei Silos? Plus dazugehörige, verbunkerte Tankanlage mit Sauerstoffverflüssigung?

Waren die Anlagen fertig oder konnten sie relativ schnell fertig gestellt werden?

Wurde die ganze Lichtung gegen Fliegersicht mit Tarnnetzen abgehängt, so wie auf Fotos in Neu-Tramm zu sehen?

Findet man heute noch Reste der Silos und der Tankbunker im Eulengebirge, dazu ein kontaminierter Boden von den giftigen Raketentreibstoffen?

Wurde eine solche Anlage von den Russen, mit Hilfe deutscher Spezialisten nach Kriegende im Eulengebirge betriebsbereit gemacht, um Versuchsschüsse mit Raketen zu unternehmen? Gegebenenfalls mit Billigung der Amerikaner, die auch diese moderne, auf der Welt bis dato einzigartige Abschussrampe in einem Praxistest in Augenschein nehmen wollten?

Geschah dies 1945/46 in der SBZ und wurden einige „Ghost Rockets", deutsche Langstreckenraketen, abgefeuert aus unterirdischen Startanlagen, wie im Eulengebirge, dann über den skandinavischen Ländern gesichtet?

Lieferte im Jonastal ein Zweigwerk der Metallfirma Polte die extra dünn ausgewalzten Bleche für eine Raketen, die von deutschen Vorarbeitern und Häftlingen zu einfach herzustellenden Kegelraketen verarbeitet wurden?

Eine „entfeinerte" Rakete, die lange nicht so kompliziert und aufwändig in der Produktion war und die auch nur mit der aller nötigsten Technik und Elektronik ausgestattet war?

Stellt sich die Frage, wie weit eine automatische, eine autonome Steuerung vorangeschritten war, sodass die Kegelrakete, die einstufig war und somit keinen funkgesteuerten Mechanismus zum Lösen der zweiten Stufe benötigte, nach einer bestimmten Zeit ohne Leitstrahl ihr Ziel autonom ansteuern konnte?

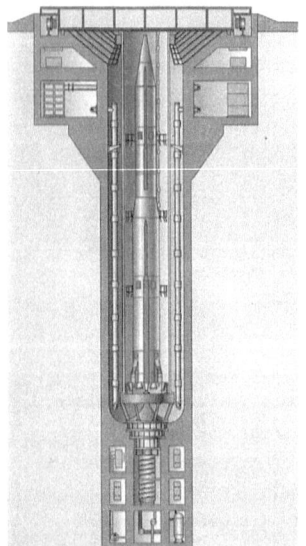

Abb. links:

Könnte man solche unterirdische Abschussrampen, die mit schweren, verschließbaren Stahl- oder Stahlbetonplatten abgedeckt sind, im Jonastal oder im Eulengebirge finden?

Waren neben der unterirdischen Abschussrampe die Tankanlagen für die jeweiligen Flüssigtreibstoffe, halb in der Erde, in Bunkern zentral neben den Abschussröhren vergraben und mit großen Erdaufschüttungen gegen Fliegersicht und Bombardement geschützt und getarnt?

Waren die Silos von unten zugänglich, sodass man nach der Produktion der Raketen, diese gleich unter der Erde zu den Abschussrampen transportieren konnte, um sie startklar zu machen?

Sind heute im Eulengebirge noch Reste dieser Anlagen, Bunkerabdeckung des unterirdischen Raketensilos und die in der Nähe positionierten, unterirdischen Hilfsbauten für die geschützten und mit Erdaufschüttung getarnten Tankanlagen zu erkennen oder noch zu erahnen?

Ist das Grundprinzip dieses russischen Raketensilos noch das gleiche, wie es evtl. für deutsche Fernraketen im Eulengebirge und im Jonastal während des zweiten Weltkrieges vom Ingenieursbüro Fiebinger, zusammen mit Beratern aus Peenemünde vorgesehen wurde?

Je nach Art und Größe einer Rakete könnte die Startröhre bis zu 30-35 m tief in die Erde vergraben sein. Für Watungsarbeiten und Zugänglichkeit durch Techniker und Wartungspersonal an der Rakete müsste das Silo im Durchmesser größer gewesen sein, als die Rakete selbst. Dieses Prinzip einer Rakete in einer Röhre wurde auch für schwimmende Silos verwendet, die mit U-Booten vor die Küste der USA gezogen wurden.

Die Abgase wurden entweder seitlich innerhalb des Silos nach oben ins Freie geleitet, oder durch seitliche Betonkanäle an den Seiten der Startrampe ausgeblasen.

Es könnten also im Jonastal und im Eulengebirge evtl. heute noch Bereiche zu finden sein, wo entweder ein oder mehrere (bis zu 3) Silo-Öffnungen an der Oberfläche zu erkennen oder noch zu erahnen sind.

Des Weiteren könnte in der unmittelbaren Umgebung der Silos, ggfs. zentral, in der Mitte der drei Röhren in einer gewissen, kurzen Entfernung, zwei Bunker für die Tankanlagen und der Sauerstoff Verflüssigung positioniert gewesen sein.

Im Eulengebirge müsste der Startplatz um die Silos frei von Bäumen, von Wald sein, der um die Anlagen gerodet wurde. Im Krieg wurde bestimmt diese Lichtung mit Tarnnetzen und Kunstblättern wegen Fliegersicht von oben lückenlos abgedeckt. Heute ist sicherlich alles wieder mit Bäumen (gewollt) zugewachsen. (Im Jonastal könnten größere Freiflächen des Truppenübungsplatzes verwendet worden sein, um Abschuss-Silos unterirdisch anzulegen.)

Gegebenenfalls erkennt man noch in der Nähe längliche „Hügel", oder die Fundamente für die halb aus der Erde herausragenden Tankanlagen, deren Bunkerdecke mit Erde aufgeschüttete worden sein könnte. Ähnlich sollte wohl auch der LWR-Atommeiler an der „Säuferhöhe" im Eulengebirge mit einem Gewölbebunker verbunkert und getarnt werden.

Sodass ein feindlicher Flieger beim Überflug von oben nur das Eulengebirge mit viel Wald sah, sowie einige hüglige Erdformationen, wo auch Bäume darauf wuchsen (die man komplett umpflanzte, damit schnell die Anlagen „bewaldet" werden konnten.

Die ganze Festung wurde wohlmöglich an den Rändern mit Flugabwehrraketen zur Luftverteidigung versehen, sowie zusätzliche Startröhren, aus denen der Flugkreisel als 3m durchmessender „Interzeptor" bei einem Luftangriff herausgestartet wäre, dazu ggfs. die Bachem „Natter", die ebenfalls entweder senkrecht aus unterirdischen Röhren oder schnell aufstellbaren Holzmasten gegen die Feindflugzeuge gestartet wäre.

Zusätzliche Störmaßnahmen elektromagnetischer Art hätte das Radar anfliegender Bomberformationen stören können oder „Motorstop" Maßnahmen die Flugmotoren zum Aussetzen gebracht.

Den Russen müsste aber die Koordinaten der Festungsanlagen, ob im Jonastal, in Nieder-Österreich („Bergkristall") und im Eulengebirge nach dem Vormarsch auf Berlin bekannt gewesen sein.

Sodass eine Kriegsplanung ab Juli 1945 wohl davon ausgegangen ist, dass man schnell einen atomaren Erstschlag auf die Sowjetunion ausführte, die zu keiner größeren Gegenreaktion mehr geführt hätte. Da man die Russen gleich am Anfang hätte lähmen können.

Außerdem erhebt sich die Frage, ob die genannten Anlagen auf deutschem Boden die einzigen unterirdisch gelegenen Festungsanlagen zur Produktion und Verschießen von nuklear bestückten Trägerraketen auf dem europäischen Kontinent waren.

Es könnte mehrere Anlagen an anderen Orten in Europa gegeben haben, oder waren in Planung, die bis heute aus der Berichterstattung herausgehalten werden konnten, weil sie ggfs. sogar bis heute als Raketenbasen oder andere, streng bewachte militärische Installationen weiterhin in Betrieb sind!

Wo könnten ähnliche Festungsanlagen nach deutschem Vorbild noch gestanden haben, oder waren zumindest für den Dritten Weltkrieg auf europäischem Boden in Planung?

Warum hat keiner Karl Fiebinger selbst gefragt, der als einer der Urheber dieser Raketenabschussrampen gelten könnte? Fiebinger verstarb erst im November 2014.

Wo wären weitere unterirdische Festungen mit Raketensilos zu finden gewesen, die ggfs. von deutschen Bautrupps, der SS und mit Zwangsarbeiter in Rekordzeit errichtet worden wären? Anlagen, die wesentlich geheimer waren, als die in Nazi-Deutschland, da diese durch Spione, von Fremdarbeitern, durch Luftaufklärung, durch Verrat usw. den Alliierten bereits während des Krieges bekannt waren. Denn solch riesige Bauvorhaben hinterlassen genügend Spuren, die man zurückverfolgen konnte.

Könnten in Norwegen, in Ungarn, Rumänien, Bulgarien, auf dem Balkan, oder in der Ukraine ähnliche U-Anlagen in Planung gewesen sein?

Abb.:

Könnte solch eine Startanlage, ein betonierter Starttisch für eine keglige Fernrakete, oder einer A-8 entweder an einem Hang im Kohnstein, Jonastal oder im Eulengebirge aufgebaut gewesen sein, die nach dem Krieg sofort gesprengt wurde?

Die Rakete wird auf Schienen zur Startposition auf der Oberseite des Starttisches transportiert.

Ein Startgerüst oder, wie üblich, ein Meilerwagen richtet die Rakete auf, die dann mit den entsprechenden Fahrzeugen betankt und startklar gemacht wird.

Die Rakete bläst ihren Abgasstrahl nach unten durch die Betondecke auf den Grund des Hanges, wo eine weitere Betonplatte den Boden vor Verbrennungen schützt. Gleichzeitig deckt die große, eben mit dem Hang abschließende Betonplatte eventuelle Spuren der Abgasstrahlen am Boden ab. Nach dem Start könnte die ganze Anlage mit Tarnnetzen vor Fliegersicht abgedeckt worden sein.

Von wem könnten solche Abschussanlagen eventuell gesprengt worden sein? Noch 1945 ggfs. von Sabotagetrupps der Abtrünnigen um General Patton, damit die Anlagen nicht den regulären U.S. und Sowjet-Truppen in die Hände fallen? Siehe Hinweis des Autors Bill Lyne in diesem Buch!

2. Kapitel

Dr. Schulz? Hallo, Dr. Schulz!"

„Maier II! Was gibt es?"

„Hier sind die Messwerte, Dr. Schulz! Sieht alles sehr günstig aus . . . !"

Dr. Martin Schulz nahm seine Sonnenbrille ab und schaute sich das Blatt Papier mit den einzelnen Daten genauer an.

Heute war ein schöner, sonniger und kalter Oktobertag, hier in dem Gott verlassenen Gebiet um Tyuratam, dem „Grab von Töre" in Kasachstan.

„Hier läuft eine Bahnstrecke, von Moskau kommend nach Taschkent entlang", dachte Schulz, der den Transport seiner Rakete hier her, in die einsame und verlassene kasachische Steppe begleitet hatte.

Er hatte eine Landkarte dabei, die noch aus Nazi-Deutschland stammte und für den Vormarsch der glorreichen Wehrmacht gedacht war, die 1941 die Sowjetunion besetzen und dem Reich einverleiben sollte. Sie zeigte eine Bahnstrecke, die von Deutschland nach Taschkent führte.

Schon damals gab es Gerüchte, dass Tyuratam ein geheimnisvoller Ort sei. Hier sollen seit den 1930er Jahren Flüge hinaus ins Weltall gemacht worden sein. Keiner wusste, welche Raumfahrzeuge hier starteten, alles war hochgradig geheim.

Es sollen bereits beim Vormarsch nach Russland deutsche Experten hier her gekommen sein. Aber alles war so geheim, dass keiner was wusste.

Jetzt war er hier, mit seiner Peenemünder Gruppe, um die „Schulz-Rakete" als Langstreckenrakete, zudem weiterentwickelt als zweistufige Rakete mit besseren, stärkern und dickeren Blechen, zu erproben und ggfs. hat man auch vor, sie in den Weltraum zu schießen.

Zuvor war Dr. Schulz mit anderen Peenemündern, wie Werner Albring oder Helmut Gröttrup in ein Gefangenenlager am Südufer des Seligersees gekommen, um später, nachdem sie einen Zwischenaufenthalt in Kapustin Yar zur Erprobung und Demonstration der alten V-2 und weiterer, geheimer Raketen vornahmen, in Gorodomlija weiter zu machen.

„Was wir hier für die Geschichtsbücher gemacht haben, ist reinstes „Schmierentheater" für die Öffentlichkeit, die nie erfahren soll, wie der wahre Stand in der Raumfahrt ist . . . !", ` dachte Dr. Schulz belustigt und schaute in die Weite der kasachischen Steppe.

Er und seine Kollegen waren bis Ende 1946 in Ostdeutschland für die Russen tätig. Dort war man bereits sehr interessiert an seiner Kegelrakete, die als Konkurrenzentwurf zu Wernher von Brauns V-2 und seinen Weiterentwicklungen hoch im Kurs stand. Zumal die Keglige für Kammler und seine Pläne für einen weiteren Krieg ja speziell entwickelt wurde. Schnell und einfach in Massen herzustellen, dazu große Reichweite und billig in den Kosten und der Beschaffung von den benötigten Rohstoffen und Zubehörmaterialien.

Eigentlich war die „Schulz-Rakete" ein „Fliegender Tank", damit man eine sehr große Reichweite erzielen konnte, ohne mehrstufig bauen zu müssen.

„Mit ein paar Tricks kann meine Rakete nicht nur 3.000 Kilometer weit fliegen, sonder das doppelte und dreifache!"

Dr. Ingenieur Martin Schulz schaute hinauf in den blauen, wolkenlosen Nachmittagshimmel und war zufrieden.

„Der Start wird gut verlaufen, die Flugbedingungen sind optimal. Da werden einige tausend Kilometer drin sein, vermute ich mal!"

„Da könnten Sie verdammt noch mal recht haben, Herr Doktor!

Dr. Schulz schaute auf den Tagesbefehl, der sowohl in kyrillisch, als auch in Deutsch verfasst war.

„Die Russen . . Ohne uns Deutschen kommen sie nicht aus . . . ! Sie brauchen unsere Expertise, dringend. Die beste der Welt! Nirgendwo auf der Erde gibt es mehr angehäuftes Wissen über den Betrieb von (Militär-) Raketen, wie man sie baut und einsetzt, als vormals in Peenemünde und Deutschland. Und alle, alle in der ganzen Welt werden sie unser Wissen nutzen. Unsere Projekte, Entwicklungen, die Infrastruktur, Raketenrampen, alles werden sie kopieren und damit angeben, als hätten sie es erfunden und nicht von uns erbeutet!"

Und Dr. Martin Schulz mischte kräftig mit!

Dr. Schulz wusste Bescheid. Er war dabei, als in Arnstadt/Rudisleben, in Thüringen eine seiner Raketen zu einem Testflug gestartet wurde.

Jetzt führte er eine Gruppe von Mitgefangenen, darunter ehemalige Peenemünder, Leute von Telefunken und anderen Forschungsdisziplinen und ex deutschen Firmen, die hier in Kasachstan keglige Langstreckenraketen für die Russen bauten.

„Die Russen sind ganz verrückt auf die zusätzliche elektrostatische Aufladung unserer Kegelraketen . . . !"

Schulz kannte die unterirdisch angelegten Flugzeughallen hier auf dem geheimen Gelände, das auch für eine Weltraumfahrt vorbestimmt ist. Da unten, im Untergrund, da lagerten nicht nur Fernraketen neuester Bauart. Nein, da konnte man „Fliegende Zigarren" bewundern und verschiedene Flugobjekte, treilweise aus Holz, mit eingebettetem Spezialdraht und speziellen Blechen beplankt. Oder scheibenförmige Fluggeräte mit einer Kuppel im Zentrum, die keinen äußeren Antrieb erkennen ließen.

Es lagerten auch einige Wrackteile einer „Zigarre" in einer der U-Anlagen, die aus den USA kam.

„Die Amis! Sie haben versucht, mit einer großen „Zigarre", aus der sie kleinere Sonden abgeworfen hatten, das Gelände hier auszuspionieren.

Da haben die Russen von einem benachbarten Stützpunkt eine Rotte von MiG-15 Abfangjägern aufsteigen lassen, um das 30 m lange Ding abzuschießen. Aber die MiGs kamen nicht nahe genug heran, ohne das die Nene-Strahltriebwerke Aussetzer bekamen.

Wir rieten den Russen, unsere elektrostatischen „Abfangjäger", die Dinger mit den drei Stabilisatoren, die am unteren, zylindrischen Flugkörper angebracht waren, zu verwenden. Unsere „Interceptoren", die haben wir nur mit Hilfe der kinetischen Energie in das Spionagefluggerät der Amis krachen lassen, sodass die Zigarre in mehrere Teile zerrissen wurde und zu Boden segelte. Die Russen haben gleich alles eingesammelt und schnell versteckt.

Davon darf keiner was mitkriegen. Auch nicht, dass die Amis dieselben Dinger bei sich in den Weiten der Wüsten von Nord Amerika, ebenso in unterirdischen Hallen herum stehen haben, wie hier die Russen."

Dr. Schulz ging zum Startplatz und schaute sich die Oberfläche seiner Kegelrakete genauer an.

„Der Lack-Auftrag ist gut gelungen. Gleichmäßig, dünn und keine „Nasen", kein verlaufender Lack, der an manchen Stellen dicker ist, als an anderen!"

Dr. Schulz schaute sich die 25 m hohe Kegelrakete von oben bis unten ganz genau an.

„Bis die Russen kapiert hatten, das der Lack gleichmäßig und dünn aufzutragen sei, damit er auch richtig seine Wirkung entfalten kann . . . Na, ja! Jetzt klappt es, und wir können einen Langstreckenflug absolvieren!"

„Ja, Herr Doktor! Alles sieht sehr viel versprechend aus! Da werden unsere russischen Vorgesetzten zufrieden sein . . . !"

„Ja, Müller II. Dann freuen Sie sich schon mal auf die Mädels, die die Russen von Moskau zu uns einfliegen lassen werden . . . !"

„Das wird ein Gelage werden!", lachte Maier II.

Insert

Zu russischen Starts mit Spezialraketen schreibt Horace C. Dudley, siehe Beschreibung der elektrostatisch aufgeladenen Raketen in dem Buch: „Das Geheimnis der Wahren Raumfahrt, Teil III", von Klaus-Peter Rothkugel:

„The **Russians** are firing their rockets **from a high, dry, cold place**. Subsequently published reports showed their major launching site to be northeast of the Caspian Sea (45 N) on a desert plateau, altitude about 500 feet. They fire their high thrust rockets largely during

cold weather, after October 1. These are the **conditions** which the rocket firings reported herein show **to be optimum for taking advantage of the earth's electric field.**"

Könnten die höher gelegenen Abschussplätze für elektrostatisch aufgeladene Raketen in folgenden Regionen liegen:

Bershiet in der Perm Region, Nizhny Tagil (Verkhnaya Salda) in der Sverdlovsk Region, Bologoe (Vypolzovo), Kaliningrad Region, Itatka, Tomsk Region, Yoshkar-Ola in der Mari ASSR, Novosibirsk, Plesetsk ("Angara" Komplex), Shadrinsk in der kurdischen Region, Yurya in der Kirov Region und in der Nähe der Tyur-Tam Gegend, Baikonur.

…

Ingenieur Schulz überprüfte nochmals die vier Kabelrollen, seitlich der Rakete am Boden auf Leichtgängigkeit, damit die Stahlseile für den Start auch ordnungsgemäß abgerollt werden konnte und sich nicht verhakten.

„Unsere keglige Rakete startet sehr langsam und hat somit noch keinen Stabilisierungseffekt an den vier kleinen, einfach gestalteten Holzflossen. Die Luftleit-Finnen werden sowieso ab circa 60m Starthöhe zusammen mit den vier Kabeln daran, abgesprengt. Diese Flossen dienen nur für die Startphase als Stabilisatoren, damit die Rakete nicht umkippt. Außerdem würden die einzelnen Finnen am kegligen Heck die elektrostatische Aufladung stören, wenn sie auch nur aus Holz sind. Das haben wir herausgefunden, als wir zum ersten Mal eine Kegelrakete starten lassen haben. Da sie langsam aufstieg, „man kann neben herlaufen, so langsam gewinnt sie an Höhe", war sie instabil und kippte um, wie die ersten Starts mit dem A-4 auch.

Als wir die kleineren Raketen, die keine Finnen hatten, aus einem Startgestell heraus rotieren ließen, waren sie drallstabilisiert und flogen völlig stabil.

Bei unserer großen, über 30 m langen Kegelrakete müssen wir sie die ersten Meter „festbinden", bis das keglige Heck genügend Stabilität für einen ruhigen, kerzengraden Flug entwickelt.

Das Triebwerk wurde mit spiralförmigen Kühlleitungen heruntergekühlt.

Als Zapfluft wurden Abgase aus der Verbrennungskammer zum Antrieb der Turbo-Pumpen genutzt.

Die Abgase der Turbopumpe konnten wiederum als Zapfluft aus einer schwenkbaren, 360 Grad drehbaren Düse am unteren Heck der Kegelrakete ausgeblasen werden, um eine ungewollte Rotation der Kegelrakete zu verhindern. Das haben wir bei anderen Flugkörper-Projekten, die auch über Peenemünde liefen, abgeguckt! Durch die Eigenrotation der Kegelrakete fängt nämlich bei sich langsam entleerenden Tanks der Flüssigtreibstoff an, hin und her zu schwappen und rotiert in den Tanks. Das macht die Rakete instabil. Schwallbleche in den Tanks wären eine Lösung, macht aber die Rakete wieder schwerer. So erzeugen wir mit Druckluft eine Gegenbewegung zur Rotation und erreichen, dass die Rakete wieder stabil fliegt."

Dr.-Ing. Schulz drehte sich um und rief seiner rechten Hand zu:

„Müller II! Rütteln Sie mal an den Flossen, damit sie beim Start nicht schon abfallen. Man kann bei unseren russischen Freunden ja nie wissen . . . "

Werkmeister Müller II grinste. Er kannte die teilweise laxe Arbeitseinstellung seiner russischen Kollegen nur zu gut. „Hier gehen die Uhren anders, in der großen, weiten Sowjetunion, teilweise ganz schön anders . . . !"

Denn Werkmeister Müller war das exakte Arbeiten in Peenemünde und in S-III gewohnt und wunderte sich, was die Russen teilweise für eine miese Arbeitseinstellung, was für eine Schlamperei, was für ein Schlendrian an den Tag legen.

„Die Flossen sind fest und die Sprengbolzen noch durch Splinte gesichert!"

„In Ordnung Müller. Wenn der Startzeitpunkt feststeht, ziehen Sie die Splinte . . . Kümmern Sie sich darum, sonst vergisst das sonst noch einer, Sie verstehen?"

„Klar Chef, ich weiß doch Bescheid! Ohne Kontrollen, doppelt und dreifach . . . , sonst läuft bei den Russen gar nichts, außer der üblichen Schluderei!"

Müller kontrollierte auch die eingehakten Stahlseilenden an dem Holzkreuz, das an den vier Flossen angebracht war, wo die Drahtseile befestigt waren, um die Startphase stabiler zu machen.

„Das Gas diffundiert ganz schön aus dem Raketenrumpf! Wir sollten in der nächsten viertel Stunde startbereit sein!"

„Ja, sonst knüllt uns die Rakete schon am Boden durch die Last der Treibstoffe zu einem Blechhaufen zusammen. Dann können die Russen mit Blechknäuel nach den Amis werfen!"

„Wie bei einer Schneeballschlacht . . . !", lachte Müller II.

Der deutsche Dr.-Ingenieur schaute versonnen die Rakete hoch:

„Da gibt es noch jede Menge Möglichkeiten, das Ding zu verbessern. Ein interner Gyroskop, der mit der Schwenkdüse am Heck gekoppelt ist, um die Umkipp-Tendenzen auszugleichen. Jetzt ist gar kein Kreiselgerät in der Rakete. Unser Kegel-Entwurf ist das Billigste vom Billigen. Der Mangelwirtschaft in Kriegszeiten geschuldet, die wir in Peenemünde und später in S-III hatten. Und einfach sollte die Rakete sein, Rohstoffe sparen, leicht zu bauen und leicht zu bedienen sein. Damit auch jeder ungelernte Fremdarbeiter das Ding zusammen schustern, sowie jeder Flak-Soldat das Ding aus einer Startröhre abschießen konnte. War ja eh nur ein Verbrauchsgerät, in Massen produziert, um die Sowjetunion mit einem Hagel an Raketen und Atombomben zuzuschütten.

Jetzt bauen wir das Kegelding für die Sowjets, damit sie die Amis angreifen können. Wenn auch nicht die in Nord-Amerika. Die anderen, die immer noch an den Polen der Erde sitzen und hoffen, sie könnten einen Dritten Weltkrieg entfachen.

Deshalb wird ja meine schöne Konstruktion auch für lange, sehr lange Zeit geheim bleiben. In dem Falle, da hat Wernher von Braun gewonnen. Sein Konzept der V-2 und deren Weiterentwicklungen, die sind für die Öffentlichkeit bestimmt. Damit werden die Amis angeben und vielleicht auch eines Tages in den Weltraum hinaus fliegen.

Die Amis in den USA, die haben doch auch die Kegelrakete, genau dieselbe wie wir hier in der SU. Und beide halten meine Rakete unter strengstem Verschluss!" Schulz lächelte und schüttelte den Kopf!" „Verrückt ist diese Welt, total verrückt!"

Dr.-Ing. Schulz kontrollierte noch schnell den großen, kardanisch aufgehängten Ofen unten am Kegelheck, der in alle Richtung, um 360 Grad schwenkbar war, damit die Rakete Richtungsänderungen und Flugkorrekturen vornehmen konnte. Es gab nämlich keine „Druckstücke" aus Graphit mehr, die in den Raketenabgasstrahl hinein ragten, um zu navigieren.

„Das hat uns im Krieg eine Menge wertvoller Rohstoffe eingespart. Keramikteile, die ebenso warmfest sind, waren noch in der Entwicklung. Auch, dass wir nun aus den Blechen, womit wir eine einzige A-4 herstellten, nun drei Kegelraketen bauen konnten. Denn die Stahlbleche waren so dünn ausgewalzt, so dünn wie ein Blatt Papier. Da konnte man den Raketenrumpf mit dem Daumen eindrücken. Sparte unheimlich an Gewicht. Jetzt ist unsere Kegelrakete im Grunde ein fliegender Tank mit einer entsprechenden Nutzlast, wie ein nuklearer Sprengkopf, in der Raketenspitze.

Die Vorspitze schützen wir immer noch mit einem Konus aus Sperrholz, den wir einfach über die obere Metallspitze, ganz oben auf die Rakete stülpen. Früher hatte eine ganze Gruppe von KZ-lern die anzufertigen Schutzkappen, die Holzkegel solange mit Schleifpapier zu bearbeiten und mit Klarlack zu bestreichen, bis sie äußerst glatt und aerodynamisch günstig waren, damit kein störender, zusätzlicher Luftwiderstand den Start beeinflusste.

Die, aus mehreren Holzlatten geformte konische Spitze fängt beim Wiedereintritt aus großen Höhen durch die starke Lufttreibung Feuer. Aber das Holz brennt nur in Schichten ab. Wenn die oberste Schicht abgebrannt und verkohlt ist, fängt die darunter liegende Schicht an, abzufackeln und bildet wieder eine verbrannte Holzkohleschicht, die durch den Fahrtwind hinweg geblasen wird, damit eine neue Schicht Sperr- oder Eichenholz abbrennen kann.

Es war eine geniale Methode, eine aus Holz gefertigte Schutzkappe auf eine „Schnelle Spitze" zu setzen, eines Wiedereintrittsköpers - Re-Entry-Vehicle, RV. Denn dieser war einfach und billig herzustellen und bewährte sich für die gestellte Ausgabe, das Eintauchen aus z.B. 120 km Flughöhe in untere Luftschichten, bestens.

Insert

Schutzkappe aus Holz

„The Chinese, however, have used a **15-centimetre heat** shield made of **Oak**. On re-entry into the atmosphere, air friction causes the wood to burn and the nose cone chars into charcoal. As the craft descends, the outer layer of this charcoal is stripped off by the wind, molecule by molecule. At the same time, the new outer layer of wood turns into charcoal. **So the nose cone is always coated with charcoal, even though its total thickness is decreasing. Very little heat gets through to the metal underneath** because charcoal and wood are great insulators."

...

„Beim Wiedereintritt aus einer Flughöhe von über 100.000 m beginnt eine Holzverkleidung, wie Sperrholz oder Eiche, Schicht für Schicht langsam abzufackeln. Dies reicht aber aus, bis die abgetrennte Raketenspitze mit dem atomare Sprengkopf, eine „Schnelle Spitze" den Boden erreicht und nicht schon vorzeitig verglüht, oder der Sprengstoff zu früh hochgeht", meinte der Doktor-Ingenieur.

„Die Holzverkleidung sitzt schön fest, Dr. Schulz!"

Schulz nickte und war am Überlegen:

„Das alles hatten wir schon in Peenemünde in der Mache. Dazu der abtrennbare Sprengkopf als „Langesame" und „Schnelle Spitze", später sogar mit elektromagnetischem Schutz geplant. Wir waren das fortschrittlichste Land der Welt, was zumindest die Militärraketen betrifft.

Wernher von Braun hatte sogar die Idee, angelehnt an die Mondrakete der B.I.S. der Engländer, die Rotation einer Kegelrakete so einzustellen, das in einer bemannten Kapsel an der Raketenspitze durch die entstehende Zentrifugalkraft, eine künstliche 1 g Erdschwere erzeugt werden könnte. Dann wäre ein bemannter Flug durch den erdnahen Weltraum kein größeres Problem für einen Raumfahrer gewesen."

Dr. Schulz wurde plötzlich abrupt aus seinen Gedanken gerissen.

Denn es kam gerade ein russischer Jeep-Nachbau angebraust und bremste mit quietschenden Reifen vor dem Startturm. Ein Offizier der Roten Armee sprang flink und lässig heraus. Er murmelte was auf Russisch, was weder Schulz noch Müller richtig verstanden.

„Das ganze nochmals auf deutsch, Herr Offizier!"

Der junge Mann von einer sowjetischen Spezialeinheit fluchte und radebrechte:

„Startzeit 14.00 Hundert!"

Dr. Schulz schaute auf seine deutsche Fliegeruhr:

„In einer viertel Stunde. Jawohl, Herr Genosse Offizier, Startbereit um 14.00 hundert!"

Die Schulz-Kegelrakete

Auszug aus dem Internet-Artikel:

Rockets: R-3 Family

The R-3 project was the first large-scale effort in the USSR, departing from the German rocket technology and developing complex approach toward rocket design.

Aus: "German Legacy in the Soviet Rocketry", von Anatoly Zak, Internet:

„The rocket was **shaped as a cone 24 meters tall** and **2.74 meters in diameter**. The weight of the rocket structure (empty weight) was about seven tons, including the warhead of the assigned weight. A fully fueled rocket would weigh 70.85 tons on the launch pad.

Lack of any aerodynamic surfaces in the design helped reduce the mass ratio to only 0.1. Similarly to the R-10, **thin pressurized propellant tanks made of stainless steel were part of the rocket's external structure**; and, as **in previous German designs**, **plywood** was proposed for **thermal protection of the warhead**.

Anmerkung:

Wohlmöglich hatten deutsche Projekte einer Fernrakete, die in 120 Kilometer Flughöhe gen NYC fliegen sollten, eher eine „Schnelle Spitze", die mit Hilfe einer konischen, einer kegligen Schutzkappe aus dickem Eichen- oder Sperrholz gegen vorzeitiges Verglühen geschützt wurde.

Denn man könnte sehr wohl erkannt haben, das eine „Langsame Spitze", die aus 120 km Höhe hinab fällt, zulange braucht, bis sie eine vorbestimmte Höhe über Grund erreicht hatte, um dann zu explodieren. Siehe hier die Zeichnung von Manhattan, NYC in den USA, und die darauf vermerkten einzelnen Explosions-Radien.

Insert

Die Chinesen benutzten am Anfang ihrer Raumfahrtunternehmen ein Hitzeschild aus 15 cm dicken Eichenholz:

"The FSW satellites used a **5.9-inch thick heat shield made of oak**. During **re-entry, friction caused the wood to burn and char**, leaving behind a **layer of charcoal**. That charcoal was **blown away in the wind** as the satellite fell, **exposing more oak**, which burned and turned into charcoal. It's a **repeating process that ultimately allowed very little heat to get through to the spacecraft**; both the wood and the charcoal are great insulators. It was a light and elegant solution to the re-entry problem."

"Chinesische Satelliten verwendeten einen 15 cm dicken Hitzeschild aus **Eiche**. Bei der Wiedereintrittsphase verursachte die Lufttreibung, **dass das Holz zu brennen und zu verkokeln** anfing, sodass eine Schicht verbrannten Holzes übrig blieb. Diese Holzkohle – die verbrannte Holzschicht der konischen Schutzkappe, die die Vorspitze einer Rakete abdeckte – wurde durch den Fahrtwind hinweggeweht, so dass eine weitere Eichenholzschicht freigelegt wurde, die wiederum verbrannte und verkokelte. Dies ist ein Prozess, der sich solange wiederholte, bis die Schnelle Spitze den Boden erreichte. Dadurch,

durch das Abbrennen und Verkokeln gelangt sehr wenig Hitze an die Außenhaut einer Rakete, da sowohl das Holz, als auch die Holzkohle gute Isolatoren sind. Diese Schutzmaßnahme war leicht herzustellen, war keine große Gewichtsbelastung und damit eine elegante Lösung des Wiedereintritt-Problems."

Stellt sich hier die Frage, ob die Idee aus dem kriegsgeschüttelten Deutschland kam, wo man kriegsbedingt nicht mehr rechtzeitig in der Lage war, ein geeignetes, ablatives Material, wie Keramik zu entwickeln und zu erproben und deshalb auf das überall verfügbare Material Holz zurückgriff, dass genügt in Deutschland vorhanden war.

Im Gegensatz zu einer superschlanken Schnellen Spitze, wie bei den hochfliegenden und weitreichenden Kegelraketen, könnte eine „Langsame Spitze", evtl. nur „Bi-konisch", für tiefer fliegende Mittelstreckenraketen, wie die neue A-8 vorgesehen gewesen sein, die auf Truppenansammlungen, Hauptquartiere, Flugplätze, Depots ect. hätte stürzen sollen.

„The R-14 was to be powered by a **100-ton engine**. Its combustion chamber was enveloped into a spiral of pipes through which super-cold oxidizer was running before reaching the injection system. The hot exhaust gas was collected from the combustion chamber to drive turbo pumps. **In their turn, exhaust gases generated by the turbo pumps were directed into the system of nozzles, which prevented rotation of the rocket around its longitudinal axis.**

Anmerkung:

Siehe hier die Zapfluft bei dem amerikanischen Hubschrauber von Hughs mit „NOTAR", „No Tail Rotor", der mit Hilfe von Druckluft, die am Heckausleger des Hubschraubers ausgestoßen wird, ein Mitrotieren des Rumpfes verhindert, sowie gleichzeitig die Steuerung bewerkstelligt.

Siehe auch deutsche Flugscheibenentwürfe, wie z.B. den „Düsenhelikopter", der Zapfluft verwendet haben könnte, damit das Mittelteil inklusive Cockpit in Ruhestellung gehalten werden konnte.

Diese Technik der Zapfluft, um ungewollte Rotationen zu verhindern, war ggfs. in Peenemünde während des Krieges bereits bekannt und wurde nach dem Krieg auch bei der Kegelrakete von Dr. Schulz angewandt.

Wie bereits oben geschildert, könnte sich der flüssige Treibstoff bei einer ungewollten Eigenrotation der Kegelrakete durch das Hin- und Herschwappen in den immer leerer werdenden, einfach und Gewicht sparend aufgebauten Tanks, die nur Zwischenwände, ggfs. ohne Schwallbleche hatten und wo die Innenwand der Rakete ein Teil der Tanks bildet, aufschaukeln. Dadurch wird die Rakete in ihrer Flugbahn instabil und kann sogar abstürzen, wie bei einer verrutschten Ladung in einem LKW, der daraufhin ins Schlingern gerät und umkippt.

Dadurch, dass Druckluft, entweder durch mehrere kleine Venier-Düsen seitlich, wohlmöglich am Heck, oder durch eine dort schwenkbar angebrachte größere Zapfluft-Düse ausgeblasen wird, kann eine Eigenrotation verhindert werden und der Treibstoff schwappt nicht hin und her.

Könnte hier also ein Erfahrungswert mit eingeflossen sein, als man in Peenemünde merkte, dass der Flüssigtreibstoff eine, ins Eigenrotieren geratene Kegelrakete instabil werden lässt, und man nach Gegenmaßnahmen Ausschau hielt? Gegenmaßnahmen, wie Druckluft, die das Mitrotieren eines Manöverstandes einer Flugscheibe oder eines scheibenförmigen „Düsenhelikopters bereits erfolgreich verhinderte und nun auch bei dieser Rakete Anwendung fand?

Wenn dem so ist, dann könnte dies ein Indiz dafür sein, dass die Kegelrakete schon während des Kriegs entwickelt und gebaut wurde, und gegen Kriegsende im Jonastal in Serie in der dortigen Festungsanlage für WKII produziert wurde, und dass die Russen diese Raketen nach dem Krieg erbeuteten und nacherprobt hatten.

Auch zeigt die Einfachheit, die dünnen Bleche, der Holzverkleidung, die als Schutz beim Wiedereintritt über die Raketenspitze gestülpt wurde, die einstufige Auslegung und nur ein Triebwerk, usw., dass bei der Mangewirtschaft, den fehlenden Rohstoffen, dem Fehlen qualifizierter Handwerker, und alle die Nachteile, die Nazi-Deutschland im letzten Kriegsjahr aufzuweisen hatte, man eine einfach, billig und schnell herzustellende Rakete baute, die auch ungelernte Fremdarbeiter zusammenbauen konnten.

Gab man Peenemünde den Auftrag, das A-4 zu „entfeinern", einfacher und billiger zu machen, weniger Rohstoffe zu verwenden, sie leichter und unkomplizierter zu entwerfen?

Gehörte zu dieser Gruppe, die einen Gegenentwurf zu Wernher von Brauns komplizierten V-2 ausarbeitete, auch der ominöse Dr.-Ing. Schulz?

„To control the rocket in flight, **the main engine** of the R-14 could **be gimbaled by pneumatic or hydraulic system to up to 4 degrees**. For this purpose, two different systems of the engine's suspension were proposed -- so called "double knife edge" or "ball and socket."

Anmerkung:

Die Steuerung um bis zu 4 Grad nach alle Seiten wird durch eine kardanische Aufhängung des Triebwerkes, der Schubauslassdüse am Kegelheck erreicht. Eine mögliche Aufhängung des schwingenden Ofens wird mit Hilfe eines Kugellagers erreicht, siehe Kugel und Pfanne, oder durch eine hydraulische Steuerung.

"The **retro-thrusters employed for the warhead separation** in the previous German project -- the R-10 -- gave the way to the more **weight-efficient explosive bolts** in the R-14.

Anmerkung:

Evtl. auch frühere, deutsche Versionen, erprobt in „Heidelager" bei Krakau, danach „Heidekraut", Tucheler Heide, verwendeten wohl noch nicht den später eingeführten Sprengring mit einzelnen Sprengbolzen, die den „Bi-Konischen" Sprengkopf, die „Langsame Spitze" von der Rakete zuverlässig separierte.

Bei der Methode, die „Langsame Spitze" mit Hilfe kleiner Raketentreibsätze von dem Raketenkopf abzusprengen, schien es wohlmöglich zu „Versagern" gekommen zu sein, weil nicht alle Raketentreibsätze gleichzeitig zündeten. Eine asymmetrische Zündung verursachte wohl, dass der Sprengkopf auf der Rakete mit einer seiner Verbindungen stecken blieb oder seitlich abkippte, und somit nicht vollständig vom Raketenbug abgetrennt werden konnte.

```
"Like all other early Soviet projects in missilery, the R-14 was
conceived as a mobile weapon, with all service and launching
equipment placed on road vehicles. However, Gröttrup suggested that
in the case of the R-14 project, the increase in range made mobility
redundant.

Instead, Heinz Jaffke and his assistant Anton Närr, launching
equipment engineers at Gorodomlya, designed a unique underground
complex for the rocket. It included an assembly plant, the facility
extracting oxygen from the air, storage for ethyl alcohol and,
finally, a silo, from which the R-14 would be launched."
```

Anmerkung:

Waren die Herren Jaffke und Närr bereits während des Krieges in die Entwicklung unterirdischer Starteinrichtungen involviert? Wo waren diese Leute tätig, auch im Eulengebirge und im Jonastal, evtl. zuvor im Harz? Gehörten Jaffke und Närr zu Peenemünde und berieten z.B. das Ingenieursbüro Fiebinger beim Bau solcher unter Tage gelegenen Startanlagen, was zum Beispiel die Stromversorgung betrifft?

Wer war Heinz Jaffke? Nach dem Krieg ging er zusammen mit Professor Ehrenberg nach Argentinien zu Prof. Ronald Richter. Jaffke arbeitete in Bariloche, bzw. auf der Insel Huemul an der Anreicherung von schwerem Wasser im Hinblick auf die Verwendung als thermonukleare Energiequelle. Hautsächlich war er als Anlagenbauer für die Elektrik der Versuchsanlage zuständig.

Kannte Heinz Jaffke ähnliche Versuche mit Schwerem Wasser und ggfs. einem Schwerwasserreaktor, der zu Peenemünde gehörte, oder der an einem anderen Ort stand, wo Peenemünde Forschungen betrieb (Gottow, Kummersdorf, Wiener Neustadt?)

Im Jonastal soll ja ein Schwerwasserreaktor zu finden gewesen sein. Sollte solch ein Reaktor auch die unterirdische Fabrik und die Abschussrampen mit Atomstrom aus einem HWR, „Heavy Water Reactor" versorgen.

Beriet Jaffke die Russen und zeigte ihnen auf, wie man unterirdische Abschussrampen, wie in der Steppe von Kasachstan, mit Atomstrom autark machen konnte?

Jaffke traf mit seiner Familie am 4. Juli 1949 in Argentinien ein. Er war zuvor in Russland und man entließ ihn schon 1949 in den Westen. Andere deutsche Wissenschaftler, die an der kegligen Fernrakete für die Russen arbeiteten, kamen erst rund zehn Jahre später wieder frei und die meisten gingen über die ehemalige DDR in den Westen.

Ließen den Russen Heinz Jaffke einfach ziehen? Oder wurde er angefordert, um Prof. Richter in Bariloche zu assistieren? Weil Richters Arbeit für die Alliierten, sprich für die USA von Bedeutung war, die auch veranlasst haben könnten, das Heinz Jaffke Russland gen Argentinien verlassen durfte? Oder ist alles nur wieder pure Verschwörung?

So schreibt Werner Albring in seinem Buch „*Gorodomlia Island, German Rocket Scientists in Russia*" zu Jaffke, interpretiert aus dem Englischen:

„**Heinz Jaffke** und sein Mitstreiter **Anton Närr** entwarfen (in der SU, Anm.d.A.) eine **untertage gelegene Fertigungsanlage**, ähnlich des Mittelwerks („Dora", Nordhausen, Kohnstein, Anm.d.A.), wo die R-14 gebaut und abgeschossen werden sollte. Die unterirdische Fertigungswerkstatt konnte nicht nur die R-14 Rakete bauen und verschießen, sondern die Anlage konnte ebenfalls **flüssigen Sauerstoff aus der Atmosphäre herstellen** (wie z.B. in Lehesten auf dem dortigen Prüfstand für Raketentriebwerke im Harz, dessen Auslegung Jaffke in der SU nachbaute, Anm.d.A.)."

...

Konstruierten Jaffke und Närr erst nach dem Krieg in der Sowjetunion eine unterirdische Fabrikationsanlage mit Startsilos aus dem Nichts, oder griffen sie auf Erfahrungswerte aus dem Krieg zurück? Gehörten beide zu einem Beraterteam als Anlagenbauer, die bei der Konstruktion und dem Bau unterirdischer Produktions- und Abschussanlagen während des Krieges unterstützend tätig waren (ggfs. unter anderem eine Energieversorgung mit Atomstrom)?

Zur Kontrolle der Rollrate einer Kegelrakete ohne Flossen schreibt Albring im o.g. Buch:

„Eine neuartige Einrichtung war die Kontrolle der Rollrate, nämlich, dass die Rakete nicht **um die Längsachse rotierte**, unter Verwendung **von Abgasen** aus den Turbo-Pumpen, die **durch eine Düsenöffnungen**, die **schwenkbar war**, ausgestoßen wurden, um einer Eigenrotation der Kegelrakete entgegenzuwirken . . . Die **Sprengkopf-Nutzlastspitze** konnte von der Rakete durch **Sprengbolzen separiert** werden. Eine erhebliche Gewichtseinsparung gegenüber der älteren Variante mit Raketentreibsätzen zur Abtrennung der Nutzlast ... Auch war der Sprengkopf mit **Sperrholz ummantelt**, um ihn vor der Hitzeentwicklung beim Wiedereintritt in die Erdatmosphäre zu schützen."

Anmerkung:

Die Zapfluft wurde durch eine bewegliche Düse seitlich, wohlmöglich am unteren Heck, immer in Richtung der Rotation geschwenkt. Sie blies dabei kontinuierlich einen Luftstrom aus Abgasen aus, die beim Antrieb der Turbopumpen anfielen und verhinderte dadurch ein Rotieren des Raketenkörpers.

Findet man eine solche Düse, die mit Druck-/Zapfluft betrieben wird, auch bei bestimmten Flugscheiben, um das Mitrotieren des Manöverstandes zu verhindern?

Die Propaganda gaukelt einem vor, dass die Kegelrakete von den Russen nie gebaut wurde.

Wie war es aber dann Herr Albring möglich zu wissen, dass die Rakete rotierte und mit einer Düse und Zapfluft stabilisiert werden musste? Erkannte Albring bereits auf dem Zeichenbrett die Eigenrotation der Kegelrakete, rotierte also die Rakete bereit auf dem Papier, bevor sie je den Zeichentisch verließ?

Oder machte man diese Erfahrung, nachdem das Konzept einer Kegelrakete in Peenemünde entworfen und umgesetzt wurde? Zeigte die Praxis, entweder schon im Windkanal oder in der Realität, dass eine außen glatte, ohne störende Flossen entworfene Kegelrakete, Tendenzen zur Eigenrotation aufwies?

Ist dies ein Indiz dafür, dass Albring Erfahrungswerte wiedergibt? Nämlich, dass die Kegelrakete gebaut, getestet, evtl. im Jonastal als Fernrakete für den Dritten Weltkrieg bereit stand und ggfs. im März 1945 von Arnstadt, Thüringen einen Demonstrationsflug absolvierte?

War die Sichtung eines Augenzeugen im Jahre 1944 in Peenemünde, wo er eine Rakete in einer bestimmten Neigung (4 Grad?) auf einem Stargestell sah, eine kleinere Kegelrakete, die erprobt wurde? Rotierte diese Rakete, wurde sie absichtlich in Rotation versetzt, drallstabilisiert?

Wurden also leichte und Gewicht sparende, schnell und weit fliegende Kegelraketen in einen Untergrund Komplex mit Silos, Tankanlagen, Herstellung von Sauerstoff aus der Atmosphäre, gefertigt und kann man solche U-Anlagen sowohl im Jonastal, als auch im Eulengebirge vorfinden?

Weil extrem dünnwandig gefertigte Kegelraketen schlecht über längere Strecken transportfähig waren und somit gleich vor Ort abgeschossen werden mussten? Da die Schulz-Kegelrakete als Langstreckenrakete eine hohe Reichweite hatte, brauchte sie auch nicht in die Nähe eines zu beschießendes Ziels, wie bei der V-2, befördert werden.

Kann man heute noch Überreste dieser o.g. U-Einrichtungen zum Bau und Abschuss von Raketen in den verlassenen Bunkerruinen in Schlesien und Thüringen antreffen? Werden deshalb diese Gebiete bis zum heutigen Tage heimlich überwacht?

Weil diese Plätze in Deutschland, <u>die während des zweiten Weltkrieges geplant und gebaut wurden,</u> sozusagen die „**Blaupausen**" für alle späteren unterirdischen Abschussrampen <u>in Ost und West während des Kalten Krieges</u> waren?

So schreibt der Buchautor Franz Kurowski in seinem Buch „Operation Paperclip":

„Als Ergebnis der Besprechung wurde Sawatzki mit <u>1.500 bis 2.000 Mitarbeitern und Fachleuten aller Art zur Insel Usedom in Pommern geschickt</u>, um bei der Heeresversuchsanstalt Peenemünde eine solche Massenfertigungsanlage (Kohnstein, Anm.d.A.) zu planen, zu bauen und in Betrieb zu nehmen. Zwei weitere Anlagen für die Serienfertigung der A-4 Rakete von etwa der gleichen Größe sollten in Friedrichshafen und in den Rax-Werken in Wiener Neustadt entstehen."

Hunderte, gar tausende Fachkräfte mussten ebenso neue Pläne ausgearbeitet haben, um unter anderem eine unterirdische Fertigungsanlage mit gleichzeitiger Abschussrampe, Silos, zu entwerfen, wie im Jonastal oder im Eulengebirge geschehen. Auch das Ingenieursbüro Fiebinger in Wien wird zig Architekten an die Zeichentische gesetzt haben, um alle nur erdenklichen Details auszuarbeiten. In übergreifender Zusammenarbeit mit unzähligen Spezialisten für Montage, Raketentreibstoffen/Tankanlagen usw., bis hin zu Baufirmen, die das ganze dann umzusetzen hatten.

Die Personen, die nach Russland, in die Sowjetunion gehen mussten, oder freiwillig für die Russen arbeiteten, konnten also bereits auf Wissen, Vorarbeiten und auf realisierte U-Anlagen zurückgreifen und brauchten diese nur nach dem Gedächtnis zu rekonstruieren.

So, wie auch bei der Kegelrakete, die bestimmt nicht in drei, vier Monaten von Albring und Co am Seeligersee entwickelt wurde. Man kannte die Rakete bereits aus Peenemünde, wo sie seit Jahren durchentwickelt worden war.

Hier will die Propaganda wieder einen falschen Eindruck erwecken, um vor dem wahren Sachverhalt abzulenken.

Hatte man gar irgendwann vor, bestimmte, bis heute geheim gehaltene U-Anlagen, wie „Riese" oder „Olga/S-III" nach dem Krieg wieder (teil) zu reaktivieren (wenn sie es nicht gar sind) oder warum wurden die Bunkerreste nicht schon längst in den 70 Jahren nach Kriegsende endgültig, still, heimlich und leise beseitigt?

Sind dies alles Gründe, nämlich ein weiteres, militärisches Geheimnis, dass alles, was an Ruinen ehemaliger amerikanischer Festungsanlagen auf deutschem Grund heute noch zu finden sind, absolut geheim gehalten werden und noch für lange Zeit geheim gehalten werden müssen?

Weil alle unterirdischen Abschussanlagen, ob in den USA oder im heutigen Russland, auf deutsche Vorarbeiten beruhen?

Werner Albring:

Kegelrakete mit drei Triebwerken in 120 Grad Anordnung

„Eight year later we completely did **away with graphite gas-jet control fins** on the famous R-7 intercontinental rocket. In the R-12 design, the Germans proposed that control be carried out **by changing the thrust of the engines arranged along the periphery of the tail section at an angle of 120 degrees**. More than twenty years later, we implemented a similar idea on the N-1 lunar rocket."

Die Kegelrakete wurde jetzt ohne "Druckstücke", ohne Graphitruder, nur mit einem veränderten, schwenkbaren Schubstrahl aus den drei 90, 180 und 270 Grad angeordneten Triebwerken gesteuert.

Siehe hierzu auch die Steuerung heutiger „UFOs", die genauso, wenn auch auf „elektro-aerodynamischen Wegen" mit dieser Triebwerksanordnung – Thrusters – gesteuert werden.

Auch der „Flugkreisel", der 3 m durchmessende Abfangjäger bekam später, ggfs. in Chile auf der „Hazienda Dignidad", oder auf dem „German Encampment" in B.C., Kanada, drei Triebwerkseinheiten zum Antrieb und Steuerung.

Weiter zu deutsche Raketenbauer in Russland:

"In parallel with the work on the R-14, another group at Gorodomlya proposed a completely different vehicle, able to meet Ustinov's requirements. Albring and his associates proposed an **unmanned bomber designated R-15 (G-5) and equipped with a ramjet engine**. The vehicle would be launched by the R-10 or A-4 booster rocket, and upon reaching the height and speed necessary for the ignition of the ramjet, **it would separate from the launcher**. Then, the R-15 would level off at the **altitude of about 15 km, from which it would cruise to the target.**

Anmerkung:

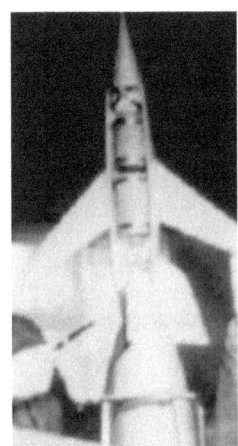

Holte man die Versuche von 1946 wieder hervor, nämlich eine kleine, geflügelte Rakete, diesmal mit Staustrahltriebwerk als Antrieb, die ggfs. auch ferngelenkt oder kameragesteuert werden konnte? Geschah dies, eine Lenkung per Kamera-Bild bereits 1946, als „Ghost-Rockets" über Schweden auftauchten? Vorversuche mit Kamerasteuerung fanden wohl auch bei der oberbayerische Forschungsanstalt, in Verbindung mit anderen Forschungseinrichtungen statt, als man umgebaute Messerschmitt Me 163 als „Flugzeuge ohne Piloten" mit Hilfe einer Kamerasteuerung gegen Bomberströme fliegen lassen wollte. Da die Kamerabilder aber aufgrund erratischer Flugmanöver des schnell fliegenden Raketenjägers verwackelten und unkenntlich waren, automatisierte man den Flug des Abfangjägers (Lochstreifenprogrammierung?) komplett.

Bewährte sich solch ein, auf einer Rakete aufmontierter Gleiter als „fliegende Bombe", oder gab man diesen zugunsten von (gesteuerten) Re-Entry Vehicles, die es heute als Mehrfachsprengköpfe gibt, später auf? Wobei man heute (Stand 2018) diese Gleiter-Konzept wieder aus der Schublade hervorgeholt hat, siehe aktuelle Projekte aus China und Russland!

"On October 1, 1949, the Scientific Technical Council of the NII-88, including Gonor, Pobedonostzev and Korolev arrived to Gorodomlya. The Germans presented their work on the R-14 to the Russians, who left with all the drawings and technical papers generated on the island. In November 1949, Gorodomlya group received an assignment to redesign the R-14's warhead module so it could use its kinetic energy to increase the destructive effect on the target.

In addition, Germans were asked to **redesign the structure of the rocket to utilize aluminium instead of steel**. All modifications were completed by February 1950. After that, Germans had no word on the fate of the R-14 and R-15 projects.

Anmerkung

Die Russen hatten wohl erkannt, dass die „entfeinerte" „Schulz-Rakete" aus dem Krieg mit den dünnen Stahlblechen schwer zu handhaben ist und man ging wieder auf Normalmaß bei den Blechen über, die man zudem aus korrosionsbeständigerem und länger haltbarem Aluminium herstellte, damit ICBM in den Silos eine längere Standzeit überstanden und nicht zu rosten anfingen.

Many years later, B. Chertok, Korolev's deputy, was the first Russian author, who mentioned the existence of G-4 (R-14) and G-5 (R-15) projects. He didn't describe what influence if any, this work had on the R-3 development in NII-88, however, he did say that these projects had never gone any farther than conceptual drafting and basic calculations."

Anmerkung des Autors:

Wahrscheinlich hat der russische Autor recht! Offiziell wurde die R-3 und das Kegelkonzept ad acta gelegt und nicht in die - offizielle - russische Raketenflotte übernommen.

In die offizielle, wohlgemerkt!

Denn inoffiziell könnten solche Kegelraketen, wie die „Foo Fighters", die ja auch bis heute vertuscht und geheim gehalten werden, zusätzlich elektrostatisch aufladbar gewesen sein. Worauf wohl auch der Hinweis von Horace Dudley abzielt.

Somit waren diese „E-Raketen", gegenüber „normalen" Raketen, was Reichweite und Geschwindigkeit betrifft, haushoch überlegen. Nachteilig könnte aber der Umgang mit hochgradig aufgeladenen Raketen mit mehreren zehntausend Volt sein, die nur von Spezialisten, die sich mit der Handhabung elektrostatischer Flugkörper auskannten, bedient werden konnten, die zumal auch noch eine höhere Geheimhaltungsstufe unterliegen.

Denn bis heute gibt es keine, wie auch immer gearteten EM-Techniken für die Luft- und Raumfahrt, die in der Öffentlichkeit bekannt ist.

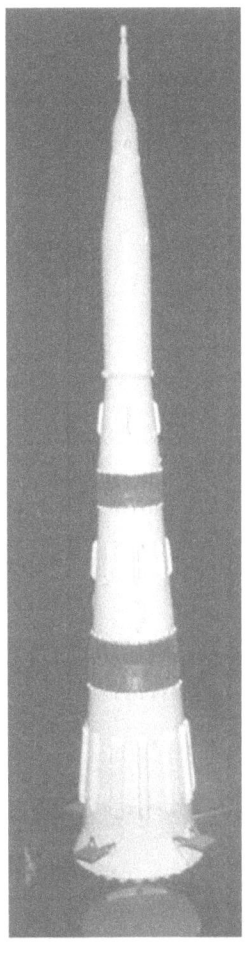 

Abb. links:

Russische „Mondrakete" N-1, die beim Start explodiert ist.

Abb. rechts:

Kegelrakete von Dr. Schulz, Peenemünde. Hier die einstufige Variante aus dem Krieg, die „Billig-Version".

Wurde die keglige Rakete aus Peenemünde als Vorbild genommen, um russische Trägerraketen und Raumschiffe zu entwickeln und zu bauen?

Meinte Horace Dudley, wenn er von russischen Starts mit elektrostatischen Raketen spricht, eben keglige Raketen, ohne Flossen und ohne Steuereinrichtungen am Heck (außer schwenkbare, kardanisch aufgehängte Düsenauslässe, „Öfen", die absolut glatte Außenwände haben?

Denn störende Anbauten, Abstufungen, Flossen, außen verlaufende Leitungen, Lüftungsgitter, Verkleidungen für Bolzen, ect. stören eine elektrostatische Aufladung und eine dadurch entstehende Grenzschicht, den so genannten „reibungslosen Luftstrom". Außen angebrachte Anbauten am Raketenkörper erzeugen Funkenentladungen, die sich nachteilig auf den Flug, die Geschwindigkeit und damit die Reichweite einer „E-Rakete" auswirken können.

Abb.:

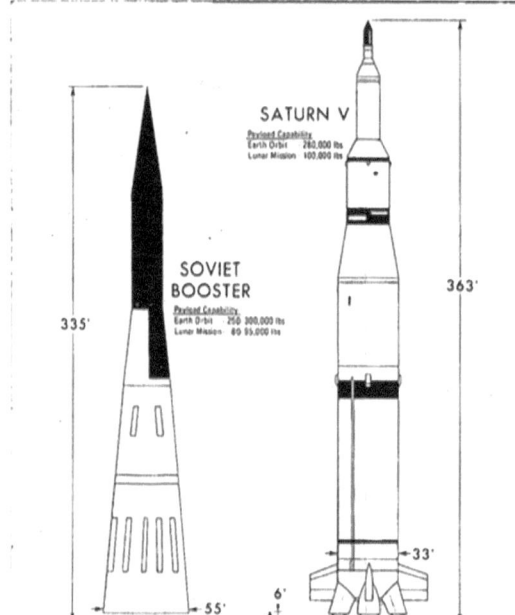

Links die N-1 Kegelrakete, rechts eine Saturn V Mondrakete.

Vergleiche das Design beider Raketen und die glatten Außenseiten der Kegelrakete, die zusätzlich weiter „geglättet", „gecleaned" mit einer elektrostatischen Zusatzaufladung versehen werden könnte.

Abb:

Wurde hier in Kasachstan bereits vor der „offiziellen" Raketenraumfahrt in Baikonur schon geheime, „wahre Raumfahrt" betrieben? Auch mit elektrostatisch aufgeladenen Raketen?

Peenemünder in der Sowjetunion

Auszug aus „Die Welt", Ausgabe August 1957:

...
„Während in den USA Wernher von Braun an der Weiterentwicklung der V-2 arbeitete, beschritt das **deutsche Raketenforscherteam in der Sowjetunion** unter der **Leitung von Dr. Schulz** ganz andere Wege.

Während die Weiterentwicklung der Einstufenrakete Wernher von Brauns weitgehend bekannt geworden ist, lag über der sowjetischen Kegelrakete, die Schulz und seine

Mitgefangenen in Zentralasien (Kapustin Yar?, Anm.d.A.) gebaut haben, der Schleier tiefsten Geheimnisses (der Schleier liegt auch heute, Stand 2018 immer noch über dieser Kegelrakete!, Anm.d.A.).

„Mit dieser **Kegelrakete** besaßen die Sowjets aber schon vor mehr als drei Jahren ein interkontinentales **Geschoß von 3.000 Kilometer Reichweite.**

Auch die Schulz-Rakete ist eine **Flüssigkeitsrakete.** Das Geheimnis ihrer großen Reichweite besteht darin, daß sie (entgegen der hohen Anfangsgeschwindigkeit der V 2) sich relativ langsam in die Atmosphäre erhebt und ihre höchste Geschwindigkeit erst in etwa 30 Kilometer Höhe erreicht. Luftwiderstand und Erdanziehung spielen in dieser Höhe praktisch kaum noch eine Rolle.

Und während die V 2 eine starre Hülle verwendet, werden die Brennstofftanks der Schulz-Rakete ähnlich wie ein Luftballon oder ein Schlauchboot **unter inneren Überdruck gesetzt.** „Fällt diese Rakete", schreibt Bärwolf, „nach ihrem Brennschluß und ihrem interkontinentalen Flug durch den Leerraum in die dichte Erdatmosphäre zurück, dann **löst sich der Gefechtskopf vom Raketenrumpf ab und fliegt mit seiner Atomladung allein weiter.**

Die Bleche der **Brennstofftanks werden wie eine Tüte zusammengedrückt** und fallen wie ein **großer Papierknäuel zur Erde.**"

Anmerkung des Autors:

Wer ist Dr. Schulz, vormals Peenemünde? Ein synonym oder der richtige Klarname? Wie war sein Vorname?

Entwickelte und baute Dr. Schulz und sein Team von „Mitgefangenen" in Zentralasien, inklusive den „Beutedeutschen" Ing. Gröttrup, Albring, Jaffke (Atommeiler, autarke U-Anlagen?), Ing. Hoch u.a., die deutsche Kegelrakete (dünnwandig mit Gasbeaufschlagung) zu einer - russischen - Fernrakete, die 3.000 Kilometer Reichweite erzielen konnte, aus?

War Dr. Schulz und seine Gruppe eventuell bereits während des Krieges an der Entwicklung einer deutschen Kegelrakete in Peenemünde, später Ohrdruf beteiligt?

Konnten die Sowjets deshalb so schnell eine Fernrakete bauen und einsetzen, weil sie einfach das deutsche, bereits ausgearbeitete und erprobte Konzept übernommen hatten und es von Peenemünder Spezialisten nachbauen ließen?

Flog im März 1945 von Rudisleben eine Kegelrakete gen Norden, die von Dr. Schulz entwickelt wurde?

Haben die USA und Wernher von Braun auch das Prinzip der dünnwandigen Kegelrakete – heimlich – umgesetzt, um mit der Sowjetunion möglichst schnell gleichzuziehen?

Gibt es heute noch - geheim gehaltene - Kegelraketen im Bestand der Großmächte? Auch deshalb geheim gehalten, weil man diese, außen glatte Raketen ohne Flossen, im Unterschied zu allen anderen Raketenarten, am besten elektrostatisch aufladen kann, damit sie noch weiter, höher und schneller fliegen können?

Auszug aus: *„Wettlauf in den Himmel, Wernher von Braun's Weg zu den Sternen"*. von Clemens J. Neumann:

Eine furchtbare Waffe...

„Schon 1949 hat die Gruppe Gröttrup – **Schulz** – Albring ein Novum im Raketenbau auf dem Reißbrett. In einen schlanken Kegelkörper werden an **zehn Treibstoffbehälter montiert**. Nach der Oberthschen Raketenformel bestimmt das Verhältnis von Brennstoffgewicht und Eigengewicht der Rakete die Leistung. Je leichter der Körper und je mehr Brennstoff, umso weiter oder höher kann das Geschoss fliegen.

Beim Bau der russischen Kegelrakete wird vollends auf die gewichtvermehrenden Isolierkörper verzichtet. Das Geheimnis: die Rakete durchstößt mit sehr langsamer Anfangsgeschwindigkeit die Lufthülle und wird erst in luftdünnen Schichten auf die Endgeschwindigkeit gebracht. Die Pumpen für das Einspritzen des Brennstoffes in die Raketenöfen werden einfach durch die Brennstoffgase angetrieben.

Diese genial einfachen Gedanken bei der Konstruktion aber haben noch einen anderen, einen dämonischen Hintergrund: Die Sowjets brauchen kein kompliziertes Raketensystem für Forschungszwecke, sondern eine **primitive Raketenwaffe**. Sie brauchen ein Geschoss mit einem Gefechtskopf, der den Atomtod ins Ziel bringt. Eine der furchtbarsten Waffen der modernen Kriegstechnik wird geboren. Deutsche haben dafür wissenschaftliche Sklavenarbeit leisten müssen. Das ist die Tragik der „Anti-Braun-Gruppe", die deutsche Tragik des verlorenen Krieges. Die USA aber sind herausgefordert."
-Ends-

Anmerkung:

Eine primitive Raketenwaffe, die einen Gefechtskopf mit einer Atomwaffe ins Ziel bringt.

Baute man diese einfache Kegelrakete bereits von der „Anti-Braun-Gruppe" in Nazi-Deutschland für den „Endsieg", oder für einen weiteren Krieg, gleich im Anschluss an WKII?

Wer ist Dr. Schulz?

Wichtige und interessante Auszüge aus dem Buch *„Da hilft nur Beten"*, Adalbert Bärwolf, Dr. L. Muth Verlag, Düsseldorf, Zweite Auflage, 1956:

- Dr. Schulz gegen Wernher von Braun.
- Raketenrevolution des Arbeitsteams Schulz
- Amerikanische Einstufenrakete fliegt - 600 km
- russische Kegelrakete 3.000 km
- Langsame Anfangsgeschwindigkeit
- Höchstgeschwindigkeit erst im luftleeren Raum
- 92 % Brennstoff bei nur 8 % Materietransport
- Abschußbasis überflüssig

- Gefechtskopf mit Atomladung fliegt allein weiter
- Größtmögliche Einsparung an Ballast

...

1949 haben die Russen noch nicht die „Wunderrakete". Aber eine Revolution im Raketenbau bahnt sich an. Und die Deutschen in den Konstruktionsbüros und auf den Prüfständen denken und rechnen."

Dr. Schulz, Dr. Umpfenbach, Dr. Roesch arbeiten an ihrer Kegelrakete.

Anmerkung:

Dr. Umpfenbach wird im Zusammenhang mit Lehesten genannt, wo mit Prüfständen die Öfen der deutschen V-2 Raketen (und andere, wie Wasserfall?) auf Funktionstüchtigkeit getestet wurden. Nach Kriegsende arbeitete Umpfenbach 1945 zuerst für die Amerikaner, die interessanterweise alles in Lehesten im guten Zustand, nach Abzug in ihre Besatzungszone, zurück ließen. Dann war Umpfenbach, der nicht mit den Amerikanern in den freien Westen ging, in Lehesten für die Russen tätig und ging mit ihnen (freiwillig oder auf höheren Befehl?) in die SU, um nicht nur an der A-4 Rakete zu arbeiten, sondern auch an der bis dato geheim gehaltenen Kegelrakete.

Dr. Umpfenbach arbeitete an der Verbesserung des A4-Triebwerkes. Der autonome, separate Antrieb mit volatilen Treibstoffen für den Betrieb der leistungsfähigen Treibstoffpumpen für den Raketenmotor sollte durch Gas aus dem Verbrennungsraum des Raketentriebwerkes ersetzt werden. So konnte man sich die zusätzliche Treibstoffe, sowie deren aufwendige Herstellung, die für den Pumpenbetrieb nötig waren, sparen. Was auch eine Einsparung von Gewicht erbrachte und die Herstellung und den Betrieb für eine zukünftige Kegelrakete einfacher machte.

Die Frage ist, ob Dr. Umpfenbach diese Entwicklung bereits im Krieg für die neue Kegelrakete vollendet hatte, oder erst nach dem Krieg in der SU.

Hatte man zudem schon im Krieg ein kardanisch aufgehängtes Raketentriebwerk zur Fluglagesteuerung einer Kegelrakete erprobt und hätte man in Lehesten, im Harz ein solches, für eine Kegelrakete vorgesehenes Triebwerk vorfinden können, von dem ggfs. die Amerikaner den Russen einige dieser neuen Öfen überließen?

Weil man von amerikanischer Seite aus wollte, dass die Russen die Kegelrakete, samt der Infrastruktur, Silos, U-Anlagen zur Produktion usw., erhielten und damit bereit zum Kampf gegen die „Abtrünnigen", die „Verschwörer" aus den Reihen der U.S. Armee waren?

„Sie bleiben nicht, wie die Amerikaner, bei der klassischen deutschen Konzeption von 1945 stehen, sondern gehen sowohl beim Raketenkörper als auch beim Triebwerk prinzipiell neue Wege. Und so entsteht aus der Arbeit der deutschen Hirne, vereint mit der Großzügigkeit in der Vereinfachung und Abstraktion der Russen eine **Flüssigkeitsrakete mit revolutionären neuen Formen. Formen, die ebenso verblüffend logisch wie einfach und leistungsfähig sind.**

Unglaublich schnell haben die Russen die Wechselbeziehungen zwischen Triebwerk und Raketenkörper in Konstruktion und Freiflug erprobt. Es ist kaum zu fassen, wie weit sie schon sind."

Anmerkung:

So unglaublich schnell, dass es eben unglaublich ist. Weil diese Rakete bereits im Zweiten Weltkrieg gebaut und zum Einsatz kommen sollte?

...

„Was wurde nun von den deutschen „Spezialisten" auf Rußlands Prüfständen erarbeitet? Den Überblick darüber haben wohl nur wenige.

Das V 2-Team hatte anfänglich unter Gröttrup, später unter anderer Leitung aus den Gipshöhlen bei Bleicherode die Fabrikationsmuster der V 2 geborgen.

Man spricht von etwa einhundert (V-2, dazu A-8?, Anm.d.A.) Geräten, die den Russen in fertigem und halbfertigem Zustand in die Hände gefallen sind, von denen dann ein großer Teil auf den russischen Prüfständen vormontiert, vorgeladen und abgeschossen wird. Das Peenemünder Team muß den Russen Einzelheiten der Meßeinrichtungen und Instrumentierungen der Peenemünder Prüfstände erläutern. Wesentliche Teile werden kopiert."

Anmerkung:

Genauso kopiert, wie die bereits vorhandene Kegelrakete von Dr. Schulz?

„Die Russen haben einen interessanten Fischzug gemacht.

In Peenemünde **gab es zwei Gruppen** von Leuten:

Die Männer mit den großen Namen und die sogenannte zweite Garnitur, die stillen Arbeiter, die Könner.

Die Amerikaner hatten es auf die erste Garnitur abgesehen. Sie suchten nach dem Klang der Namen aus und befanden, wer würdig war, in die Staaten zu reisen. **Es ist anzunehmen, daß die Russen die bessere Beute gemacht haben.**"

Anmerkung:

Es gab mindestens zwei, wohlmöglich aber noch viel mehr Gruppen an Spezialisten. Nicht nur für Raketen, sondern auch für anderes, exotisches Fluggerät!

Haben die Russen die „bessere Beute" gemacht, weil man von West-Alliierter Seite aus wollte, dass die Russen mithelfen, die Abtrünnigen in den Reihen der U.S. Armee zu bekämpfen, die 1945 einen Dritten Weltkrieg vom Zaune brechen wollten?

Wollte man deshalb, dass die Sowjetunion, was u.a. Hochtechnologie in der Rüstung betrifft, mit dem Westen gleichziehen konnte? Praktiziert man dies bis heute, dass man Russland heimlich „Nachhilfe" in bestimmten Bereichen der Militärtechnik gewährt?

„Besonders fähige Leute umfaßt hier das Gros der mittleren und kleineren Ingenieure, die bestimmte Techniken des Pumpenbaues, der Sauerstoffpumpen, virtuos beherrschen. Der Chemiker Dr. Siegmund spielt das raffinierte Klavier der Wasserstoffsuperoxydzersetzer, die für die Dampferzeugung in dem V 2-Dampftriebwerk und seinen Nachfolgern so wichtig sind.

Dazu gehören die Männer, die den außerordentlich interessanten Sektor bearbeiten, die Versorgungspumpen und -geräte der V 2 direkt aus dem Raketen-Ofen anzutreiben. Das war seinerzeit in Peenemünde noch nicht gelungen und wird erst in Rußland in die Wirklichkeit umgesetzt.

Neben dem V 2-Team stehen die ehemaligen Mitarbeiter der **Physikalisch-Technischen Reichsanstalt** mit ihrem Chef, **Professor Thiessen**. Ein besonderer Leckerbissen für die Russen. Thiessens Bereich umfaßt wesentliche Gebiete der **deutschen Atom- und Kernforschung.**"

Anmerkung:

Die Bestückung des Raketenkopfes mit Atom-, Zündorkanbomben, dazu Atommeiler, der Atomstrom erzeugt?

„Besonders wichtig sind auch Dr. Eitzenberger und Dr. Buschbeck, **beide Spitzenleute der Fernlenkung.**

Anmerkung:

Gibt es hier eine Querverbindung zu dem „Institut zur Vollautomatischen Steuerung", das in Stettin angesiedelt gewesen sein könnte:

*„It seems certain that Russia has reopened the former **German experimental station for guided missiles** which had been established **near Stettin**. Whether or not any or all of the German scientists who formerly operated the station are now **in Russian employ,** is unknown. A Russian circular issued at Berlin charged **that Germany had plans for a rocket** having a range of 2,400 miles* (ca. 3.850 km, die Kegelrakete?, Anm.d.A.)", aus: The Field Artillery Journal", October 1946.

„In den Kopf des **ferngelenkten Geschosses** bauen sie auf den russischen Prüfständen ein **kleines Fernsehgerät** ein. Diese Fernsehgeräte senden das aufgenommene Bild an eine Bodenstation zurück. Dort sitzt ein Pilot, der einen Knüppel betätigt; vor sich sieht er das Bild, **als fliege er selbst** in dem Ferngeschoß. Die Knüppelbetätigung wird nun durch Kurzwellenkanäle dem Ferngeschoß übermittelt. **Und so sitzt der Pilot des Geschosses vor dem Fernsehschirm** wie der Flugzeugführer in seiner Kanzel — nur unangreifbar. Und er steuert, wie der japanische Kamikazi-Flieger seine geflügelte Bombe, **sein Bombenflugzeug ohne Bemannung, in das Ziel hinein.**
…
Andere raffinierte Einzelheiten aus dem Eitzenberger-Team: **lichtempfindliche Suchköpfe in den beflügelten Bomben.**

Anmerkung:

Flogen ggfs. bereits 1946 „beflügelte Staustrahl- Bomben" aufgepflanzt auf eine Rakete und auf große Höhe von 50-60 Kilometer gebracht, die Kamera gesteuert waren, über die Ostsee in Richtung Schweden?

...

„Mit dem Team Eitzenberger-Buschbeck ist den Russen die **ganze Breite der deutschen Radarentwicklung** in die Hand gefallen.

Anmerkung

Zu Herrn Eitzenberger, ein Österreicher kann man folgende Informationen finden:

Im März 1968 kam Diplom-Ingenieur Josef Eitzenberger, damals 65 Jahre alt, Hauptabteilungsleiter für Elektrotechnik und Elektronik im Frankfurter Battelle-Forschungsinstitut in Untersuchungshaft, verdächtigt, gemäß Oberstaatsanwalt Siegfried Buback von der Bundesanwaltschaft in Karlsruhe, zehn Jahre lang den Sowjets „Staatsgeheimnisse verraten zu haben".

Zuvor hatte man in Eitzenbergers Bungalow im Taunus, oberhalb von Frankfurt am Main, bei einer Hausdurchsuchung eine Spionage-Kamera von Minox, einen Regenschirm mit einem Hohlraum im abschraubbaren Knauf und eine Kleiderbürste mit Geheimfach gefunden.

Dipl.-Ing Eitzenberger, ein ehemaliger Mitarbeiter von Telefunken, arbeitete nach Kriegsende für die Sowjets in der SBZ, bis er 1946 nach Monino bei Moskau geholt wurde.

Ingenieur Eitzenberger leitete in der SU zusammen mit den Ingenieuren Dr. Faulstich und Dr. Buschbeck ein „Spezialistenkollektiv", das für die Sowjets Probleme der Fernlenkung von Raketen lösen sollte. Die ehemaligen deutschen - Telefunken - Ingenieure entwickelten u.a. eine Mini-Kamera (s. „Tonne" im Krieg), die in den Kopf einer Lenkwaffe eingebaut werden konnte. Die Bodenstation konnte so den Flug der Rakete genau verfolgen und notwendige Kurskorrekturen vornehmen. Siehe dazu den Staustrahl-Raketengleiter, der ggfs. 1946 in Peenemünde und später in der Sowjetunion erprobt wurde!

Mitte der fünfziger Jahre wurde Eitzenberger und seine Gruppe ans Schwarze Meer verbracht. Dorthin folgte auch die Eitzenberger-Dolmetscherin Anna Nikolajewna Silberstein, eine russische Jüdin. Sie tauchte, nachdem der deutschen Wissenschaftler letztendlich über die DDR in den Westen übergesiedelt war, in der russischen Botschaft in Wien wieder auf und wurde wohl Eitzenbergers KGB-Ansprechpartnerin, die seine regelmäßigen Besuche in der österreichischen Hauptstadt Wien (in der sich unzählige Agenten aus Ost und West tummelten) organisierte.

Zwei Jahre nach der Verhaftung, im Jahre 1970 wird dem leitenden Mitarbeiter von Battelle, dem größten Institut für Auftragsforschungen in der Bundesrepublik Deutschland zur damaligen Zeit, nun der Prozess gemacht.

Der Gerichtssaal ist im zwölften Stock, sodass Richtmikrofone russischer Agenten nicht mithören können.

Ankläger Siegfried Buback von der Bundesanwaltschaft in Karlsruhe will beweisen, dass sich der Battelle-Wissenschaftler mindestens 50mal in Wien mit KGB-Leuten und Botschaftsangehörigen getroffen hat.

Ingenieur Eitzenberger soll unter anderem Jahresberichte der Battelle-Organisation, sowie ein, im Auftrag der Bundeswehr entwickeltes Funkleitsystem für Panzerabwehrraketen und Berichte seiner Versuche mit einem so genannten Plasmatron weitergegeben haben. Darüber hinaus hat Eitzenberger laut Buback als „Mann der Wissenschaft" seinen sowjetischen KGB Führungs-Offizieren Informationen geliefert, die über „das Tätigkeitsfeld bei Battelle" hinausgingen. Laut Eitzenberger war das nicht mehr, als wissenschaftlicher Gedankenaustausch wie „in jeder Fachzeitschrift".

In der „Kalten Krieg" und „Agentenstadt" Wien hatte noch jemand auf den Russland-Heimkehrer Eitzenberger gewartet: William H. Godel, Beamter des US-Verteidigungsministeriums und Angehöriger des Geheimdienstes CIA. Dieser vermittelte dem Österreicher Eitzenberger in Frankfurt/M. eine Anstellung als Wissenschaftler für das 1952 gegründete Battelle-Institut.

Ab dann **diente Eitzenberger deutschen wie amerikanischen Interessen**, denn das Frankfurter Institut ist kein rein deutsches Unternehmen. Es gehört zum „Battelle-Memorial Institute" (Sitz Columbus, Ohio, USA und ist wohl auch ein „Tool", ein Werkzeug U.S. amerikanischer Hegemonial-Politik).

An die 65 Prozent der Forschungsvorhaben des Batelle-Institutes waren Aufträge von deutschen Bundesbehörden und von der NATO (wobei die Amis dadurch weiter die deutsche, als auch die NATO Verteidigungspolitik kontrollieren konnten).

Eitzenberger und seine Abteilung betrieben Plasmaforschung für die Weltraumfahrt. Er verbesserte u.a. auch eine Navigationshilfe für die deutschen F-104 „Starfighter" Jabo-Düsenjäger.

Das Pentagon erteilte einen der wichtigsten Aufträge an die Eitzenberger Gruppe: Ein Verschlüsselungssystem für die Nato-Nachrichtenübermittlung auf Basis von ELF-Wellen, Längstwellen, die übrigens im Krieg in Deutschland für die U-Boot Kommunikation genutzt wurde (und wo später die Amerikaner wiederum in der Lage waren, bei der Nato und in Deutschland mitlesen zu können). Ob auch damals schon Telefunken und Mitarbeiter von Eitzenberger die U-Boot Kommunikation mitentwickelten und er deshalb den Auftrag bekam?

Das Gerichtsverfahren wegen Landesverrates gegen Dipl.-Ing. Eitzenberger wurde aber 1970 aufgrund seines schlechten Gesundheitszustandes vom 4. Strafsenat des Frankfurter Oberlandesgerichts eingestellt.

Eitzenberger hatte eine Sklerose der Hirngefäße, war entweder apathisch, dann wieder erregt. Wurde Eitzenberger absichtlich krank gemacht, damit er als unliebsamer Zeuge und Angeklagter aus der Schusslinie genommen werden konnte?

Verschwörungstheorie, Vorsicht, nur die alleinige Meinung des Autors:

Wie auch dieses Buch des Autors zeigt, mussten sich die Russen, die ehemalige Sowjetunion, was u.a. Militärtechnik angeht, sich Hilfe von ausländischen, nach dem Krieg vornehmlich deutscher „Spezialisten" bedienen, um mit dem Westen mithalten zu können

Ist das heute noch so?

Kann der Gegner, der Gegenspieler der USA ohne militärische, technische, „high-tec Nachhilfe" nicht mit der Aufrüstung und dem technischen Stand des Westens mithalten?

Sind die Russen heute immer noch darauf angewiesen, bestimmte Hochtechnologie aus dem Westen zugespielt zu bekommen? Wie damals, als unter Umgehung der Comecon-Bestimmungen, Computer an die UdSSR geliefert worden sind?

War der deutsch-österreichische Elektronik-Spezialist Josef Eitzenberger damals genauso ein Rädchen in einer evtl. groß angelegten Verschwörung, um über das amerikanische Battelle-Institut sowie über den KGB, der Sowjetunion wichtige militärische Geheimnisse zuzuspielen?

Passiert dies heute immer noch und gibt Putin nur in den gelenkten Medien den starken Mann, damit man das heutige Russland überhaupt noch als einen ernsthaften Gegner wahrnimmt?

Weil in Wirklichkeit auch Russland im Verbund mit einem supranationalen Unternehmen in geheime Machenschaften mit eingebunden ist, die unbedingt verschleiert werden müssen? Und nur für die Öffentlichkeit immer wieder in der L-Presse irgendein Konflikt in der Welt dargeboten werden muss, um von den wahren geopolitischen und geostrategischen Verhältnissen abzulenken?

Übrigens: Siegfried Buback, im Jahre 1977 Generalstaatsanwalt in Karlsruhe, wurde am 7. April 1977 von der „RAF", der „‚ Rote Armee Fraktion" liquidiert.

In welchem Auftrag ermordete die RAF, vermutlich u.a. eine Staatsterror-Organisation der Bundesrepublik Deutschland, also Auftragsmörder des deutschen Staates (wie möglicherweise auch die „NSU", eine Handlangergruppe des VS), Buback, sowie noch viele andere hochrangige Personen?

Was hätte Buback über den Prozess von Eitzenberger wirklich wissen können? In welche anderen Machenschaften war der Staatsanwalt und spätere Generalstaatsanwalt noch alles verwickelt, sodass man evtl. beschloss, ihn spätestens 1977 als unbequemen Mitwisser zu beseitigen?

Aber alles nur reine „Verschwörung"! Oder?

...

Weiter mit Adalbert Bärwolf und der „Schulz-Kegelrakete":

„Das Gleiche gilt für die bei den Deutschen längst vorher
entwickelten Düsentriebwerke. Auch auf diesem Gebiet haben die
Russen ein vollgültiges Team in die Hand bekommen: Guenther, den
Flugzeugkonstrukteur (Heinkel, Anm.d.A.), und Baade (Junkers,
Anm.d.A.), einen der großen Zellenbauer, die die raffinierten
Techniken der Flugzeugplanung den Russen zugänglich machen müssen.

...

Eine ganz besonders wichtige Rolle spielen auf den russischen
Prüfständen, spielen in all den Ingenieurbüros auch die Techniker,

auch die kleineren Ingenieure, denn sie beherrschen den weiten
Bereich der deutschen Prüf- und Meßgerätetechnik. Diese Arbeiten
werden auch noch lange nach 1946 durch **Querverbindungen** zu der in
West-Berlin ansässigen Firma Askania fortgesetzt. Verlorengegangene
Teile der hochwertigen deutschen Meßgeräte **werden nachgeliefert**,
denn gerade diese **Meßinstrumente sind bei den Russen ein
ausgesprochener Engpaß** (siehe „Nachhilfe" für die Russen!, Anm.d.A.).

Die **Askania-Theodolithen**, die visuell die Rakete von ihrem
senkrechten Abschuß bis zum Brennschluß hinein **auf dem Film
festhalten** (wo sind diese Filme?, Anm.d.A.), stehen auch heute in
den Raketenwüsten der USA und verfolgen die Reise der amerikanischen
Projektile.

In diese Kategorie fällt auch die Inbesitznahme der **Zeiss-Werke** und
die Überführung von etwa fünfundachtzig der besten Zeiss-
Spezialisten nach Rußland. Die Ergreifung dieser Zeissleute allein
füllt bei den Russen die Lücke in der modernen **Präzisions-Optik** aus.
...

Dr. Schulz gegen Wernher von Braun

...
1945 und 1946 gehen deutsche Raketenforscher, die auf der gleichen
Stufe des Wissens und der Erkenntnis stehen, hinüber in die reichen
Forschungsstätten der Amerikaner und in die primitiven, doch von
eher geizigen Wissenschaftlern geleiteten Institute der Sowjets.

Bei den Amerikanern macht sich Wernher von Braun, der heute die
amerikanische Staatsangehörigkeit besitzt, einen besonderen Namen.

Aber wer ist sein **Gegenspieler** bei den Russen? Der Vorhang des
Schweigens hat sich erst jetzt gehoben. Und was wir erfahren, muß
uns zu denken geben.

Der deutschen Raketenklassik, die von Braun in den USA unter
ungeheurem Kostenaufwand weiterverfolgt, steht die deutsche
Raketenrevolution gegenüber, die **das Arbeitsteam unter Dr. Schulz**
bei den Sowjets vollzog.

Das gleiche Problem, **interkontinentale Raketen** zu entwickeln, wird
auf zwei völlig verschiedenen Wegen angefaßt. Das erzielte Ergebnis
aber, das erreichte Ziel, erschüttert die Vormachtstellung der
Amerikaner in der Raketentechnik. Die Sowjets haben hier
längst aufgeholt.

Die amerikanische Raketentechnik kann mit der sowjetischen nur dann
sinnvoll verglichen werden, wenn man der ballistischen
Einstufenrakete ohne Gleitflügel W. von Brauns die von Dr. Schulz in
Rußland entwickelte ballistische Einstufenrakete, ebenfalls ohne
Gleitflügel, gegenüberstellt.

Die deutsche Einstufenrakete (A-4, Anm.d.A.)aus Peenemünde flog
seinerzeit 245 Kilometer weit. Bei den Amerikanern fliegt die
weiterentwickelte V 2 jetzt 500-600 Kilometer weit.

Aber die interkontinentale Entfernung von 3.000 Kilometer legt nun die sowjetische Schulz- Rakete zurück.

Wir sind gewohnt, die klassische deutsche Raketenkonzeption, die unter dem Namen von Braun mit der V 2 und ihrer Weiterentwicklung in Amerika zusammengefaßt wurde, als die richtige und allein mögliche hinzunehmen. Wir sind es gewohnt, die Nachfolger der V 2, „Viking" und „Redstone" (weiterentwickelte A-8?, Anmd.A.), die direkt aus dem deutschen A-4-Aggregat entstanden sind, als das non plus ultra der westlichen Entwicklung zu betrachten. In diesen Projektilen erkennen wir die Handschrift des Westens, fein durchdachte, glänzende Lösungen.

Der Superlösung Wernher von Brauns steht nun **die Primitivlösung des Teams Dr. Schulz, Albring, Gröttrup, gegenüber** (weil diese „Primitivlösung" der schnellste Weg war, im Krieg eine Langstreckenrakete für WKIII bereit stellen zu können?, Anm.d.A.).

...

Braun-Rakete und Schulz-Rakete bauen beide auf dem gleichen Prinzip auf:

ihre Grundkonzeption ist die **Flüssigkeitsrakete.**

Das Bahnbrechende in der Schulz-Rakete liegt nicht in dem Lenkverfahren, sondern in dem genialen Gedanken der ballistischen Konzeption und der Triebwerksanordnung.
...
Wenn die Rakete — wie es bisher üblich war — mit einer rasanten Geschwindigkeit durch den dichten Mantel der Erdatmosphäre gejagt wird, dann benötigt sie einen hohen Treibsatz und eine Form, die den dichten Luftmantel elegant und ohne starke Reibung durchbricht.

So wurden unter einem ungeheuren Kostenaufwand seinerzeit in Peenemünde, später in Kochel am See, in Windkanalversuchen in subtilster und feinster Geistesarbeit Raketenformen entwickelt, die bei größtem Volumen den kleinsten Luftwiderstand bei gleichzeitig gesicherter Flugstabilität boten.

Dr. Schulz nun stellt die Frage nach dem Aufwand.

Er wußte, wie alle Raketentechniker, daß **die Reichweite** einer Rakete durch das Verhältnis des Endgewichts zum Anfangsgewicht bestimmt wird, d.h., daß der **Anteil des Brennstoffs** in der Rakete in einem **bestimmten Verhältnis zu ihrem Gesamtgewicht** stehen muß, das sich aus ihrer Hülle, ihren Brennstofftanks und Brennstoffpumpen, ihrer feinnervigen elektronischen Ausrüstung und der Last des übrigen technischen Zubehörs, einschließlich Nutzlast zusammensetzt.

Diese komplizierte Form, die die Amerikaner so viel Überlegungen, so viel Forschungsarbeit und Geld gekostet hat, betrachtet nun Schulz als überflüssig, als eine Spielerei, die er radikal über Bord wirft.

Und er kann es, da ein genialer Gedanke ihn auf einen anderen Weg geführt hat. Schulz läßt seine Rakete nicht mit einer rasanten

Anfangsgeschwindigkeit durch den dichten Luftmantel der Erde schießen, sondern er läßt **sie langsam aufsteigen**, **so langsam**, daß die **hohe Geschwindigkeit erst dann erreicht wird**, wenn die **Luftschicht der Erde von 30.000 Meter Höhe an so dünn wird**, daß der Widerstand praktisch keine Rolle mehr spielt.

Erst wenn seine Rakete den Bereich der **dichten Erdatmosphäre verlassen hat,** wo sich die Erdanziehung zwar noch auswirkt, erreicht die **Schulz-Rakete ihre Endgeschwindigkeit und ihre interkontinentale Entfernung von 3.000 Kilometer vom Abschußort zum errechneten Ziel**.

Und es steht die Frage: wenn die Sowjets schon mit der ballistischen Einstufenrakete ohne Gleitflügel zu diesem unerhörten Ergebnis kommen, wie weit können sie dann erst ihre atomaren Raketenköpfe tragen, wenn sie zu Mehrstufenraketen übergehen?

Wird der geniale Gedanke von Schulz zu Ende gedacht, dann liegen die Nachteile der Braun-Rakete auf der Hand. Da diese Rakete nur 500 Kilometer weit fliegt, müssen ihre Abschußtische relativ nah an den Gegner herangebracht werden. So mußte die Rakete also transportabel und leicht zu montieren sein, Forderungen, die nur mit einem größeren Gewichtsaufwand — Verschraubungen und Verstrebungen — erfüllt werden konnten.

Nach der Erfahrung mit der V 2 verlangte die Braun-Rakete eine aerodynamisch günstige Außenform. Die dazu notwendigen Außenflächen kosteten ebenfalls Gewicht. **Viele Versuche zeigten, daß die Projektile beim Wiedereintritt in die Atmosphäre platzten.** Man sprach von Luftzerlegern. Um diese Nachteile auszugleichen, wurde das Gerät verstärkt.

Jetzt blieb das Geschoß beim Wiedereintauchen aus der außeratmosphärischen Schicht in den Luftmantel der Erde erhalten. Aber die notwendigen Isolationskörper forderten ebenfalls Gewicht.

Alle Versuche, diese belastenden Gewichte herunterzudrücken, scheiterten. Das Verhältnis der Braun-Rakete von „Verpackung" zu Brennstoff ließ sich nur bis zu einem Verhältnis von etwa 66% Brennstoff zu 34% Zubehör steigern.

Schulz dagegen vollbringt das Wunder **einer Steigerung des Brennstoffanteils auf fast 100%**.

Seine mit einem **Abschußgewicht von 60 Tonnen** aufsteigende **28 Meter lange Rakete** besteht fast nur aus Brennstoff, und zwar aus etwa 92% Brennstoff und aus etwa 8% Zubehör.

Schulz wählt als Form seiner Rakete einen **spitzen Kegel**, einen sehr spitzen, schlanken Kegel, der dazu noch den Vorteil bietet, bei **richtiger Schwerpunktlage stabil zu fliegen**.

Schulz benötigt keine komplizierten Stabilisierungsflächen.

Aber Schulz hat noch nicht zu Ende gedacht. Wenn ich eine Rakete baue, sagte er sich, die 3.000 Kilometer weit fliegen kann, dann erübrigt sich jeder Transport zu irgendeiner Abschußbasis, er ist sogar sinnlos.

So läßt Schulz die Rakete in den **unterirdischen Fabrikhallen** zusammenschweißen. Alle gewichtsvermehrenden Elemente, die das Zerlegen und der spätere Zusammenbau erfordern, sind genau so überflüssig wie alle Verstärkungen der Außenhaut. Die Schulz-Rakete wird sozusagen **vom Montagetisch der unterirdischen Fabrik** aus dem **Schornstein** herausgeschossen."

Abb.: Kegelrakete startet langsam aus einer unterirdischen Startröhre, Silo. Fiktive Modellabbildung.

Die Rakete wurde in einem unterirdischen Werk montiert, unterirdisch zu der Startröhre verbracht, aufgerichtet, betankt und dann auf das jeweilige Fernziel aus dem Silo heraus abgeschossen.

Solch eine dünnwandige Rakete, die aufgrund der Zerbrechlichkeit nur schlecht per mobiler Abschussrampe transportiert werden kann, wird gleich vor Ort, vom Produktionsstandort, der zumeist unterirdisch gelegen ist, wie im Jonastal, oder Eulengebirge, direkt auf das vorher festgelegte Ziel verschossen.

...

„Und weiter folgt Schulz: ob meine interkontinentale Kegelrakete auf ihrem Flug auch beim Wiedereintauchen in den Luftmantel ihre Form behält oder nicht, das ist völlig uninteressant. Wichtig allein ist das Ziel, **den Gefechtskopf dorthin zu bringen**, wo er nach dem errechneten Gesetz der Ballistik aufzutreffen hat.

Schulz baut daher eine <u>leicht lösbare und leicht trennbare</u> Verbindung zwischen dem Gefechtskopf, der eigenstabil fliegen kann, und dem groben Brennstoffbehälter, **dessen Wände fast so dünn sind wie Papier**.

Fällt diese Rakete nach ihrem Brennschluß und ihrem interkontinentalen Flug durch den Leerraum in die dichte Erdatmosphäre zurück, dann <u>**löst** sich der Gefechtskopf von dem Raketenrumpf ab und fliegt mit seiner Atomladung **allein weiter**</u>. Die Bleche der Brennstofftanks werden wie eine Tüte zusammengedrückt und fallen wie ein grober Papierknäuel zur Erde. Durch den Verzicht, den gesamten Raketenkörper bis in das Ziel zu bringen, spart Schulz das letzte behindernde Gewicht ein.

Mit einem kleinen Trick kommt Schulz zu diesem erstaunlichen Ergebnis: er **bläst die Brennstofftanks seiner Rakete auf**, wie man ein Schlauchboot aufbläst.

Er setzt die Außenhaut unter **6 bis 8 Atmosphären inneren Überdruck**. So kann er mit den **erstaunlich dünnen Blechwandstärken** arbeiten, ohne daß sein interkontinentales Gebilde zusammenknickt. Die

Hülle wird **nur auf Zug beansprucht**. Sie ist **frei von allen Knickbeanspruchungen**.

Durch einen weiteren Trick besteht die Schulz-Rakete die Feuerprobe beim **Durchfliegen der Wärmemauer**. Schulz umhüllt einfach den **eigenstabil fliegenden Raketensprengkopf mit einem Holzmantel**, der die durch die **Luftreibung entstehende Hitze nicht leitet**. Das Holz ist erst abgebrannt, wenn die Rakete längst ihr Ziel erreicht hat. Eine ebenso einfache wie geniale Lösung.

Die einfache Kegelform macht auch die komplizierte Steuerung der Braun-Rakete überflüssig.

Schulz steuert seinen spitzen Kegel durch einen **nach allen Seiten kardanisch aufgehängten Raketenofen**. **Der Schwenkofen steuert selbst**.

Bei der V 2 war die Entwicklung der Stabilisierungsflächen deshalb so schwierig, weil bei den verschiedenen Geschwindigkeiten, den verschiedenen Mach-Zahlen zwischen 1 und 6, die durchflogen wurden, der Angriffspunkt der Luft entlang der hochentwickelten aerodynamischen Gebilde unkontrollierbar wanderte.

Die Kegelrakete entzieht sich durch ihre geniale Konstruktion diesen Schwierigkeiten.

Durch einen letzten revolutionären Gedanken bringen die deutschen Raketenforscher in Rußland auch die Triebwerksklassik ins Wanken. Schulz benötigt in seiner Rakete weder einen Wasserstoffsuperoxyd-Tank, weder einen Wasserstoffsuperoxyd-Zersetzer noch einen Stickstofftank, auf die Wernher von Braun zum Antrieb der Pumpenaggregate bislang nicht verzichten konnte. Zum Betrieb der Pumpenaggregate erhält die Turbine in der Braun-Rakete ihren Dampf aus einem Wasserstoffsuperoxyd-Zersetzer.

Schulz zapft die heißen Gase des Raketenofens einfach ab und treibt damit eine Heißdampfturbine für die Pumpen an, die den Raketenbrennstoff — Flüssigsauerstoff und Alkohol — mit einem hohen Druck in den Raketenofen pumpen. Der Raketenofen des Schulz-Geschosses hat einen Schub von rund 80 Tonnen.

...

In der gleichen Zeit bauen die nach Rußland geschickten deutschen „Spezialisten" Schulz, Albring, Gröttrup, Umpfenbach, Roesch und Siegmund eine **Einstufenrakete**, die **sechsmal so weit fliegt, die interkontinentale Entfernungen von 3.000 Kilometer zurücklegt**. Die Lösung ist nicht nur genialer, sondern auch billiger.

Anmerkung

Die Erklärung der Funktionsweise, die Autor Bärwolf schildert könnte ein sehr schönes Indiz dafür sein, dass die „Schulz-Rakete" eben eine Notlösung im kriegsgeschüttelten Deutschland war, wo Knappheit und Mangel herrschte und wo man keine komplizierte und Material verschlingende Produktion mehr durchführen konnte. Eine entfeinerte Rakete in der einfachen, wie genialen Kegelform, billig, leicht herstellbar mit ungelernten Kräften, war die Lösung, schnell eine funktionierende Fernrakete bereit stellen zu können.

Der Autor des oben wiedergegebenen Buchkapitels, Adalbert Bärwolf war im zweiten Weltkrieg Pilot, u.a. bei der 3. Nahaufklärungsgruppe, NAGr. 13 und überflog mit seiner Messerschmitt Me-109 Aufklärungsversion als einer der ersten deutschen Maschinen die Invasionsfront der Normandie im Juni 1944.

Lt. Bärwolf machte mehrere Luftaufnahmen der Invasionsflotte der Alliierten. Seine gemachten Luftbilder sollen angeblich bis heute verschwunden sein. Denn man musste ja von deutscher Seite aus gemäß „Verschwörung", den Amerikanern die Gelegenheit geben, auf dem europäischen Festland Fuß fassen zu können, damit man später, gemeinsam mit General Patton und anderen, gegen die Sowjetunion marschieren konnte.

Es stellt sich also die Frage, ob der Autor Bärwolf mehr wusste, als er in seinen Büchern und Artikeln, in z.B. „Die Zeit", zum Thema „Zweiter Weltkrieg" oder über deutsche Raketenentwicklungen schrieb?

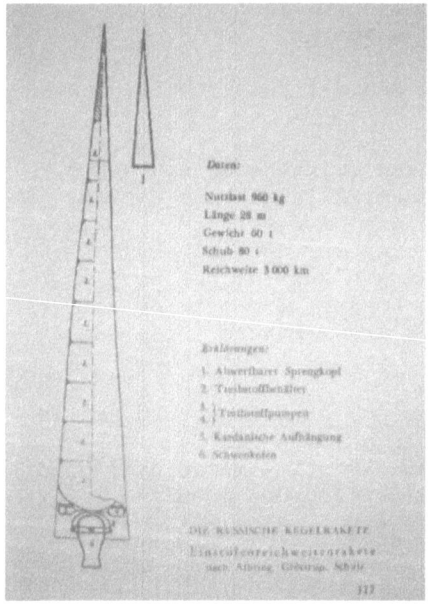

Abb. entnommen aus o.g. Buch von Adalbert Bärwolf:

DIE RUSSISCHE KEGELRAKETE

Einstufenreichweitenrakete nach Albring, Gröttrup, Dr. Schulz

Erklärungen:

1. Abwerfbarer Sprengkopf
2. Treibstoffbehälter
3.+4. Treibstoffpumpen
5. Kardanische Aufhängung
6. Schwenkofen

Daten der Kegelrakete:

```
Nutzlast 960 kg
Länge 28 m
Gewicht 60 t
Schub 80 t
Reichweite 3 000 km
```

Anmerkung:

Produziert in unterirdische Produktionsstätten, wo gleich nach Bau, die Kegelraketen aus Silos verschossen werden.

Sollten in amerikanische Festungsanlagen, die in Nazi-Deutschland im Eulengebirge, im Jonastal oder in Nieder-Österreich errichtet wurden, solche keligen Langstreckenrakete nach Dr. Schulz in einem Dritten Weltkrieg auf die Sowjetunion verschossen werden?

Die einfachste Lösung, eine Schnelle Spitze, ein mit Sprengstoff beladener Wiedereintrittskörper vor dem Verglühen zu schützen, wenn er aus großen Höhen wie aus 120 km nach unten stürzt, war es, eine konische Verkleidung aus Holz über die vordere Metallspitze zu stülpen. Holz als nicht strategischer Rohstoff war im krieggeschüttelten Deutschland noch genügend vorhanden.

War Dr. Kammler als Sonderbeauftragter der Raketenproduktion dafür verantwortlich, den vorrückenden Amerikanern unter General Patton solche Untertage-Produktions- und Abschussanlagen, dazu einfach und schnell herzustellende Fernraketen bereit zu stellen, damit die abtrünnigen U.S. Amerikaner gleich gegen Kriegsende gegen die Russen kämpfen konnten?

Peenemünder Gruppe um Gröttrup in der Sowjetunion

Auszüge aus dem Buch: „Unternehmen Paperclip", Franz Kurowski, Bastei-Lübbe, 1982:

„Nun kam es also darauf an, aus der vorhandenen Rakete **eine größere zu entwickeln**, die **jeden Punkt der westlichen Welt erreichen konnte**. Das die Erde umkreisende, raketengetriebene Flugzeug (Sänger-Projekt, Anm.d.A.) konnte nun nicht mehr gebaut werden.

Man musste das **Großteam von Ingenieur Gröttrup** wieder einsetzen. Und zwar so rasch wie möglich.

Nachdem dieses Team zwei Monate in der **kasachischen Steppe** geblieben war und noch eine zweite Rakete gestartet hatte, erfolgte der Rücktransport der Männer nach Monino. Es hatte die ihm gestellte erste Aufgabe erfüllt.

„Anmerkung:

Startete das „Großteam" um Dipl.-Ing. Helmut Gröttrup in Kapustin Yar nur erbeutete A-4 Raketen, oder war die zweite gestartete Rakete auch eine Einstufenrakete nach Dr. Schulz?

„Jeder hoffte, nun endlich wieder nach Deutschland zurück reisen zu können. Aber die Sowjets hatten noch Großes mit diesem Team vor. Im Februar 1948 erhielten Direktor Gröttrup und seine Spezialisten eine neue Marschorder. Man hatte für sie einen neuen Aufenthaltsort und eine neue Aufgabe parat.

Die Fahrt führte in das Gebiet der Wolgaquellen, auf eine Insel, die den Namen Gorodomlia trug und im Seligersee lag. In der Eisenbahn ging es zunächst nach Ostaschkow, der nächstgelegenen Stadt, direkt am Seeufer. Von dort marschierte das Team über den zugefrorenen, verschneiten See zu einem Dorf, das mitten auf der Insel am Rande eines Wäldchens lag.

Hier waren sie nicht die ersten Deutschen. Eine andere Spezialistengruppe hatte schon vorher hier ihr Domizil aufgeschlagen.
…

Hier sollten sie aufgrund eines Befehls von Marschall Stalin eine neue, **bessere Rakete mit einer Reichweite von mindestens 3.000 Kilometern bauen**. An dieser völlig neuen Entwicklung arbeiteten: Ingenieur Gröttrup als Generaldirektor, **Dr. Schulz**, Dr. Albring als Sektionsleiter und alle die anderen, die unter diesen Männern auch an der verbesserten V 2 mitgewirkt hatten (nämlich einer dünnwandigen A-8 mit separierbarem Sprengkopf, Anm.d.A.).

Bei der Entwicklung dieser neuen Rakete wichen die Deutschen entschieden von der bisherigen Raketenform ab. Sie entwickelten eine **neue Form, die später „Kegelrakete" genannt wurde**. In Gröttrups Konstruktionsbüro lief sie unter der Bezeichnung R 14. Es war eine **flossenlose Rakete**. Ihre Steuerung wurde durch einen Motor - die Brennkammer - durchgeführt, die am unteren Ende der Rakete **drehbar angebracht war**. Im Vergleich zur A 4 aus Peenemünde war diese Rakete **einfach**.

Aber diese Einfachheit hatte den unschätzbaren Vorteil, dass sie reibungsloser funktionierte.

Helmut Gröttrup schrieb über die R 14:

„Das letzte Projekt des Kollektivs, die Fernrakete R 14, vereinigte ***die Kenntnisse und Erfahrungen aller leitender Mitarbeiter in sich.***

Ihre äußere Form ist ein ***schlanker Kreiskegel*** *von etwa* ***34 Meter Länge ohne Tragflächen und Flossen****. Die Tragkonstruktion dieser Rakete besteht in der Hauptsache aus einem großen Behälter, der durch einen Zwischenboden in die beiden Abteilungen für* Brennstoff *und* Sauerstoff *geteilt ist. Beide Behälterhälften stehen unter einem* ***geringen Überdruck****, etwa wie eine* ***aufgeblasene Papiertüte****.*

Vor dem Start werden die Behälter mit den Treibstoffen gefüllt. Sie nehmen zusammen etwa 65.000 Kilogramm davon auf.

Auf dem oberen Behälterrand ist die ***Nutzlast montiert, ein zylindrischer Körper von etwa 3.000 Kilogramm Gewicht****.*

Für die Bewegung dieser Nutzlast wurde die ganze Rakete konstruiert. Nach vorne ist die Nutzlast durch eine leichte, leere Vorspitze abgedeckt."

Das Kollektiv auf der Insel im Seligersee hatte diese Rakete von Grund auf durchkonstruiert. Es galt, wie das bereits bei den bekannten und durchdachten Modellen von Mehrstufenraketen üblich war, die **erste Stufe abzukuppeln**, nachdem diese ihren Zweck erfüllt hatte.

Das bedeutete: Sobald der Treibstoff der ersten Stufe zu Ende gegangen war, wurde die nunmehr nur noch als Ballast mitfliegende leere Hülle derselben abgesprengt.

Mit der bereits im Flug befindlichen Nutzlast und **dem nun einsetzenden Antrieb der zweiten Stufe** würde die Rakete noch schneller werden und auch eine **größere Reichweite** erzielen.

Dieses **Stufenprinzip** geht auf den **Raketenpionier Hermann Oberth** zurück, der es erfand. Erst durch dieses Prinzip rückte die Idee eines Antriebs von Raumschiffen aus der Utopie in den Bereich der Möglichkeit.

Der Russe Ziolkowski hatte bereits im Jahre 1920 in Kaluga flüssige Treibstoffe als neue Antriebsmittel für Raketen vorgeschlagen und damit den Weg von der Feststoff- zur Flüssigkeitsrakete beschritten. Wenn auch nur in der Theorie (oder in der „Wahren Raumfahrt" schon in der Praxis, Anm.d.A.).

Diese Grundvoraussetzungen standen also dem Team unter Ingenieur Gröttrup zur Verfügung, als es mit seiner Arbeit begann.

Als die Gruppe ihre Arbeit beendet hatte, **war die erste Interkontinentalrakete entwickelt**, mit der man Ziele angreifen konnte, **die 3.000 Kilometer weit entfernt lagen.**

Dieses Ergebnis wurde Anfang 1950 in Moskau gemeldet. Im Laufe des Sommers wurde die Rakete endgültig fertig, nachdem auch hier wieder eine Menge anfallender Probleme beseitigt worden waren, und man scheinbar unüberwindliche Schwierigkeiten dennoch überwunden hatte.

Nun kam eine neue sowjetische Kommission auf die Insel. Sie wählte etwa 20 der weniger wichtigen Mitarbeiter von Helmut Gröttrup aus und schickte sie sofort nach Deutschland zurück. Natürlich hatten auch alle anderen gehofft, mit in die Heimat entlassen zu werden, doch dem standen die sowjetischen Geheimbestimmungen entgegen. Die Sowjets waren nicht so dumm, diese Topwissenschaftler unmittelbar nach Fertigstellung ihrer ersten Interkontinentalrakete in den Westen zu schicken, wo sie ja ihr Wissen hätten ausplaudern können. Die wichtigsten Männer der R 14 mussten damit rechnen, noch mindestens zwei Jahre hier bleiben zu müssen."

-Ends-

Anmerkung:

Wurde die einstufige Schulz-Kegelrakete aus dem Krieg, in der Sowjetunion zur zweistufigen Rakete unter Gröttrup weiterentwickelt?

So heißt es doch u.a. von einem ostdeutschen Autor, und generell von der weltweiten Propaganda, dass die Kegelrakete nie für die Russen gebaut worden sei? Was stimmt hier nicht?

Die Rakete in der SU ist gemäß dem o.g. Autor Franz Kurowski 34 m lang, besitzt zwei Stufen bei einer 3 to Nutzlastspitze und 3.000 km Reichweite.

Wurde die Schulz-Rakete, die in Russland erprobt wurde, zu einer neuen, zweistufigen Rakete weiterentwickelt und gipfelte, weiter modernisiert, in der unglückseligen Mondrakete „N-1"?

Langsame-/Schnelle Spitze

Das allseits bekannte „Aggregat-4", als „Vergeltungswaffe V-2" gegen europäische Städte, wie London oder Antwerpen verschossen, flog als ganze Einheit auf ein zu treffendes Ziel.

Im Übungsgebiet „Heidelager" hatte man festgestellt, dass es zu „Luftzerlegern" kam und die Rakete bereits in der Luft, vor dem Auftreffen am Boden auseinanderbrach.

Aus einem Bericht von Willi Walther, 29.01.1919 – 29.07.2001 mit dem Titel: *„Meine Zeit in Peenemünde"*, Ostern 1995, Internet:

„So zog ich Anfang Juni 1941 in die Statik- Abteilung. Da waren außer mir: Der Chef H. Wischhöfer, H. Höppner und H. Iglauer.

Als ich dazu kam, machte H. Wischhöfer gleich einen Arbeitsplan. Als Aufgabenstellung stand die Berechnung der **Beanspruchung des Raketen-Hecks beim Eintauchen der Rakete aus dem Gipfelpunkt der Flugbahn in die Atmosphäre an**.

Zur Verfügung standen die Unterlagen:

1. Zeichnung des Hecks mit den Querschnitten der Rippen und Spanten.
2. Flugbahnberechnung für die Rakete beim Eintauchen in die Atmosphäre. In der Bahnrechnung ergab sich aus der Fluggeschwindigkeit v und der Luftdichte ρ entsprechend der Bahnhöhe h der Staudruck $q = \rho/2 \, v^2$.
3. Windkanalmessungen über die Druckverteilung am Modell der Rakete A4 für Geschwindigkeiten bis Mach-Zahl 3,24 und für Anstellwinkel bis 10°.
4. Die Forderung, daß das Heck die Belastung aus dem Produkt $\alpha \, q = 30\,000 \, kg/m^2$ aufnehmen müsse."

...

Zu Wernher von Braun schreibt Autor Walter:

„Der Dr. W.v.Braun war ein **ganz außergewöhnlicher Mensch**. Schon vom Aussehen her merkte man das Besondere. Er war immer gut gekleidet, trug immer Hemden mit Krawatten und war stets frisch rasiert. Bei einer Größe von etwa 1,85 m wog er ca. 85 kg. Er hatte volles blondes Haar und hellblaue Augen. Seine Bewegungen glichen denen eines austrainierten Zehnkämpfers.

Studiert hatte er Physik. Er hatte also das Rüstzeug, um ein so kompliziertes technisches Gerät, wie die Rakete A4 und alle ihre Details unter einen Hut zu bringen.

Die Rakete wurde in zwei Hauptgebiete unterteilt:
- das Triebwerk, mit den Maschinen zur Förderung der Treibstoffe, sowie der Zelle, in der alles untergebracht und aufeinander abgestimmt war.
- die Steuerung zur Lenkung der Rakete vom Start bis zum Brennschluß.

Es gab viele, die meinten, der Dr. v.Braun konnte das Riesengebiet nur unter ein Dach bringen, weil er ein **ausgezeichneter Organisator** war. Durch Gespräche mobilisierte er seine Mitarbeiter zu eigenständigen Handlungen und schuf so eine Mannschaft, die durch gute Kontakte untereinander mit den komplizierten Aufgaben fertig wurde.

Er war also Physiker und Menschenführer gleichzeitig und das war seine eigentliche Stärke.

Privat hatte er alles, was der Mensch so braucht und noch ein bißchen mehr. Er hatte das schon erwähnte Segelboot, die Freya, ein Reitpferd, mit dem er am Strand auf halb nassem Sand entlang ritt. Im Betrieb fuhr er mit einem Motorrad von Abteilung zu Abteilung. Für größere Fahrten stand ihm ein großer Tatra mit Fahrer zur Verfügung. Wenn es ganz schnell gehen mußte, dann konnte er mit einem Fieseler-Storch fliegen. Je nach Entfernung oder Zeit flog er selbst oder mit dem Werkspiloten. Zum Mond brauchte er noch nicht, sonst hätte er eine Rakete verwendet.

Manchmal erzählte er von zuhause. Sein Vater war Ernährungs-Minister. Die Kinder hatten einen Hauslehrer und es war üblich, daß jeden Tag eine andere Sprache gesprochen wurde. So z.B. montags englisch, dienstags französisch, mittwochs spanisch, freitags, samstags und sonntags deutsch und so weiter. Dieser Sprachgebrauch war kein Schulfach für ein oder zwei Stunden. Die betreffende Sprache wurde den ganzen Tag gesprochen, auch untereinander. Das brachte schnell Sicherheit im Umgang mit Fremdsprachen."

...

Weiter mit dem A-4 und den „Luftzerlegern":

„Die A4 wurde für den Einsatz erprobt. Dafür gab es ein spezielles Prüfgelände. Der Abschuß lag in Ostpreußen, **dem sog. Heidelager**. Der Einschlag lag bei Litzmannstadt, einem Ort namens Schwarzenbach. Die **Flugstrecke von Heidelager bis Schwarzenbach war 300 km**. Die theoretische Größe der Trefferfläche entsprach einer Ellipse von 3km Länge und 1 km Breite.

Das Zentrum der Ellipse war die Kirchturmspitze des Ortes. Bei den Erprobungsschüssen wurde festgestellt, daß das Gerät gelegentlich **vor dem Aufschlag zu Bruch ging**. Offenbar ging das Gerät mit einem **großen Anstellwinkel in die Atmosphäre, was Beanspruchungen ergab**, die zum Zerlegen des Gerätes führten. Dem dabei entstehenden Knall folgte der eigentliche Aufschlagknall durch den Restkörper.

Immer, wenn es einen **Doppelknall gab**, handelte es sich um einen **Luftzerleger**.

Um das Phänomen der Luftzerleger zu ergründen, wurden Beobachter nach Schwarzenbach beordert. Außer dem General Dornberger und dem inzwischen zum Professor ernannten Dr. v.Braun, war da der Dipl. Ing. Baron von der Materialuntersuchung, der Ing. Seiler von der Armaturen-Prüfgruppe Zoike und meine Wenigkeit als Statiker der Zelle.
…
Als die Uhr die Einschlagszeit anzeigte, schaute ich angespannt in die richtige Richtung. Da hörte ich einen Knall und gleich darauf noch einen. Gesehen hatte ich überhaupt nichts von dem Luftzerleger. Die beiden nächsten Schüsse zeigten auch keine Anhaltspunkte, weil auch da nichts zu sehen war. Also konnte daraus geschlossen werden, daß der erste Knall ohne Lichterscheinung durch das **Bersten der Zelle erzeugt wurde**, ohne daß dabei eine Explosion auftrat. Die Innereien des Gerätes litten dabei keinen Schaden. Nach diesem Ergebnis konnte auf die Beobachtung von der Kirchturmspitze verzichtet werden. Dieser Platz blieb lediglich dem wachhabenden Soldaten vorbehalten.
…
In Polen gab es viele Partisanen, die bemüht waren, am Einschlagort Trümmerteile zu finden. Deswegen gab es einen besonderen Trupp von der Wehrmacht, der die Aufgabe hatte, sofort nach dem Einschlag alle Trümmer mit einem LKW zu einer Sammelstelle abzufahren. Da kam es auch manchmal vor, daß der Einschlag nicht richtig ausgemacht werden konnte und dass man mit einem Fahrzeug nicht an die Stelle kommen konnte.

Für solche Fälle hatte der Prof. v. Braun seinen Fieseler Storch, mit dem er dann dahin flog und da wartete, bis der Transporttrupp eintraf.
…
Es war kein Seitenwind und so lagen die Trümmer des zerborstenen Gerätes in einer Reihe. Zuerst kamen die schweren Brocken, die am weitesten geflogen waren, dann immer leichtere Teile.

Der schwerste Brocken war die Nutzlastspitze, die ca. 1.000 kg wog Bei den Versuchsschüssen bestand die Nutzlast nicht aus Sprengstoff, wie bei den scharfen Schüssen, sondern aus einer Füllung aus Beton gleichen Gewichtes. Beim Einschlag riß diese Masse einen Krater in den Boden, der je nach Bodenart bis zu 10 m Durchmesser und 5 m Tiefe erreichen konnte. Die nächste größere Masse war der Triebwerksblock, bestehend aus dem Antriebsaggregat, dem „Ofen", sowie der Turbo-Pumpe und deren Antrieb, dem Schubgerüst und diversen Armaturen und Rohrleitungen.

Bis jetzt war alles, wie sonst. Aber da war etwas, das sonst nie aufgefallen war. Im Triebwerksblock, zwischen den einzelnen Teilen steckten Knäuel von Glaswolle. Da gehörte die Glaswolle nicht hin. Die gab es nur im Einbauzustand im vorderen Bereich des Mittelteils zwischen Mittelteil und Sauerstoffbehälter zu dessen Isolation, um das Verdampfen des -180° kalten Sauerstoffs einzuschränken. <u>Nun befand sich diese Glaswolle hinten im Triebwerksblock</u>. Wie kam die dahin?

Nach einiger Überlegung blieb nur eine brauchbare Erklärung. **Der erste Knall entstand durch das Zerlegen der Zelle.** Das mußte derart geschehen, daß sie vorne aufriß, die Luft zwischen Mittelteil und Behälter geriet und die Glaswolle nach hinten in den Triebwerksblock schob.

Daß das bei früheren Schüssen nie aufgefallen war, lag sicher daran, daß auch der Triebwerksblock zerlegte und die Glaswollknäuel sich auseinander zausten. Bei diesem Schuß blieb glücklicherweise alles beisammen, was diese Erklärung ermöglichte.

Meine Beurteilung wurde akzeptiert. Der General meldete sich gleich ab, um sofort ins Heidelager zu fahren und dort mit dem Fertigungsmann vom Mittelwerk, dem Artur Rudolf zu besprechen, welche Maßnahmen zur Behebung der Panne möglich seien.

Die anderen blieben noch im Einschlaggebiet, um zu beobachten, ob sich bei weiteren Schüssen die gleiche Trümmerart wiederholte. Das war nicht der Fall und so beendeten wir erst mal das Erprobungsschießen.

Mit dem Dr. v. Braun flog ich mit dem Fieseler Storch ins Heidelager. Dort trafen wir den General und den Rudolf. Die hatten schon überlegt, wie man durch **dickere, hitzebeständigere Bleche und stärkere Nieten im Vorderteil des Mittelteiles Abhilfe schaffen könne.**

Ich berichtete nochmal meine Überlegungen und schlug vor, zunächst an 10 Geräten mit einer Art Schürze den vorderen Mittelteilbereich **unempfindlicher gegen die Hitze und die Luftkräfte zu machen.** Das wurde akzeptiert und beschlossen, am nächsten Tag mit dem Rudolf ins Mittelwerk bei Nordhausen zu fahren, um dort die entsprechenden Änderungen zu veranlassen.

Der H. Rudolf war mit Dienstwagen und Fahrer im Heidelager. Von da fuhr ich mit bis Nordhausen, bzw. zum Mittelwerk. Unterwegs erzählte mir der Rudolf, daß er technischer Leiter vom Mittelwerk sei und dafür sorgen müsse, daß täglich 30 flugfähige A4- Raketen im Werk hergestellt werden.

Die Belegschaft des Mittelwerks bestand ausschließlich aus KZ-Häftlingen. Um mit solchen Leuten eine geforderte Leistung zu vollbringen, mußte sich der Rudolf in Peenemünde Führungspersonal suchen, das geeignet war, aus den Häftlingen einen Kern zu bilden, der mit entsprechenden Handlangern die gestellte Aufgabe lösen konnte.

Als alter, erfahrener Betriebs- und Werksleiter wußte der Rudolf, daß eine Mannschaft, die eine Leistung bringen soll, mit den Umständen zufrieden sein muß und dazu gehörte vor Allem genug zu essen. So mußte er erst mal eine Sonderverpflegung für alle, die am Gerät zu arbeiten hatten, erwirken. Damit lief die Arbeit zufriedenstellend.
-Ends-

Anmerkung:

Bei der „normalen" V-2 hatte man einige neuralgische Punkte verstärken müssen, durch dickere Bleche, die auch noch hitzebeständiger waren, damit bestimmte Bereiche der Rakete beim ballistischen Flug zurück zur Erde nicht aufreißen, sich zerlegen konnten.

Bei dem neuen A-4, oder der neuen Kegelraketen dagegen wurden die Bleche sehr viel dünner, im zehntel Millimeter Bereich ausgewalzt, damit die Rakete leichter wird und mehr Treibstoff aufnehmen kann, bei gleichzeitigem Wegfall der inneren, üblichen Tankbehälter.

Leichter heißt, dass diese Raketen weiter und höher fliegen können. Da aber die Außenwände der Raketen jetzt so dünn sind, dass man mit dem Daumen ein Abdruck im Blech hinterlassen könnte, musste die Rakete neben besonderen Konstruktionsmerkmalen, einerseits intern durch Überdruck „aufgepumpt" werden und andererseits ein neuer Sprengkopf entwickelt werden, der abtrennbar war.

Denn der Raketenkörper als ganzes schlug nun nicht mehr, wie bei der V-2, auf ein Ziel am Boden auf, sondern „zerbröselte", „zerknüllte" bereits in den oberen Luftschichten der absteigenden Flugbahn auf ein Ziel hinunter. Eine dünnwandige Rakete samt Sprengkopf hätte niemals in einem Stück ein Ziel am Boden erreichen können, da sie bereits in der Luft komplett auseinander montierte, geplatzt wäre.

Also musste ein anderer Weg gefunden werden, dass der Sprengkopf überhaupt den Boden erreichen konnte.

Die Nutzlastspitze, der Sprengkopf wurde nunmehr abwerfbar gestaltet.

Er löste sich bereits am Scheitelpunkt der elliptischen Flugbahn von der Rakete und stürzte separat nach unten.

Die Rakete selbst flog weit über das Ziel hinaus und zerlegte sich in den unteren, dichteren Luftschichten von selbst. Beziehungsweise zerknüllte sich das extrem dünnwandige Blech wie bei einer heutigen Cola Dose (die vor Jahrzehnten noch erheblich dickeres Alu-Blech aufwiesen), sodass nur noch einige Blechknäuel zu Boden taumelten.

Jetzt bestand aber die Gefahr, dass die Raketenspitze mit Amatol-Sprengstoff, oder einer „Zündorkan-/Atombombe", beim schnellen Fall in die Tiefe ebenfalls zerstört wurde, sich in Einzelteile zerlegte oder stark zu glühen anfing, sich unnötig aufheizte.

Also musste der schnelle Fall zur Erde abgebremst werden.

Dies löste man dadurch, dass man „Stufen" in die Vorspitze einbaute und diese „konisch" gestaltete. Hinten am Heck der Nutzlastspitze war eine Art „frustokonische Schürze", die zusammen mit den „Stufen", den unterschiedlich durchmessenden ineinander übergehenden Kreiszylindern, den auftreffenden Luftstrom an den Kanten brechen ließ.

Dies erzeugte einen erheblichen Luftwiderstand, im Gegensatz zu stromlinienförmigen Nutzlastspitzen, wo die Luft ungehindert vorbeiströmen konnte.

Bi-konischer Wiedereintrittskörper

Abb. fiktive Modelldarstellung einer
Leichtbau A-8
mit abtrennbarem
Wiedereintrittskörper
und einer
bi-konischen Spitze

Sollte in einem Dritten Weltkrieg, der gleich nach Ende des Zweiten Weltkrieges anlaufen sollte, solche verbesserten A-4 Raketen mit abtrennbarem Sprengkopf auf sowjetische Stellungen in Ostdeutschland verschossen werden?

Wurden solche bi-konischen Wiedereintrittskörper, eine „Langsame Spitze" mit Amatol-Sprengsatz, auf dem Übungsgelände „Heidelager" im Jahre 1944 erprobt und u.a. von dem Augenzeugen „Ambrosi" in einem Waldstück bei Krakau bei einem Versuch beobachtet, wie der Sprengkopf in einer gewissen Höhe über dem Wald explodierte?

Eine eventuelle „Bi-konische" Nutzlastspitze flog nun durch den unterbrochenen Luftstrom an den Kanten des Kreiszylinders, und dem dadurch erzeugten Luftwiderstand, erheblich langsamer zu Boden, sodass keine, wie auch immer gearteten Beschädigungen an der „Langsamen Spitze" und der Nutzlast während des Abstieges zu Boden auftreten konnten.

Ob diese Spitze nach unten torkelte oder durch eine evtl. Eigenrotation sogar drallstabilisiert wurde, müssten entsprechende Versuchsberichte aus Peenemünde zeigen.

Diese sind aber nicht verfügbar, da solche speziell gestalteten Nutzlastspitzen weiterhin bis heute (Stand 2018) für die interessierte Öffentlichkeit als militärisch geheim eingestuft zu sein scheinen.

Denn Drittstaaten dürfen diese Peenemünder Technik bis heute bei ihren Raketen verwenden:

Abb.: Bi-konischer Sprengkopf auf iranischer Sharab-3 Rakete

Avcoite heat-shielding material

Aus Werbematerial der Firma „Avco Corporation", 750 Third Avenue, New York 17, USA:

Blasting new Materials to make Missile Nose Cones.

*"The first ICBM nose cone ever to be recovered after flight was protected by a new, high-temperature material. Its name: Avcoite. Its construction: **special reinforced ceramic**. Avcoit was the first of new heat-shielding materials. They are developed for re-entering nose cones and satellites by Avco´s Research and Advanced Development Division. Newest addition to this materials family is Avcoat, a plastic heat-shield ..."*

Ein anderes „ablatives" Material ist Kork, das aktuell in der Raumfahrt bei Raumfahrzeugen, ob bei Raketen oder Raumsonden, angewandt wird.

So kann eine Beschichtung aus Kork von ca. 1,60 cm bis 2, 50 cm an bestimmten Stellen eines Raumschiffs oder einer Rakete, wie die Spitze, mehr als tausend Grad Hitze abhalten, da Kork ein schlechter Wärmeleiter ist.

Ob man während des Krieges schon daran dachte, Kork als Isolierschicht gegen Aufheizung von Raketenteilen zu verwenden, ist unklar. Denn der größte Produzent von Kork aus der Korkeiche ist Portugal.

Schnelle Spitze

Wenn es während des Krieges auch eine "Schnelle Spitze", die auf einer Kegelrakete montiert war, gegeben haben sollte, wurde dieser schlanke Sprengkopf ebenso erprobt, wie die Langsame Spitze, die ggfs. der Augenzeuge „Ambrosi" bei Krakau im Jahre 1944 gesichtet hatte?

Hier folgender Hinweis aus dem Buch „Besucher aus dem All", von Adolf Schneider, Dritte Auflage, 1976, Hermann Bauer Verlag KG, Freiburg i. Br.:

„Sichtungen mit weniger spektakulären Folgen hat es schon während des Zweiten Weltkrieges gegeben. So bringt Gerhard Steinhäuser, Autor des Buches „Heimkehr zu den Göttern", einen authentischen und von Zeugen bestätigten Bericht **eines Flak-Soldaten der ehemaligen Deutschen Wehrmacht, der 1944 mit seiner Einheit in Polen lag** (<u>„Heidelager"</u>?, Anm.d.A.).

Damals gab es nirgendwo weitreichende Raketenwaffen außer der deutschen V-2, die aber im Westen im Einsatz war (und gen Osten zu Tests in Polen verschossen wurden, Anm.d.A.). Dieser Mann, der heute in Tirol lebt, erzählte:

„An einem schönen **Herbsttag 1944** gab es Alarm, wie so oft. Die Suchgeräte meldeten ein Objekt in etwa **15.000 Meter Höhe**, das sich **rasch näherte**. So hoch flog damals keine russische Maschine. Der *Flugkörper kam tiefer und näher*. Bei etwa **8.000 m** eröffnete die schwere Flak das Feuer. Die Sprengwolken der 8,8-Granaten lagen dicht um das Ding. Es wurde nur **noch schneller**.

Die Entfernungsmesser glaubten ihren Augen nicht zu trauen und brüllten die gemessene Geschwindigkeit in die Mikrofone: **2.000, 3.000. 5.000 Kilometer pro Stunde**!

Als der **rasende Körper nur noch rund 2.000 Meter hoch war** *- der Himmel hatte sich indessen bewölkt und das Ding, das rundlich* **schien**, *war nur noch undeutlich zu sehen - begann die 2,2-Vierlingsflak zu schießen und ihre Leuchtspurfinger nach ihm zu strecken. Ohne jede Wirkung. Und in dieser Höhe machte das „Ding" eine Wendung und* **verschwand spurlos**. *Vor den Augen von nahezu 65 entsetzten Kanonieren. Der Vorfall wurde im Strudel des Zusammenbruchs zunächst vergessen."*

Bereits 1942 wurden an der deutschen Ostseeküste in der Gegend von Peenemünde die ersten „Untertassen" (wohl in der Hauptsache eher Raketen, wie die V-2, Anm.d.A.) gesichtet: merkwürdige, weißlich glänzende und unbekannte Objekte zogen mit großer Geschwindigkeit über das Firmament.

<u>Die eingeweihten Kreise der V-Waffen-Produktion mußten damals verständlicherweise Stillschweigen bewahren</u>." (ein richtiger Hinweis des Schweizer Autors, der mehr weiß, als er sagte!, Anm.d.A.)

-Ends-

Anmerkung:

Könnte es sich hier um einen abtrennbaren Sprengkopf gehandelt haben, den die Flak-Soldaten sichteten, der in 15 km Flughöhe von einer Rakete los gelöst wurde und in niedrigerer Höhe mit hoher Fallgeschwindigkeit zu Boden stürzte?

War dies eine normale V-2 Rakete, die ggfs. auch schon zur Erprobung für eine Langsame Spitze heran gezogen wurde? Denn aus Geheimhaltungsgründen könnten solche speziellen Probeschüsse unter den anderen Versuchen („Luftzerleger"), oder der Ausbildung von Flak-Soldaten an dem A-4 für mobile Abschusseinheiten versteckt worden sein, damit Spione nicht auch gleich neue Raketentypen auskundschaften konnten.

Verbreiteten die Flak-Soldaten schon damals eine absichtliche gestreute Legende von unbekannten Flugkörpern (den Begriff „UFO" gab es damals noch nicht), um feindliche Spione, Agenten und Widerstandsgruppen abzulenken?

Zerplatzte, ggfs. ein Übungssprengkopf in einer vorgegebenen Höhe über Grund (absichtlich gesprengt?) und „verschwand" vor den Augen der Flak-Soldaten?

War dies ein weiterer Versuch mit einer „Langsamen" oder „Schnellen Spitze", der von Peenemünde in dem Versuchsgebiet „Heidelager" oder später in „Heidekraut" in Polen im Jahre 1944 vorgenommen wurde?

Siehe hier übrigens die verklausulierten Hinweise des Schweizer Autors Adolf Schneider über Peenemünde und geheime Raketen-Entwicklungen. Adolf Schneider wusste sicherlich weit aus mehr, als er in seinen Büchern preisgab. Warum sagte er nicht die Wahrheit, wem gehörte dieser Mann, der alles nur andeutungsweise schrieb und unter dem Stichwort „UFO" dem Leser verkaufte? Wollte er, wie auch andere Autoren, Personen schützen, die tief in militärische Entwicklungen nach dem Krieg für Ost und West verstrickt waren? Siehe dazu den weiter oben geschilderten Fall von Dr. Eitzenberger.

Wurde hier im Gegenzug zur „Langsamen Spitze", die Ambrosi gesehen haben könnte, in „Heidelager" bei Blizna, eine „Schnelle Spitze" erprobt, die wesentlich schneller zu Boden fliegt, als eine künstlich aerodynamisch ungünstig gestaltete, Widerstand erzeugende langsame Spitze?

Wussten die Flak-Soldaten Bescheid und war dies gar ein, von Peenemünde angesetzter Test, um festzustellen, ob man solch eine schnelle Spitze mit den damaligen Flugabwehrmaßnahmen, kleine und große Flak, bekämpfen und zerstören konnte? Um dann später geeignete Abwehrmaßnahmen zu entwickeln, wie <u>Abwehrraketen gegen Sprengköpfe</u>?

Siehe dazu den Bericht über ein Flugzeugabwehrsystem mit Raketen, das in der SU (weiter-) entwickelt wurde im nächsten Absatz:

Insert

Geheimer Einsatz der „Wasserfall"?

„Fahrt die Eisenbahnwaggons in das Wäldchen da hinten, aber dalli!", rief der verantwortlichen Offizier einer neu aufgestellten Versuchseinheit der Luftwaffe aus Karlshagen, der die Aufgabe hatte, die „Wasserfall" im echten Kriegseinsatz zu erproben.

„Dann holt die Meilerwagen her und verladet die Raketen, damit wir sie in die einzelnen Feuerstellungen bringen können!" ordnete er weiter an.

„Was ist mit dem Leitstrahl, steht die Antenne und das Radar?", wollte ein Ingenieur wissen. Lt. Huber war voll im Stress. Er musste sich darum kümmern, dass schnellst möglichst die gesamte Flak-Raketen Stellung betriebsbereit aufgebaut wurde.

Denn es war ein U.S. amerikanischer Bomberverband angesagt, der in circa zwei Stunden hier über das Gelände fliegen würde.

„Was ist mit den Kommandogeräten? Sind sie angeschlossen und betriebsbereit?"

„Wenn die Raketen auf den Starttischen stehen, soll sofort mit der Betankung von Visol begonnen werden", befahl Huber. Der andere Treibstoff, der sich bereits in der Rakete befand, war Salbei oder Oktoluc.

„Nach dem Betanken hängt ihr Tarnnetze über die Raketen, wegen der Fliegersicht. Mensch Leute, . . . macht hinne . . . , Beeilung, Beeilung!"

Es war geplant, dass, wenn der U.S. Bomberverband den Platz in circa 8 - 9.000 Meter Flughöhe überquerte, die ersten „Boxes" durchziehen zu lassen und den U.S. Bomberverband erst in der Mitte mit den Raketen anzugreifen. Unter den heute zu Testzwecken zu verschießenden 30 Flak-Raketen waren auch zehn neue Versuchsmuster, die in den je vier Kreuzflügeln eine Antennenanlage zur Steuerung eingebaut hatten.

Während die anderen 20 „Wasserfall" mit Hilfe eines Leitstrahls an die Feindbomber herangeführt wurden, sollten diese zehn Prototypen mit einem speziellen Kommandogerät die feindliche Bombenflugzeuge, oder gezielt einer der Begleitjäger zerstören.

Zehn Luftwaffensoldaten, die je fünf Kommandogeräte bedienten, wurden zuvor speziell an einer Art Simulator für dieses Steuerverfahren auf Sicht ausgebildet. Aber man hatte auch für unsichtbare Gegner, so etwa bei 10/10tel Bewölkung oder bei Nacht, ein Steuerpult entwickelt, der mit einer Braunschen Röhre, einem Radarbild ausgestattet war.

Einer der fünf Pulte hatte einen solchen Radarbildschirm, falls am Nachmittag die Wolkenbildung zunehmen würde.

Diese zehn neuen Flak-Raketen waren mit großen, fetten, schwarzen Ziffern von 1 bis 10 rundherum am weißen torpedoförmigen Rumpf gut sichtbar durchnummeriert, damit die fünf Kommandoeinheiten aus je zwei Mann ihre jeweilige Rakete genau identifizieren konnten.

Bei jedem Kommandogerät waren auch mehrere Piloten des ehemaligen Jagdgeschwaders 400 als Beobachter anwesend, die später mit solchen Fernlenkpulten den Flugkreisel und andere Flugzeuge ohne Piloten halbautomatisch in einem Abfangeinsatz fernlenken sollten.

Diese ehemaligen Raketenjägerpiloten waren für die Festungsanlagen im Eulengebirge, im Jonastal und in der Alpenfestung vorgesehen und sollten dort den Objektschutz wichtiger Untergrundwerke zur Produktion von Raketen und Atombomben übernehmen.

„Das hier ist das „Kommandogerät Nr. 5" mit der Braunschen Röhre für den „Blindflug", erklärte einer der Offiziere den umstehenden drei ehemaligen Me 163 Raketenjägern des aufgelösten JG 400.

„Hier bringen wir mit dem kleinen Steuerknüppel zwei leuchtende weiße Fadenkreuze, die von den Messwerten der Radargeräte hier auf den Radarschirm projiziert werden, in Deckung und zerstören somit das Ziel, entweder eine B-17, B-24, eine „Mustang" oder den „Gabelschwanzteufel", die P-38.

Die ehemaligen JG 400 Piloten staunten nicht schlecht, als sie diese neue Fernbedienungsanlage sahen.

„Na, Müller III, setzen Sie sich mal in den rechten Sitz und rühren am Knüppel. Bei der Steuerung der Flak-Rakete brauchen Sie nur leichte Steuerausschläge eingeben, die „Wasserfall" reagiert bei zweifacher Schallgeschwindigkeit sofort und zielgenau."

Währenddessen kam Oberst Rothe, der eine gefütterte, amerikanische Fliegerjacke an hatte, gerade vom Startplatz eines elektrostatischen Flugkörpers herüber zum Leitstand.
Er hatte das elektrostatische Aufsteigen einer „Doppellinse" beobachtet, dokumentiert und gefilmt. Die zwei aneinander gekoppelten und sich entgegengesetzt drehende „Linsen" wurde als Störkörper oberhalb der Flugroute des Bomberverbandes stationär in der ausreichend elektrostatisch aufgeladenen Atmosphäre suspendiert. Bei nachlassender Suspendierung war vorgesehen, dass bestimmte radioaktiv bedampfte Bleche auf der Ober- und Unterseite beider Linsen mit einer kleinen Heizwendel erhitzt würden, um durch Ionisation eine erneute vollständige elektrostatische Aufladung des Flugkörpers herbeizuführen.

Jetzt, Ende 1944 war es kalt hier auf dem SS Truppenübungsplatz „Böhmen". Dieses weiträumige und menschenleere Gebiet, das die tschechische Bevölkerung zwangsweise verlassen musste, lag südlich und westlich des Zusammenflusses der Moldau (Vltava) und des Flußes Sassau (Sazava) nahe Beneschau. Das Gebiet, wo vormals tschechische Einwohner lebten, war von 20.000 Waffen-SS Truppen verschiedener Einheiten belegt und total von der Außenwelt hermetisch abgeschirmt worden. Ideal für geheime Versuche, die niemand mitbekommen sollten.

In Beneschau und in abgelegenen Winkeln der geräumten Landschaft wurde auch der Flugkreisel oder die „Düsenscheiben" von Wernher von Braun heimlich erprobt. Jetzt lag hier eine Flak-Raketeneinheit aus Karlshagen und sollte so viel wie möglich, amerikanische Bomber den Garaus bereiten.

Durch die Kälte waren die Voraussetzungen, um einen elektrostatischen Flugkörper für längere Zeit in der Atmosphäre aufzuhängen, geradezu ideal. Somit konnte man auf eine künstliche Raumladung verzichten.

Bei den zwei miteinander verbundenen und entgegengesetzt drehenden „Linsen" handelt es sich um einen Flugkörper, der eine Störstrahlung auf den Frequenzen der Bomberbesatzungen aussendete. Es sollte zum einen der Funkverkehr der Besatzungen untereinander, innerhalb eines Bombers (Eigenverständigung) oder von Flugzeug zu Flugzeug gestört werden, sowie auch der Funkverkehr zu anderen Einheiten, oder dem Heimatflughafen und deren Leitstelle. Man wollte nicht gleich die „Indianer" am Hals haben, und dass sie als Tiefflieger die Stellung hier unsicher machen würden.

Rothe ging zum Hauptleitstand der Flakstellung, wo einige hochrangige Offiziere aus Peenemünde standen, sowie einige Techniker und Ingenieure, die an dem Wasserfall-Projekt gearbeitet hatten. Oberst Rothe erkannte unter ihnen den Ingenieur Albert Püllenberg, der schon recht früh ein Befürworter der Flak-Rakete war, aber von Wernher von Braun erst einmal ausgebremst wurde. Dies hatte Püllenberg von Braun bis jetzt übel genommen. Ing. Püllenberg wandte sich deshalb Hermann Oberth zu und kam so auch in Berührung mit elektrostatischen Flugkörpern.

Albert Püllenberg ließ sich in die Sonderabteilung für Scheibenflugzeuge versetzen und war an der Entwicklung und dem Bau eines scheibenförmigen, automatisch fliegenden Bombers beteiligt.

„Oberst Rothe, ich grüße Sie!", sagte Püllenberg. „Was macht der elektrische Flugkörper?"

„Schweb auf Flughöhe und sendet bereits Störsignale aus. Somit kann der Tanz beginnen ...", meinte Rothe.

Da brach auf einmal Hektik im Leitstand aus. Ein Offizier griff zum Hörer und rief simultan die einzelnen Feuerleitpanzer an, dass ein Bomberverband im Anflug war.

„Die Tarnnetze von den Raketen! Achtung, Achtung, der Einsatz beginnt ...!", brüllte Lt. Huber in sein Megafon.

Alle Beteiligten machten sich bereit und waren für den nun kommenden Einsatz gerüstet. Dann hörte Rothe das Dröhnen von Bomberflugzeugen und man konnte in der kalten Luft die einzelnen Kondensstreifen der Maschinen am fast wolkenlosen Himmel erkennen. Der Oberst von der „Sonderprojektgruppe Breslau" schnappte sich ein Fernglas und schaute nach oben.

„B-24 Bomber, ohne Begleitschutz. Mindestens 500 Maschinen!"

Eine Warnsirene ertönte kurz und kündigte den unmittelbaren Abschuss der ersten fünf Flak-Raketen an.

„Lasst die ersten 100, 200 Bomber durchziehen ...! Wir schießen in die Mitte des Verbandes ... Achtung, Achtung ...!"

Als die ersten Amis den Platz überquert hatten, zischten und rauschten fünf „Wasserfall", eine nach der anderen, in kurzen Abständen nach oben.

Man sah die weiße Rauchspur, wie sie senkrecht nach oben verlief.

Der Leitstrahl wurde so gerichtet, dass er erst rechts und dann links einer Formation, einer Box aus je vier B-24, entlang verlief. Die Raketen waren mit Nipolit-Zündschnüren versehen, die die Raketen in kleine Teile und Splitter zerlegen konnten.

Die erste der fünf gestarteten Raketen sauste auf den rechts außen fliegenden Bomber zu, und die Sprengladung in der Raketenspitze wurde bei Annäherung automatisch gezündet.

Man erkannte eine Detonationswolke und sah, wie die „Liberator" in zwei Hälften zerrissen wurde. Bevor die Raketen sich zerlegte, war sie durch den Rumpf der B-24 gestoßen und dann erst explodiert. Trümmerteile des Bombers, zusammen mit den Resten der Wasserfall durchbohrte den Rumpf und die Tragflächen der Nachbarmaschine, die schwer angeschlagen ausscheren musste.

Wahrscheinlich wurde der Pilot der B-24 getroffen, denn der Bomber trudelte führerlos nach unten. Man sah bis jetzt nur zwei Fallschirme. Dann die nächste Explosion. Die zweite „Wasserfall" durchbrach die rechte Tragfläche des links fliegenden vorderen Bombers der Box und zerlegte sich. Auch hier zerriss der Aufprall die „Liberator". Keine Fallschirme!

Die dritte Flak-Rakete explodierte vor der vierten „Liberator". Die ganze Front des Bombers, die Kanzel und das Cockpit waren zerstört. Auch hier ein Totalverlust und keine Überlebenden.

Alle sahen, wie mehrere kleine und große Trümmerteile der B-24 Bomber langsam vom Himmel herunter segelten und in der näheren Umgebung aufschlugen.

„Jetzt die nächste Vierer-Formation! Abschuss!"

Wieder zerstörten fünf „Wasserfall" alle vier B-24 Bomber vollständig.

„Die nächsten fünf!!"

Eine der fünf Raketen flog genau durch die Mitte der Box und explodierte oberhalb der Flugzeuge.

„Kein Treffer!"

„Verdammt, was machen die „Krauts" hier!" Es schwang Panik in der Stimme des amerikanischen Piloten Sam Johnston, als er mitverfolgen musste, wie seine Kameraden vor ihm, einer nach dem anderen, vom Himmel geholt wurden.

Johnston wollte schon Ausweichbewegungen einleiten, da durchstieß eine Rakete den vorderen Rumpf seiner Maschine und Johnston, sowie sein Co-Pilot waren auf der Stelle tot.

„Von den zwanzig verschossenen „Wasserfall" haben 19 getroffen. Durch den doppelten Treffer haben wir also 20 Feindbomber vernichtet, mit einem Großteil deren Besatzungen!", resümierte einer aus dem Feuerleitstand.

„Jetzt die zehn Raketen, diesmal mit Knüppel-Fernsteuerung. Wir zielen auf einzelne, aus dem Verband ausgescherte B-24 und vernichten sie!", kommandierte der Feuerleitoffizier und wies die Soldaten an den Fernlenkpulten an, sich bereit zu machen.

Lt. Huber hatte währenddessen befohlen, die Holzkisten mit den „Fliegerfaust-Raketen" zu öffnen und bereit zu halten.

„Also meine Herren Jagdflieger!", sagte Hauptmann Schmidtjahn, „jetzt schauen Sie mal zu, wie wir per Fernlenkung einen Bomber herunterholen . . ."

Schmidtjahn und sein Kollege, Leutnant Opper schwangen sich in die Sitze des schwenkbaren Kommandogerätes und visierten den nächsten in der Nähe fliegenden Bomber an, der außerhalb der aufgeriebenen Box-Formationen einsam davonflog.

„Start von Nummer 1!"

Zischend und fauchend hob die „Wasserfall" Flak-Rakete mit der überall am Rumpf groß aufgemalten Ziffer 1 vom Startisch ab und machte sich auf den Weg zum Ziel.

Gespannt verfolgten die drei Jagdpiloten des JG 400, wie das Kommandogerät in Richtung des Ziels drehte und die Rakete denselben Weg einschlug.

Beide Flak-Soldaten hatten Kopfhörer auf, worin sie das Tuten eines Telefontons wahrnahmen.

Je näher die Rakete auf das Ziel zuschoss, desto lauter wurde der Ton.

Auch hier war die Rakete so schnell auf den Bomber zugerast, dass das Geschoß zuerst den Rumpf des Bombers durchstieß, um dann zu explodieren.

„Volltreffer! Keine Überlebenden!"

Auch die anderen vier Kommandoeinheiten erzielten Treffer und bestätigten einzelne Abschüsse.

Vier „Liberator" konnten somit einwandfrei getroffen werden und drei waren Totalverslust, einer scherte aus, verlor aber zunehmend an Höhe und war wohl später irgendwo abgestürzt.

„Die letzten fünf", sagte Püllenberg zu Rothe. „Eine davon Infrarot gelenkt!"

„Thunderbolt! Achtung, Feinjäger im Anflug! Achtung, Achtung . . . Deckung, Deckung . . . Schnappt euch die Fliegerfaust und haltet drauf, sobald sie tief genug unten sind . . . Achtung, Achtung, Tiefflieger . . . !"

Man sah, wie am Ende des Bomberverbandes Jagdmaschinen auftauchten und eine Gruppe amerikanischer P-47 Jäger in den Sturzflug übergingen. Sie warfen die, aus Presspappe bestehenden silbernen Zusatztanks ab und sausten auf die Stellung der Deutschen am Boden zu.

Man hatte die Flak-Stellung entdeckt und wollte sie nun im Tiefflug angreifen.

„Los Leute, die ersten fünf schießen wir mit der „Wasserfall" ab . . . !", rief einer der Soldaten an den Kommandogeräten.

Andere Soldaten der Luftwaffen Flak-Einheit liefen zu den Fliegerfaust-Raketen, die überall auf dem Gelände in grauen Holzkisten griffbereit lagen und waren bereit, diese gegen einfliegende P-47 abzuschießen.

Schon sauste die erste „Wasserfall" auf den nach unten stechenden Jagdverband, bestehend aus zehn „Thunderbolt" zu und explodierte vor den Maschinen. Die durch die Zerlegung entstandenen Trümmer der Flak-Rakete schlugen in die vorderen zwei P-47 ein, die abrupt nach unten ausscherten und trudelnd, spiralförmig nach unten auf die Erde zuschossen und sich ungespitzt in den Boden rammten. Zwei Feuerbälle und laute Detonationen waren zu hören.

„Aufschlagbrand! Das hat gesessen."

Die anderen U.S. Jagdpiloten zogen vor Schreck und Panik ihre Maschinen auseinander und stoben in alle Himmelsrichtungen davon.

Mittlerweile wurde die „Wasserfall" mit dem Infrarot-Annäherungszünder gestartet und verfolgte das Ziel, das am nächsten lag. Es war die Feuertaufe für diese Version mit Infrarotsuchkopf, der erste scharfe Einsatz!

Die „Wasserfall" rammte sich schräg in das Heck einer „Thunderbolt", die nicht weit von der Feuerstellung aus dem Sturzflug abgefangen wurde. Der Pilot wollte sich eigentlich schnellsten auf und davon machen.

Zu spät!

Die Maschine wurde vollständig in der Luft zerrissen und den amerikanischen Piloten, oder dessen Überreste, hatte man nie gefunden.

Auch die anderen vier Flak-Raketen konnten sicher ins Ziel gelenkt werden, sodass fünf P-47 innerhalb von wenigen Minuten vernichtet wurden.

Eine einzige P-47 wagte sich noch über das Gelände der Flak-Einheit und wurde auch prompt von zwei abgefeuerten „Fliegerfaust" schwer getroffen, sodass die „Thunderbolt" in Brand geriet und einige hundert Meter entfernt auf den Boden aufschlug und brennend zerschellte.

Die Reste des aufgeriebenen U.S. Bomberverbandes war inzwischen weitergeflogen. Nun kehrte langsam wieder Ruhe und Stille bei der Flak-Stellung ein.

Bis tosender Jubel ausbrach und man sich lachend in den Armen lag.

Der Einsatz war ein voller Erfolg. Das Konzept ferngelenkter Fliegerabwehr-Raketen hatte sich bestens bewährt. So gut wie jeder Schuss ein Treffer.

„Zusammenpacken! Alles abbauen und verladen! Wir ziehen ab . . . !", rief Lt. Huber. Die Flak-Mannschaft machte sich daran, wieder alles auf die Flachbettwagen zu verladen, Spuren am Boden zu beseitigen, sodass das Gelände später wieder unberührt und einsam wirkte, wie zuvor.

„Wenn wir das jeden Tag machen würden, dann wäre in einem Monat Schluss mit Überflügen feindlicher Bomber und Jagdverbände über dem Reichsgebiet. Die Verluste wären einfach zu hoch für die Alliierten!"

Genauso machen wir es in dem nächsten, gleich im Anschluss stattfindenden Krieg gegen die Russen. Bevor die mitkriegen, dass wir die angreifen, ist das Sowjet-Reich auch schon besiegt!", dachte sich Rothe im Stillen und verließ ebenfalls den Ort des Geschehens innerhalb des Truppenübungsgelände „Böhmen", das nun wieder still und friedlich vor sich hin ruhte.

-Ends-

Deutsches Flugabwehrsystem in der Sowjetunion?

Hier ein Hinweis über die Entwicklung einer Flugabwehr gegen einfliegende Feindflugzeuge, das von deutschen Spezialisten, wie Dr. Eitzenberger, mitentwickelt wurde:

Präsentation zum Thema: *„Die letzten Deutschen-Österreicher in der Raketenentwicklung der SU bis 1958, Dresden 2011, Werner Hoch":*

„Die Sowjets planten ein **Flugzeugabwehrsystem mit Raketen** in der SU zu entwickeln und zu installieren und **zogen so Spezialisten aus verschiedenen Gruppen in Kunzewo 1950 zusammen.**

Es ging darum, eine wirksame Waffe gegen einfliegende Flugzeugverbände zu entwickeln. Grundlage war eine bereits entwickelte Rakete deren **Sprengwirkung** so groß bemessen war, dass jedes Flugzeug bei der Detonation im **Abstand von 50 m zerstört wird.**

Es sollte ein Raketensteuerungssystem entwickelt werden, das die Rakete so dicht wie möglich heranführt, **maximal 50 m.** Bei der Minimalentfernung soll der Sprengkopf gezündet werden. Brennschluss nach 60 sec bei einer Geschwindigkeit 2 km/sec — 6 fache Schallgeschwindigkeit. Reichweite 60 km.

Somit müssen die **Raketenstellungen** in einem **Abstand von 100 km stationiert** werden."

Anmerkung:

Wo im Umkreis von 50 oder 100 km um die Festungsanlagen im Eulengebirge und Thüringen wäre eine Wasserfall-Flak-Batterie aufgestellt worden? Gab es einen solchen Standort, wie sah er aus? Wurde eine Raketen-Stellung in der Mitte beider U-Anlagen, auf halber Wegstrecke geplant? Stand später, nach dem Krieg, eine NVA-Raketenbatterie auf einem möglichen Gelände für Wasserfall-Raketen, oder gab es einen Standort in Polen, wo später die russische oder polnische Armee auf ehemalige deutsche Anlagen ein Militärgelände errichten ließ?

„Um beim Einflug von größeren Verbänden die Bekämpfung wirkungsvoll zu gestalten, müssen **25 Raketen gleichzeitig auf 25 verschiedene Flugzeuge gelenkt werden** können.

Trefferwahrscheinlichkeit von 90 % wurde gefordert.

Es gab noch keine Halbleiter, an eine Rechentechnik war nicht zu denken, alles musste erst entwickelt werden. Wie viele Probleme gleichzeitig gelöst werden ,mussten kann hier auch nicht andeutungsweise angegeben werden. Es durften ja keine Verwechslungen auftreten, wenn gleichzeitig 25 Raketen auf 25 verschiedene Ziele gelenkt werden. Es durfte auch nicht passieren, dass zwei mal das selbe Ziel erfasst wurde.

Fünf Operatoren (Flak-Soldaten, Anm.d.A) sollten **je 5 Raketen steuern.** Sie hatten einen **Steuerknüppel in der Hand**, mit dem sie ein Fadenkreuz über den Bildschirm schieben konnten. Sie führten das Fadenkreuz an ein Zielflugzeug so heran, dass das Flugzeug in das Fadenkreuz hinein flog. In dem Augenblick, da Fadenkreuz und Ziel in einem Punkt (Deckung) waren, sollte der Auslöser gedrückt werden, der die erste Rakete starten ließ. Gleichzeitig blieb das Fadenkreuz am Ziel hängen und sperrte somit für alle folgenden Raketen das Ziel. Der Operator konnte das Fadenkreuz zum nächsten Ziel führen und die Rakete auslösen, womit auch dieses Ziel für andere Kanäle gesperrt war.

Alle erfassten Ziele waren so durch Kreuze gekennzeichnet und **auf allen Bildschirmen sichtbar**.

Hat die Rakete ihr Ziel erreicht und vernichtet verschwand das Kreuz und der Operator konnte ein neues Ziel ins Visier nehmen.

Es wurde ebenso an Luft-Luft, Schiff-Schiff, Luft-Boden Raketen gearbeitet. **Erprobungen fanden in Kapustin-Yar statt**.

Anmerkung:

Sollten auch in Kapustin Yar das dortige Erprobungszentrum, wie ggfs andere unterirdische Abschussrampen in der SU, vor angreifenden Feindflugzeugen aus dem Westen, oder von anfliegenden Raketen aus England oder der USA mit - verbunkerten - Flak-Raketenbatterien geschützt werden, wie zuvor in Nazi-Deutschland, wo man diese evtl. noch geplant und ansatzweise versuchte, während des Krieges umzusetzen? Gab es in Deutschland schon die Vorgehensweise mit den Fadenkreuzen und der Sperrung bestimmter Funkkanäle, damit nicht zwei Flak-Raketen ein und dasselbe Ziel bekämpften? Oder wurden zuvor in Deutschland noch durch zusätzliche Luftraumbeobachter die Ziele ausgemacht und ausgewählt, die eine Kommandoeinheit bekämpfen sollte?

Wurde und wird gerade deutsche Hochtechnologie, die in Massen insbesondere in die SU wanderte und dort, zumindest in der Anfangsphase, von zumeist deutschen Spezialisten weiterentwickelt wurde, deshalb bis heute geheim gehalten, weil die ehemalige Sowjetunion von selbst, aus eigener Kraft nicht in der Lage war, mit moderner Militärtechnik ein ebenbürtiger Gegner im aufkommenden Kalten Krieg zu werden?

Siehe auch das Nachkriegs-Schicksal von Dipl.-Ing Eitzenberger, geschildert in diesem Buch!

Zwei-Mann Kommandogerät

Hier einige Anmerkung zu einem Bericht von Hermann Oberth in der Schweizer Fachzeitschrift „Interavia" von 1949 zu diesem Thema:

Oberth berichtete in den Schweizer Heften über das, was er aus der Kriegszeit her kannte.

Prof. Oberth schildert einiges zur **Steuerung von Flak-Raketen**, wobei er selbst auch noch eine im Krieg entwickelt hatte.

Interessant ist das **Zweimann-Kommandogerät**, um auf Sicht oder durch Radarbildschirm eine Flak-Rakete - „Wasserfall" - auf ihr Ziel **mit Hilfe eines Steuerknüppels** zu lenken.

Abb.: Flak-Rakete „Rheintochter" in Flak-Stand. Sollten solche Raketenstände um die Festungsanlagen, wie „Riese", „Olga" oder „B-8" installiert werden, um die U-Anlagen gegen Bombenangriffe feindlicher Flugzeuge zu schützen? Waren diese Raketen im Sommer 1945 bei Beginn von „Op. Unthinkable" noch nicht einsatzbereit und musste Gen. Kammler deshalb u.a. auf den „Flugkreisel", einer kleinen senkrecht aufsteigenden Abfangjäger-Drohne zurückgreifen, damit die amerikanischen Festungsanlagen auf deutschem Boden vor Luftangriffen des Feindes geschützt werden konnten?

Solche Versuche mit neuartigen Kommandogeräten wurden mit Sicherheit in der Praxis während des Krieges in Deutschland gemacht. Auch Versuchsflüge gegen feindliche, einfliegende Flugzeuge und Bomberverbände? Was ist bekannt von diesen Tests, und wie viele Feindbomber wurden vernichtet? Warum ist darüber bis heute nichts berichtet worden? Sollten die „Wasserfall" auch später Bunkeranlagen in „Riese", im Jonastal und in der Alpenfestung schützen?

Wurden diese Flak-Raketen, wie auch die „Wasserfall", mit „Operateuren", die automatische Kommandogeräte bedienten, gegen die Feinflugzeuge abgefeuert?

Übernahmen die Russen diese Art der Lenkung einer Flak-Rakete auf Feinflugzeuge nahezu 1:1 von den deutschen Versuchen im Krieg, wo an die 50 U.S. amerikanische Bomber, wie B-17 oder B-24 in ähnlicher, wenn nicht in gleicher Art und Weise vom Himmel geholt wurden, wie der obige Bericht über russische Versuche aufzeigt?

So schrieb ja Joachim Engelmann in dem Buch „*Geheime Waffenschmiede Peenemünde*", Podzun-Pallas Verlag, Friedberg, o.D.:

„Ab September 1944 nahm die neu aufgestellte „Flak-Lehr- und Versuchsabteilung 700" mit ihrer 2. Batterie aus genormten Feldstellungen, Vergleichsschießen auf Luftziele mit verschiedenen Flak-Raketen vor."

Anmerkung:

Auf welche Luftziele wurde geschossen? Schleppziele, wie Banner oder gab es auch ferngesteuerte Flugzeuge, die man abzuschießen versuchte? Siehe Hinweis über „Vereisungsversuche" mit ferngesteuerten Flugzeugen, die durch Vereisung abstürzten.

Gab es auch ferngesteuerte Flugzeuge für Flak-Zielübungen?

„Der Stellungsaufbau lief unter der Bezeichnung „Vesuv". Alle Stellungen hatten dasselbe Schema:

zwei **Halb-Batterien** mit je **vier Startstellen** und einem Radar. Jede Feuerstellung verfügte über **80 Raketen**.

Mit **acht Startstellen** konnte eine Batterie **bis zu 35 Raketen** gegen einen Bomberverband abschießen, wobei mit einer Trefferwahrscheinlichkeit von 50% je feindliches Flugzeug **zwei Raketen** anzusetzen waren.
...
Die 4 x 4 m große Startstelle musste allerdings ausgebaut werden, mit einer Sicherheitsgrube von 1,50 m im Quadrat, 2, 60 m tief mit Betonwänden und Schotterfüllung . . .

Die Raketen erreichten die Feuerstellungen mit Salbei gefüllt und erhielten erst dann ihre Zusatzbetankung mit Visol, aus Tankwagen.
...

Für den Einsatz einer „Vesuv" Stellung war entweder der feldmäßige oder der halbverbunkerte oder der vollbetonierte Ausbau vorgesehen . . .
...
Gegen Ende 1944 wurden rund 50 Raketen gegen feindliche Bomberverbände eingesetzt. Ihre Wirkung war vernichtend."

Wurde der Einsatz der „Wasserfall" und anderer deutscher Flak-Raketen zurückgehalten, um sie als Objektschutz in einem Dritten Weltkrieg einsetzen zu können?

Gab es zwischen S-III in Thüringen und „Riese" in Schlesien, oder wurde geplant, eine große Flak-Batterie mit „Wasserfall" Flak-Raketen zu errichten, die beide Objekte gegen Angriffe aus der Luft schützen sollten? Wo hätte dieser Ort in Nazi-Deutschland liegen können und gibt es heute noch Anzeichen einer damaligen Bautätigkeit, die aufzeigen, wo solch eine Flak-Raketen Stellung unterirdisch verbunkert worden sein könnte?

So berichtet Hermann Oberth in „Interavia" weiter, dass gegen unsichtbare Gegner **Fernlenkpulte für Flak-Raketen** entwickelt wurden, die einen **Radarschirm** hatten, eine so genannte „**Braunsche Röhre**". Hier wurden **Leuchtpunkte mit Hilfe eines Steuerknüppels auf Deckung gebracht** und so die Rakete mit Radar und Leitstrahl ins Ziel gelenkt.

Siehe Versuche der Russen in Kapustin Yar, die wohl das bewährte und im Zweiten Weltkrieg erprobte System der Fernlenkung von Flak-Raketen, wie die Wasserfall, mit Hilfe deutscher Spezialisten übernommen und weiterentwickelt hatten!

Deshalb ist alles auch heute noch geheim! Auch geheim:

Weil in einem Dritten Weltkrieg eine oder mehrere solcher Fla-Rak-Einheiten mit kleineren „Rheintochter" Einheiten vor Ort und größere Stellung mit „Wasserfall-Fakten" abseits der großen U-Festungen positioniert werden sollten, um die Festungsanlagen in Thüringen, Schlesien und in Nieder-Österreich zu schützen? Gibt es in den genannten Orten heute noch Hinweise für solche Raketenabwehrstellungen, die man noch erahnen und besichtigen kann?

Gigantische Anlagen, wie „La Coupole", die in Frankreich die V-2 produzieren und abfeuern sollten, waren nicht durch Angriffe großer Bomberverbände durch Flak geschützt. Warum nicht?

Sollte eine Raketen-Flugabwehr als Überraschungsmoment erst im Dritten Weltkrieg zu Einsatz kommen? Wir erinnern uns: Albert Püllenberg beschwerte sich bei Wernher von Braun, dass dieser nicht gleich seine Flak-Rakete in die Entwicklung und Erprobung nimmt. Die „Wasserfall" wurde hinausgezögert. Warum? Sollte sie erst richtig im Dritten Weltkrieg zum Einsatz gelangen?

Gegebenenfalls wurden mit einem Zwei-Mann Kommandogerät auch automatisch oder halbautomatisch fliegende Flugkörper, wie der Flugkreisel oder der Nurflügler von Miethe an ein, zu bekämpfendes Luftziel mit Hilfe eines Radar-Kommandogeräts herangeführt, bevor eine automatische Verfolgung der Feindflugzeuge erfolgen konnte.

So könnten Jagdpiloten, oder ehemalige Raketenjäger des JG 400 nun an Fernlenkpulten gestanden oder auf schwenkbaren Kommandogeräten gesessen haben, um ihre Maschinen, den Flugkreisel oder den Flugdiskus, die „Natter" im Luftkampf zu bedienen.

Eine Gefahr tödlich abgeschossen zu werden, bestand jetzt für die Piloten am Boden nicht mehr. Sie konnten außerdem mit ihren Maschinen Flugmanöver und Luftkampffiguren vollführen, die ein normaler Pilot aufgrund hoher g-Kräfte nie ausgehalten hätte. Auch brauchte man keine hunderte von Stunden an praktischer Flugerfahrung mehr und junge Piloten, frisch von der Ausbildung konnten jetzt relativ schnell ein Hochleistungsfluggerät im Kampf bedienen. So wie heute am „Joystick" eine Drohne gesteuert wird. Wer zuvor bereits Erfahrung am Computer in Sachen Computerspiele, an einer Konsole gemacht hatte, hat es heute leichter, eine Drohne zu bedienen.

Etwas ähnliches, am Boden mit einem „Steuerknüppel" an einer Konsole, an einem Kommandogerät zu „spielen" und Luftkämpfe durchzuführen, wäre oder war zu Versuchszwecken bereits vor mehr als 70 Jahren möglich!

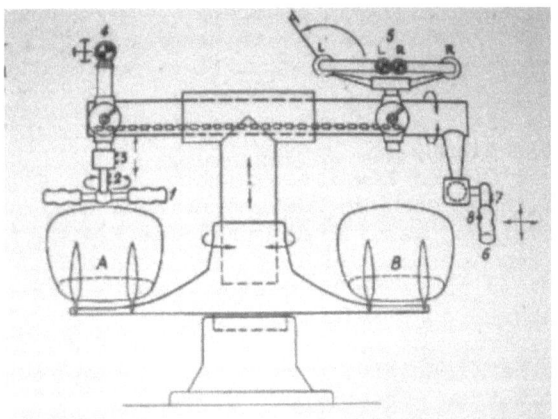

Abb. 7: Zweimann-Kommandogerät zur Bekämpfung sichtbar Gegner (in waagrechter Mittelstellung). Der Schütze A hält den Gegner im Visier, der Schütze B kommandiert die Flakrakete. Alle Kommandos werden durch tonmodulierte Funkwellen (MCW) auf die Flakrakete übertragen.

Abb. aus „Interavia":

Hätte man mit so einem schwenkbaren, um 360 Grad rotierenden Zwei-Mann **Kommandogerät** mit Funk-Knüppelsteuerung und Braunscher-Röhre – Radarbild, das am Boden in einer erhöhten Stellung stand, um gegnerischer Flugzeuge zu Verfolgen, neben der Flak-Rakete „Wasserfall", auch unbemannte Flugkörper, den Flugkreisel, den Flugdiskus oder die Bachem „Natter" vom Boden aus für Luftkämpfe, Abfangeinsätze auf Sicht oder per Radarbild fernsteuern können?

Erläuterung zur obigen Abbildung:

„Zweimann-Kommandogerät zur Bekämpfung sichtbarer Gegner, Gerät in waagrechter Stellung.

Der Schütze (A) hält den Gegner im Visier, der Schütze (B) kommandiert die Flak-Rakete.

Alle Kommandos werden durch Ton modulierte Funkwellen durch zwei Gleichstromkreise, entweder „rechts"/"links", oder „hoch"/"runter" auf die Flak-Rakete übertragen.

Der Schütze „A" dreht mit dem Kommandogerät immer dem zu bekämpfenden Luftziel hinterher und hält es im Fadenkreuz. Der Schütze „B" gibt die Funkbefehle an die Flak-Rakete, ob eine „Wasserfall" oder eine „Rheinbote". Bei schlechter oder gar keiner Sicht wird die Rakete mit Hilfe eines Radarbildes bekämpft.

Oberth schreibt:

„Schema eines „Zwei-Mann Kommandogeräts" zur Bekämpfung **sichtbarer Gegner**, das mit Fernrohren und Distanzmessgerät arbeitet.

Der links sitzende Schütze (A) hält durch Dreh- und Schwenkbewegungen der Lenkstange (1) den Gegner im Visier (4), das aus Suchkreuzen zur Grobverfolgung und einem Fernrohr besteht. Die Drehbewegung der Lenkstange und des auf gleicher Achse sitzenden Visiers werden durch Kettentrieb auch auf den Entfernungsmesser (5) des rechts sitzenden Schützen (B) übertragen. Durch Drücken oder Ziehen der Lenkstange wird die Höhe des Fernrohrs und Entfernungsmessers verändert, sodass diese beliebig steil nach oben (auch senkrecht) gerichtet werden können. Zur Grobeinstellung des Ständers befinden sich vier elektrische Kontaktknöpfe, die mit dem Daumen der linken Hand bedient werden und Rechts- oder Linksschwenken des gesamten Gerätes (Knöpfe 2) sowie Heben oder Senken des Ständeroberteils (Knöpfe 3) bewirken.

Der Schütze (B) lenkt die Rakete mit dem Steuerknüppel (6) und verfolgt ihre Bahn zunächst mit freiem Auge, später im Entfernungsmesser. Er hat mit der Ortung des Ziels nichts zu tun, sondern soll die Rakete stets mit dem Ziel in Deckung bringen. Falls er sie aus dem Distanzmesser verliert, kann er dessen linke Hälfte aufklappen und blickt dann mit dem linken Auge über ein einfaches Grobvisier, während das rechte Auge am Fernrohr bleibt. Der Distanzmesser ist nur bei Geschossen ohne Aufschlag- oder Annäherungszünder (z.B. Luftminen oder Großraketen mit Spreng- und Thermitgeschossen im Kopf) erforderlich, die im richtigen Abstand zum Ziel zur Explosion gebracht werden müssen. Dazu dient der Auslöseknopf (8) am Knüppel, der gleichzeitig ein tonmoduliertes Funkkommando an die Rakete gibt, das sie ihrer Selbstzerlegung überantwortet.

Der Steuerknüppel (des rechten Schützen) ist außerdem mit parallelen Druckknöpfen (7) zur Ständereinstellung versehen; beide Fernrohre lassen sich, entsprechend der Körpergröße der Schützen, höher oder tiefer stellen.

Zur Bekämpfung **unsichtbarer Gegner** standen Fernlenkpulte in der Entwicklung, die die Richtungs- und Entfernungsmessung der beiden Radargeräte für Flugzeuge und Rakete auf dem Bildschirm einer **Braun´schen Röhre** abbildete. Vor diesem stand der Raketenschütze, verfolgte die Bewegung der Leuchtpunkte und brachte diese mit Hilfe seines Steuerknüppels zur endgültigen Deckung. Zwei weitere Männer bedienten die Radargeräte für Flugzeug und Rakete.

Der Raketenschütze bewegte seinen Steuerknüppel so, wie er wünscht, dass die Rakete fliegen soll:

Die Mittelstellung bedeutet „Geradeaus": die Abweichung werden von zwei Sender in zwei Komponenten (Höher – Tiefer, Rechts – Links) zerlegt. Jedem dieser vier Kommandos entspricht eine bestimmte Tonmodulation, welche an sich bei allen Raketen gleich sein könnte, da die Trägerfrequenz verschieden ist.

. . . Je stärker die Knüppelbewegung ist, desto stärker ist der aufgedrückte Ton.

Die hochfrequenten, modulierten Schwingungen im Empfangsgerät der Rakete - wie beim Rundfunkempfänger - einen Telefonstrom, der jeden Ton oder Doppelton, welcher der Trägerwelle bei der Modulation aufgedrückt wurde, hören lassen würde, falls man ihm einen Telefonhörer zuführt und seine Frequenz noch im Hörbereich liegt, was indessen nicht unbedingt notwendig ist. Dieser Strom gelangt zu einem Tonanalysator mit vier Schwingkreisen, deren Frequenzen den Kommandotönen entsprechen. Die Schwingkreise sind mit dem Telefonstrom durch Induktion gekoppelt; die so erhaltenen Impulse werden verstärkt und gleichgerichtet und schließlich den Ruderrelais zugeführt.

Der Vollständigkeit halber sei erwähnt, dass es auch so genannte **„Schwarz/Weiß-Ruder"** gab, bei welchem die Ruder stets maximal ausschlugen.

...

... mit der **„Tick Tack - Steuerung"** (Henschel Hs 117) gute Erfolge erzielt. Hier schlugen die Steuerruder automatisch, ständig im raschen Wechsel nach beiden Seiten bis zum Größtwert aus, sodass die Rakete normalerweise geradeaus flog. Sollte sie kurven, so verweilte das betreffende Ruder auf der einen Seite etwas länger, als auf der anderen.

...

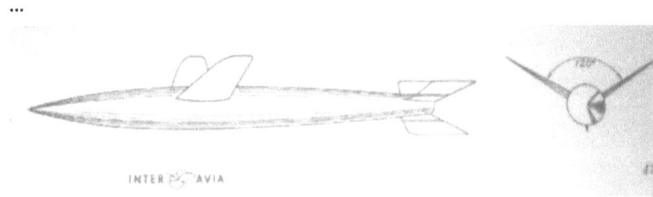

Bei Kriegende habe ich (Hermann Oberth) selbst eine Flak-Rakete entwickelt, die aber nicht mehr zum Einsatz kam. Dabei sah ich zwei Flügel vor, die trotz starker V-Stellung noch um 35% leichter waren, als gleich starke Kreuzflügel."

Hermann Oberth entwickelte eine neu von ihm konstruierte „Umschalttrommel", die die ankommenden Kommandos zur Steuerung auf die jeweils räumlich richtig liegenden Ruder verteilte. Ober- und Unterteil dieser Steuertrommel bestanden aus einem „deflagrierenden" Kunststoff, der bei der Explosion der Rakete mitexplodiert, oder - falls die Rakete keine Sprengladung mit sich führt - nach Erfüllung der Aufgabe zu Staub verbrennen sollte, damit keine schweren Raketenteile zu Boden fallen.

...

Benutzten die Russen diese deutsche Technik, der Steuerung von Flugabwehrraketen mit Steuerpulten und Knüppelsteuerung nach dem Krieg, um ihre unterirdischen Silo/Raketenanlagen zu schützen? Wurden auch in den USA ICBM und Anti-Aircraft Missiles in den frühen Jahren durch Telefonton auf Leitstrahl gelenkt?

Steuerbefehle, Kommandos an die Rakete konnten mit tonmodulierten Wellen und Telefonton übermittelt werden. (Technik aus Telefonanlagen, siehe auch Steuerung des brit. „B.I.S.-Raumschiffs" mit Relaisanlagen aus der Telefonvermittlung).

Unterirdische Serienfertigung im Kohnstein

Bei Franz Kurowski „Unternehmen Paperclip", Bastei Lübbe, 1982 heißt es zur Flak-Rakete „Wasserfall", oder der „A-4b (A-8?):

Am **1. März 1945** waren der letzte der Angestellten sowie alle Direktoren und Abteilungsleiter in Personenwagen von Peenemünde aufgebrochen, um Nordhausen in langer Nachtfahrt zu erreichen. Am Tage war das Fahren in diesem Raum wegen der Tiefflieger zu gefährlich.
...
Weitere Angehörige und Mitarbeiter aus Peenemünde wurden in der ehemaligen Landwirtschaftsschule in Bleicherode untergebracht.

Die Kaliwerke wurden die neuen unterirdischen Produktionsstätten. So produzierte man im **Kalibergwerk Bleicherode** die Raketen des **Typs A4 und A4b**. Im Kalibergwerk **Neubleicherode** wurden Raketen des Typs «**Wasserfall**» und im **Kalibergwerk Sollstedt** solche des Typs „**Taifun**" gefertigt.

Geräteteile und Maschinen wurden jeweils in den großen Hallen der Grubengebäude aufgestellt."

Bei „Wikipedia" heißt es zu der Flak-Rakete „Wasserfall":

„Bis zum Kriegsende wurden 50 Prototypen gebaut, mit denen Flug- und vor allem Steuerstudien durchgeführt wurden. 40 Probestarts sind dokumentiert. Ende Februar 1945 wurde die Fertigung zugunsten der V-2 Rakete eingestellt." Wobei bei dieser Darstellung wahrscheinlich nicht die vielen Abschüsse alliierter Bomber bei einem geheimen Versuch zur Funktionstüchtigkeit der „Wasserfall" mit berücksichtigt wurden.
...

Informationen aus Wikipedia:

Bischofferode (Am Ohmberg)

1939 mussten erstmals polnische Zwangsarbeiter bei Bauern im Ort arbeiten, später kamen auch Ukrainer hinzu. 1940 trafen im Kaliwerk Bismarckshall die ersten von etwa 200 Zwangsarbeitern aus der Ukraine, Polen und Frankreich ein, die während des Zweiten Weltkriegs Zwangsarbeit leisten mussten. 1944 wurde im Bereich der Wintershall AG ein Lager für die Errichtung eines Außenkommandos des KZ Mittelbau-Dora bereitgestellt, in dem KZ-Häftlinge unter unmenschlichen **Bedingungen Verlade- und Reparaturarbeiten an V-2 Raketen leisten mussten**. Die Gefangenen des Kommandos wurden 1945 in Richtung des **KZ Bergen-Belsen „evakuiert"**.

Am 10. April 1945 wurde Bischofferode durch U.S.-amerikanische Truppen besetzt. Diese übergaben am 4. Juli 1945 den Ort an die Rote Armee.

Anmerkung:

Wurden in tief unter der Erde, an die 600 m, gelegenen Stollen bei Bischofferode tatsächlich die „Wasserfall" Flak-Rakete in Serie für WK III von KL-Häftlingen gefertigt? Von Häftlingen, die entweder nie mehr an die Oberfläche kommen sollten, oder in Bergen-Belzen als unliebsame Mitwisser und Zeugen ungeheurer Machenschaften liquidiert wurden?

Durchaus denkbar, dass die Geschichtsschreibung des Zweiten Weltkrieges auch hier in weiten Teilen geradezu in abenteuerlicher Art und Weise zensiert und manipuliert wurde und immer noch wird. Das dem so ist, steht zumindest für den Autor dieses Buches, außer Frage. Außerdem gab es ja auch bereits während des Krieges div. Verschleierungsmaßnahmen, um den Gegner und die vielen Spione, die sich im Reich herumtrieben, zu täuschen, sodass manche Angaben, die heute verwendet werden, bereits auf damalig Desinformation zurück gehen könnte!

So heißt es in dem Buch: „German Canadian Museum . . .":

„It was planned to increase the development and test production of the "C-2 Wasserfall" and the A-4 Rocket in Bleicherode. The potash mine in Bleicherode was to house the test and production center. A-4 production was to start 600 m underground."

Alle dortigen untertage Minen hatten das Problem mit Korrosion durch Salz. Außerdem hatten die meisten alten Mimen nur einen einzigen Zugang, der zu den unterirdischen Produktionsstätten führten. Es war schwierig, Rohstoffe hinein zufahren und fertige Waffen herauszuschaffen.

„A proposal was put forward **to link up** in a depth of 600 m with the potash mine **Neu Bleicherode 10 Kilometers** away.

Wurde Bleicherode und Neu-Bleicherode mit einem Stollen verbunden und wurden also dort nicht nur eine "Versuchs-Fertigung" durchgeführt, sondern bereitete man in 600 m Tiefe eine Serienfertigung der C-2 „Wasserfall" für den nächsten Krieg vor?

So heißt es zum **Kalibergwerk Sollstedt**:

„Herbst 1939 Einrichtung unterirdischer Munitionsarbeitsstätten
Herbst 1944 Einlagerung von Natriumpermanganat ("Z-Stoff") für Raketenantriebe.

27.04.1945 Besetzung durch amerikanische Einheiten.
04.07.1945 Zerstörung der Schachtröhre "Preußen" durch Sprengstoffexplosion (Oktober 1945 Verschluss), ab Dezember 1945 Bergung der Munitionsbestände, **Sprengung bei Sollstedt**

Aus dem Internet-Artikel *„Das „Muster"-Untertage-Lager, Der Umbau des Kaliwerkes Bernterode zu einem Munitionsdepot des Heeres"*, Frank Baranowski:

„Bei Ankunft der Franzosen im März 1943 waren in der Heeresmunitionsanstalt Bernterode vierzig „Ostarbeiterinnen", vermutlich Ukrainerinnen, tätig. Über ihre Unterbringung und ihre Lebensbedingungen liegen keine verlässlichen Angaben vor. Ab Sommer 1943 ist die Beschäftigung weiterer russischer Zwangsarbeiter, viele von ihnen bei der Ankunft gerade einmal 16 Jahre alt, nachgewiesen. Zu ihnen gehörten Oleg Stepanow, Wladimir Senkewitsch, Viktor

Gosdzky, Leonid Corgum und Pawel Poltreak, die am 5. November 1943 einen Fluchtversuch unternahmen, gefasst und der Gestapo in Erfurt übergeben wurden, die sie in „Erziehungshaft" steckte. Erst am 4. Februar 1944 kehrten sie nach Bernterode zurück. Am 23. April 1944 verstärkten 50 als „Badoglios" diffamierte italienische Kriegsgefangene das Personal der „Muna". Sie waren gemeinsam mit den Franzosen im Barackenlager untergebracht, jedoch wesentlichen Repressalien und Beschränkungen unterworfen. Gegen Ende des Krieges – ein genaues Datum ist nicht bekannt – griff die Heeresmunitionsanstalt auf polnische Zwangsarbeiterinnen zurück, die das Arbeitsamt aus anderen Betrieben abzog. Ohne Rücksicht auf ihre körperliche Verfassung verrichteten sie Schwerstarbeit. Zofia Zaleska, die zuvor bis Dezember 1944 im **Polte-Werk in Duderstadt** tätig war, erinnert sich:

„**Gegen Ende des Krieges brachte man uns in eine neue Fabrik, die unter der Erde lag; das war ein ehemaliges Salzbergwerk**. Wir fuhren mit der Winde runter. Auch dort erhielten wir Munition von der Front. Wir mussten die Munition reinigen und auf Loren verladen und selbst rauf fahren. Diese Arbeit war sehr schwer. Es war kaum Luft, die Augen schmerzten".

Im Herbst 1944 wurden 200 Stahlfässer mit „Z-Stoff" in die Martha-Strecke auf der 540-m-Sohle des Bernteröder Kaliwerkes eingelagert. Dabei handelte es sich um flüssiges Natriumpermanganat (NaMnO4), das in der **Raketentechnik als Starthilfsstoff Anwendung fand** (Antrieb der Tubo-Pumpen. Dieser Antrieb sollte später mit Zapfluft aus den Raketenabgasen betrieben werden, Anm.d.A.).

Dieser „Z-Stoff" wurde in Bernterode vermutlich wegen der Nähe zu den <u>**geplanten Raketen-Abschussrampen in Keula und Hüpstedt**</u> vorgehalten.

Aus Geheimhaltungsgründen schafften nur Wehrmachtsoffiziere die Stahlfässer an ihren Bestimmungsort unter Tage.

Die zivilen Arbeitskräfte der Muna sollten von dem Vorgang <u>keine Kenntnis erhalten</u>. Aus demselben Grund durften die Wehrmachtsoffiziere sich beim Transport der Fässer lediglich durch Gummihandschuhe schützen; weitere Sicherheitsvorkehrungen wären aufgefallen. Nach Kriegsende kam das Gerücht auf, die Fässer enthielten chemische Kampfstoffe. Auch den Alliierten wurden Hinweise zugetragen, in den Grubenbauen befänden sich „giftige Chemikalien" (poisonous chemicals). Am 1. Juni 1945 inspizierte daraufhin eine amerikanische Spezialeinheit die Fässer in der Martha-Strecke. Wenige Tage später, am 4. Juni 1945, meldete der „Chemie-Offizier" seiner vorgesetzten Stelle, dass sich der Verdacht auf Kampfstoffe nicht bestätigt habe.

Am 2. Juli 1945 zogen die amerikanischen Truppen ab und übergaben die bis auf die abtransportierten Kunstschätze unberührte Anlage der russischen Armee. Zu diesem Zeitpunkt lagerte <u>noch mehrere hundert Tonnen Sprengstoff und weiteres Heeresmaterial in den Schächten</u>. Bereits Ende Mai 1945 machte Oberbergrat Schulze die amerikanische Militärregierung auf die Gefahren aufmerksam, die mit der Lagerung großer Mengen Munition verbunden waren, fand aber keine Beachtung. Zwei Tage nach Abzug der Amerikaner geriet ein auf dem Werksbahnhof

abgestellter Munitionszug in Brand; mehrere Explosionen erschütterten das Schachtgelände. Die oberirdischen Anlagen, vor allem in der Nähe des Hauptherdes am Lokschuppen und am Werkstattgebäude, wurden zerstört und brannten aus.
...
Im Oktober 1945 ließ die Militärregierung den zerstörten Schacht Preußen abdeckeln, während der weniger beschädigte Schacht Sachsen zur Auslagerung der Munitionsvorräte erhalten blieb.

Polte-Werke, aus Wikipedia:

...
Die Zusammenarbeit zwischen dem Staat und den Polte-Werken gestaltete sich allerdings noch enger. Zunehmend wurde das Reich zum Miteigentümer bei der Produktion. Bereits ab 1934 hatte es, vertreten durch das Oberkommando des Heeres (OKH), das Oberkommando der Marine (OKM) oder die **„Luftfahrt-Anlagen GmbH"** (LAG) mit dem Unternehmen Mantelverträge zum Aufbau neuer Werke für die Produktion von Patronenhülsen und Geschossen abgeschlossen. Rechtlich dem Deutschen Reich als Eigentum zugeordnet, wurden diese Betriebe de facto als Tochtergesellschaften der Polte-Werke geführt.

So wuchsen die Polte-Werke bis 1945 zu einem Rüstungskonzern mit mehreren Tochtergesellschaften, Zweig- und Nebenbetrieben. In allen Werken, die von der Polte oHG betrieben wurden, arbeiteten bei Kriegsende rund 30.000 Menschen, davon etwa die Hälfte in vier Fabriken in Magdeburg.

Die Polte-Werke beschäftigten ab 1943 zunehmend auch KZ-Häftlinge. Dazu wurden nach entsprechendem Antrag beim SS-Wirtschaft- und Verwaltungshauptamt (WVHA) von der SS so genannte KZ-Außenlager in unmittelbarer Nähe der Produktionsstandorte eingerichtet.
...

Als gegen Kriegsende einige Fabriken der Polte-Werke zu Zielen von Luftangriffen wurden, war es notwendig, die kriegswichtige Munitions-Produktion kurzfristig in andere Betriebsstätten zu verlagern. Diese wurden von den Polte-Werken gepachtet und mit einem verlagerten Polte-Maschinenpark ausgestattet.

OHG Polte, Werk Burg (vormals Werk Paasche) in Burg bei Magdeburg
OHG Polte, Werk Seehausen in Seehausen in der Börde
OHG Polte, Werk Nordhausen in Nordhausen
...

Auch in **Rudisleben bei Arnstadt** betrieb das KZ Buchenwald mehrere Außenkommandos. Hier waren rund 3.000 vorwiegend sowjetische und polnische KZ-Häftlinge und Zwangsarbeiter untergebracht, die bei drei ansässigen Unternehmen eingesetzt wurden, neben den Maschinenfabriken Mako und Scholz auch bei dem unter Polte-Führung stehenden reichseigenen zwei Werken („Polte I" und „Polte II") des OKM. Nachdem amerikanische Truppen am 4. April 1945 den Angriff auf Arnstadt begonnen hatten, zogen nach Augenzeugenberichten am 6. April 1945 KZ-Häftlinge durch die Stadt. Der Durchmarsch (in Viererreihen) dauerte einen ganzen Tag.

-Ends-

Anmerkung:

Fertigten die Polte-Werke Blechteile für Taifun-Boden-Luft Raketen in Nordhausen, bzw. in Stollen im Kohnstein und evtl. auch die dünnen Bleche für eine neue Kegelrakete, eine Fernrakete die im Jonastal, S-III stationiert worden sein könnte?

Aus „explorate.de.: „Etwas zu Polte Arnstadt:

„ . . . Es gab einen interessanten Link („Nexusboard") der aber nicht mehr funktioniert. In diesem Forum wurde über die Polte ausführlich berichtet. Kammler hatte hier seine eigene Raketenforschung, es gab auch Luftbilder der USA auf denen deutlich eine **Rakete im Startsilo** zu sehen war. Nach Ende des Zweiten Weltkriegs hatte die DDR Führung die Arbeiter zur Polte befragt, das war in den 1950ger und 60ger Jahren. **Die Rakete im Startsilo hat eine Höhe von 30 Meter.**"
-Ends-

Die kleine **Flak-Rakete „Taifun"** wurde 1944 von den Elektromechanischen Werken, EW, in Karlshagen entwickelt. Die „Taifun" hatte einen Flüssigkeits-Raketenmotor und sollte in Salven von bis zu 48 Raketen von einer Lafette, ungelenkt als Massenstart von Mehrfachwerfern bis auf eine Höhe von 10.000 m zur Bekämpfung von Feindflugzeugen geschossen werden.

Im Januar 1945 wurden erste Startversuche mit scharfen Gefechtsköpfen durchgeführt. Neben dem Flüssigkeits-Raketenmotor sollte auch eine Variante mit Pulvertriebwerk hergestellt werden.

Bis Ende März 1945 sollten im Zuge des „Führernotprogramms" eine kleine Vorserie und als Sriengerät die Ausführung „F" produziert werden.

Wurde in dem unterirdischen Kalibergwerk Sollstedt noch mit Häftlingen eine Serienfertigung der „Taifun", Ausführung „F" vorgenommen und ggfs. mehrere tausend Raketen zur weiteren Verwendung in einem nächsten Krieg im Harz eingelagert?

So schreibt der Autor Kurowski:

„Im Sollstedter Kalibergwerk, in dem sich eine Fabrik für die Herstellung von Sektionen der A 4 befand, wurde in den Grubengebäuden über Tage … eine Menge Werkzeugmaschinen gefunden. Ebenso elektrotechnische Teile. In einer großen Anzahl von Kisten waren Einzelteile der Taifun-Rakete enthalten. Sie schienen direkt von Zulieferfirmen hierher geschafft worden zu sein.
…
… die Halle 40 (im Mittelwerk „Dora", Anm.d.A.). Sie war für den Bau der „Taifun-Rakete" bestimmt, eine nicht ferngesteuerte vom Boden abzuschießende Flakrakete.
…
Das Werk wurde vom britischen Team 163 nach neuartigen Waffenentwicklungen durchsucht. Das einzige, was ausfindig gemacht werden konnte, war die Rakete „Taifun" mit festem und flüssigem Treibstoff. Ein Satz vollständig aufgerüsteter Raketen mit festem

Treibstoff wurde gefunden, von der Rakete mit flüssigem Treibstoff jedoch nur Einzelteile."

Währe die „Taifun" Flugabwehr-Rakete, wohlmöglich die Variante mit Festtreibstoff für einen nächsten Krieg interessant gewesen und hätte man sie nach Kriegsende für die Amerikaner weiterproduziert?

Aus: "forum hidden-places.de, Internet:

Breitenholz, Raketen-Abschussbasis:

„Mitte Dezember 1944 wurde eine **Sonderheit** nach **Breitenholz in die Nähe von Leinefelde verlegt.**

(Breitenholz ist ein Ortsteil von Leinefelde-Worbis im Landkreis Eichsfeld in Thüringen, Anm.d.A.).

Sie begann in dem zwischen Breitenholz und Birkungen gelegenen "Birkunger Wald", volkstümlich auch das "Breite Holz" genannt, mit dem Bau einer Abschussbasis.

Verlässliche Angaben darüber, ob dort die V1 oder V2 verschossen werden sollte, liegen nicht vor. Die Zivilbevölkerung durfte diesen Teil des Waldes nicht mehr betreten. In der Nacht vom 30. März (Karfreitag) auf den 31. März 1945 sprengte die Sondereinheit die Anlage; es blieben nur noch Trümmer übrig. Danach setzte sie sich in Militärfahrzeugen ab.

Fußnote 649 besagt: Autor Baranowski: Mitteilung von Dr. Helmut Godehard aus Breitenholz vom 13. März 1999.

Hiernach soll es sich um eine V1 Abschussbasis gehandelt haben. Die Aussagen von Hardy Zwingmann aus Hausen vom 19. Juli 2000, aufgenommen von Wolfgang Große, Niederorschel und Otto Kaufhold aus Gernrode vom 24. April 1996 deuten allerdings darauf hin, dass geplant war, **eine V2-Raketenabschußbasis zu errichten**. Nach Angaben von Hardy Zwingmann sollen sich **bei Kriegsende mehrere Hänger mit Schalen in Raketenstärke, Tarnnetze und ein Portal-Kran auf dem Gelände befunden haben.**"
-Ends-

Anmerkung:

In Niederorschel, Thüringen, Landkreis Eichsfeld lagen die „Langenwerke AG, Betriebsteil III, Niederorschel, Zweigbetrieb von Junkers Flugzeug- und Motorenwerke Dessau AG

In den Produktionshallen selber wurden Duraluminiumbleche zugeschnitten, Tausende Löcher in jede Tragfläche gebohrt und vernietet sowie die Fahrwerke eingebaut und mit der Elektroinstallation und dem Start- und Landemechanismus versehen.

Es sollen Tragflächen für das Jagdflugzeug Focke-Wulf FW 190 D-9 produziert worden sein.

So schreibt Frank Kurowski in „Operation Paperclip" zu der Gegend im Harz:

„Besuche in Breitenworbis und Haynrode zeigten auf, das überall **kleine Arbeitsgemeinschaften** bestanden haben mussten, die in alten Fabriken **elektrisches Kleingerät** gefertigt hatten.

U.S. Offizier Eckel (U.S. Engineering Corps) meinte im Bericht des (brit.) Teams 163 dazu:

„*Es ist einfach unvorstellbar, wie es möglich war, so viele Kleinunternehmen zu koordinieren, zumal ja die Kriegswirren kaum noch einen Verkehr untereinander zuließen. Es muss eine Titanenarbeit gewesen sein, alles so zusammenzufassen, dass aus diesen vielen Quellen schließlich die hoch- technisierten Raketen in so großer Zahl gefertigt werden konnten.*"

Neue Details in einer Publikation des Rockstuhl-Verlags zur Obereichsfelder Kleinbahn – Zeitzeugen melden sich erstmals zu Wort 25. April 2017 / 14:50 Uhr, Reiner Schmalzl, 25.04.2017, Internet:

…
Denn auf dem Plateau des Düns befanden sich zum Kriegsende nicht nur Panzerfäuste, jede Menge Gewehre und Munition, sondern auch von der Hitlerwehrmacht stationierte V-2-Waffen.
…
So sollen sich im Breitenhölzer Wäldchen im **Raum Leinefelde**, im **Hüpstedter Wald**, am **Rondel im Keulaer Wald**, nordwestlich von Friedrichsrode sowie in der Nähe von Struth derartige **Raketenabschussbasen** befunden haben. Insbesondere ist es den Recherchen von Frank Baranowski (Siegen) zu verdanken, dass viele Details erfasst und ein Überblick zu den Rüstungsprojekten während der NS-Zeit im **Raum Nordthüringen** geschaffen werden konnten.

Baracke im Wald als Lager für V2-Waffen
..
Laut dem Hüpstedter Werner Sonnabend (80) hatte die Wehrmacht etwa 50 bis 100 Meter im Wald beim 1. Schacht „eine große Baracke gebaut. Auf der rechten Seite als **Lager für die V-2-Waffen**."

Es seien aber nur die Lafetten für die V2-Waffen gewesen. Von 15 bis 20 dieser V2-Waffen, die in nördlicher Richtung aufgebaut waren, spricht Franz Görke (81). Polnische und holländische Gefangene hatten unweit **von Schacht „Felsenfest"** den Bahndammbau von der bestehenden Kalibahn aus in Richtung Wald vorangetrieben
. ..
Außerdem sollen auch Zwangsarbeiter aus Frankreich und Belgien **am Bau von Abschussrampen und Gleisanlagen** beschäftigt gewesen sein. Unter den Bewohnern der Hüpstedter Ortsteile 1. und 2. Schacht sind die Geschehnisse aus ihrem direkten Umfeld am Ende des Zweiten Weltkrieges während der DDR-Zeiten so gut wie nie ein öffentliches Thema gewesen.
…
Kaum bekannt ist zudem der Fakt, dass die deutsche Wehrmacht **bereits im August 1935 erkunden ließ**, wie sich die Kalischächte „Beberstedt" und „Felsenfest" bei Hüpstedt zu so genannten Vollmunitionsanstalten ausbauen ließen. „Die Umsetzung scheiterte daran, dass die Schächte zwischenzeitlich abgesoffen waren und damit als Lagerstätte ausschieden", so der Kriegsforscher Frank Baranowski."

-Ends-

Anmerkung:

Sollten diese Abschussrampen ggfs. die neue A-4, die A-8 mit abtrennbarem Sprengkopf im nächsten Krieg gegen die Russen verschießen?

...

Aus: Kurowski, „Operation Paperclip":

„In einem stillgelegten Schacht bei Reyershausen, nordöstlich von Göttingen, hatte man alle Aufzeichnungen über die **entwickelten Fernraketen sichergestellt**. Sie stammten aus dem Institut von Lindau bei Northeim, wo die Versuche mit neuartigen Flugkörpern durchgeführt wurden.", aus: Kurowski, Operation „Paperclip".

...

Professor Dr. Werner Osenberg, so meldete die brit. Untersuchungsgruppe „Team 163", T-Forces, scheint sich besonders für die Entwicklung der **Luft-Luft- Raketen** zur Bekämpfung starker Bomberverbände eingesetzt zu haben, ihm wurde offenbar alle nur mögliche Unterstützung gewährt, weil diese Aufgabe von entscheidender Bedeutung für die Erhaltung des Reiches und dessen Industriekapazität war.

Seine besondere Aufgabe bestand in der Verbesserung der **Luft-Luft-Rakete R 100 BS**, bei der die Brandsätze im **Sprengkopf der Rakete durch 14 kleinere Raketen** ersetzt werden sollten, die sich nach der Detonation in **spiralförmigen Bahnen durch den Bomberpulk bewegen** sollen. Unter diesem waffentechnisch völlig neuen Gesichtspunkt entwickelte Osenberg verschiedene kleine Raketen auf der Basis fester Treibstoffe, die dafür in Frage kamen.

Hier wurde der **Prototyp der R 100 BS sichergestellt** und man entdeckte viele kleine Raketen für den Sprengkopf dieser Rakete."

Aus Wikipedia:

„Im Juni 1943 wurde zusätzlich das Planungsamt geschaffen. Dieses wurde von Oktober 1943 bis April 1945 **in Lindau am Harz** versteckt. Seine Postadresse war Northeim, Postfach 148. Zum Leiter dieses Planungsamtes ernannte Göring **Professor Werner Osenberg**.
..
Bei den Luftangriffen auf Hannover im August 1943 wurde Hannover schwer bombardiert, auch **Osenbergs Institut** wurde teilweise beschädigt. **Man beschloss eine Evakuierung in eine ländlichere Gegend und landete schließlich im Oktober 1943 in Lindau**. Dort bot das Mushaus, der ehemalige Palais der Wasserburg Lindau, mit seinen bis zu 2,30 m starken Mauern einen guten Schutz vor Bombardierungen. Osenberg kam mit rund 50 Mitarbeitern aus Hannover, zum Schluss betrug ihre Anzahl 298. Es gab auch eine Außenstelle in Berlin-Dahlem.

1944 begann Osenberg in Lindau auch mit **Rüstungsforschung und Rüstungsentwicklung**.

Er berief sich dabei auf seinen Auftrag, als Leiter des RFR die gelösten Aufgaben einer praktischen Nutzung zuzuführen. Wichtigstes Projekt wurde ein **Raketenkopf mit dem Decknamen „Bienenkorb"**, der zur Abwehr feindlicher Jagdflugzeuge gedacht war. Grundlegend dafür war die Nutzung des Schardin-Effektes, wissenschaftlich Munroe-Effekt genannt. Beim Projekt „Bienenkorb" waren hunderte von Sprengkörpern ähnlich wie bei einer Bienenwabe aneinandergefügt, der Brandsatzträger wies eine konkave Wölbung auf. Bei Versuchen in Rechlin im Januar 1945 versagten die Sprengköpfe jedoch völlig, sie kamen trotz Verbesserungen nie zum Einsatz.

Eine Eigenentwicklung Osenbergs war das **Raketen-Mehrfachgeschoss „Planet"**, das zur Bomberabwehr gedacht war. Wie beim Projekt „Bienenkorb" war auch hier die AVA, „**Aerodynamische Versuchsanstalt Göttingen**" in den Forschungsprozess einbezogen.

Es sollte eine **Mutterrakete** entwickelt werden, die in einiger Entfernung von dem abschießenden Flugzeug zünden und dabei bis zu **30 Tochterraketen** abwerfen sollte. Diese sollten mit kreiselnden Bewegungen durch das Bombergeschwader fallen und durch ihre Spiralbahn möglichst viele Feindflugzeuge treffen. Doch man kam in Lindau nicht über die Entwicklung von Tochterraketen hinaus."
-Ends-

Anmerkung:

Betreffend der Hohlladung forschten der deutsche Ballistiker Hubert Schardin und der Ungar Jozesef Misznay an einer Panzermine. Da die Bündelung der Explosionsenergie geringer ist, als beim „Munroe-Effekt, wird diese „Misznay-Schardin-Effekt" genannt. Professor Schardin, der das Institut für Ballistik in Berlin-Gatow leitete, ging im April 1945 nach Blankenburg in den Harz.

Der Banker Alfred Herrhausen wurde 1989 in Bad Homburg mit solch einer Bombe nach o.g. Effekt liquidiert.

War die AVA Göttingen und Prof. Osenberg auch in die Entwicklung von Fernraketen verwickelt? Gab es eine Querverbindung zur „Schulz-Rakete", oder einer anderen Rakete, wie das Projekt von Prof. Hermann Oberth über eine Langstreckenrakete mit 11.000 km Reichweite?

War die AVA Göttingen auch in exotische Forschungen, wie elektrostatische Flugkörper verwickelt?

So heißt es zu Werner Osenberg, dessen Arbeiten und Wirken in Nazi-Deutschland bis heute noch weitestgehend unbekannt ist:

„Das Gerücht, dass in Lindau in den letzten Kriegsjahren unter Regie von Professor Werner Osenberg an der legenderen V2-Rakete gearbeitet wurde, hält sich bis heute hartnäckig.
...
Ingenieur Osenberg, der von Reichsmarschall Hermann Göring zu Forschungszwecken im Oktober 1943 vom Planungsamt des Reichsforschungsrates in Hannover nach Lindau beordert wurde, zog

mit großem Gefolge im Eichsfeldort ein. 50 Wissenschaftler und Werkstattmitarbeiter brachte er aus der heutigen Landeshauptstadt mit. Das „Büro Osenberg", wie es im Volksmund hieß, wurde mit Männern und Frauen aus der Region auf 298 Mitarbeiter aufgestockt. „Das war ein riesiger Bürokratismus", erläutert Schlegel.
...
Doch mit Osenberg und seinen kriegstechnischen Forschungen war auch die Angst in Lindau eingezogen - die Angst vor Bombenangriffen. Aber es passierte nichts. Fast alles blieb geheim. Selbst die Alliierten sollen überrascht gewesen sein, als sie das Büro Osenberg bei ihrem Einmarsch am 10. April 1945 gefunden haben.

Anmerkung:

Welches „Körnchen Wahrheit" könnte im Zusammenhang mit der „V-2" zu finden sein?

Die „Mutterrakete" für die einzelnen, kleineren Raketen, die oberhalb von alliierten Bomberströmen ausgestoßen werden sollten, war diese auf Basis eine A-4 Rakete, oder eine C-2 „Wasserfall" entwickelt worden?

Werner Osenberg, der ja unzählige deutsche Wissenschaftler, Ingenieure und Forscher usw. vom Kriegsdienst freistellte, UK-Stellung, veranlasste auch, das Konrad Zuse, der Erfinder des programmgesteuerten Computers, mit seinem Z-4 samt Firma nach Göttingen übersiedeln konnte.

Zuse schreibt in seinen Memoiren („Der Computer, mein Lebenswerk"), er sei „zwar kein Nazi gewesen", er bekenne aber „offen, dass ich angesichts des Bombenkrieges auf die deutsche Zivilbevölkerung meine Aufgabe nicht gerade darin sah, die Bemühungen um den Bau von Flugabwehrraketen zu sabotieren".

Zuses Z4 Rechenmaschine wurde zuerst nach „Dora-Mittelbau" geschafft, um dort beim Bau der „Schmetterling" Flak-Rakete eingesetzt zu werden.

Von da ging Zuse dann ins Allgäu, nach Hindelang/Hinterstein in die „Alpenfestung", wo auch an „Atomantrieben" für die Luftfahrt geforscht wurde.

Ob der Z4 auch dort im Allgäu zu Berechnungen von bestimmten Projekten, die ggfs. über die SS und im „Lager Mecklenburg" durchgeführt wurden, ist unklar.

Konrad Zuse hatte schon zuvor im Dritten Reich an einen universell programmierbaren Rechner gedacht, z.B. für eine automatische Ausweis- oder eine rechnergestützte Gefolgschaftskontrolle.

Möglicherweise dachte man im Dritten Reich bereits daran, die in mehreren Bereichen (Maschinelles Berichtswesen (MB), div. Statistiken, Erfassung von Juden in ganz Europa) bereits eingesetzten amerikanisch/deutschen und von IBM, USA geleasten IBM/Hollerithmaschinen, die nach dem Krieg von der U.S. Armee in ganz Deutschland und den ehemals besetzten Gebieten wieder eingesammelt wurden, um sie an IBM zu retournieren, eine maschinelle Lochkartenverarbeitung, nun mit Zuses „rechnenden Räumen" zu verbinden oder später gar gänzlich durch ein modernes, deutsches Computer-System zu ersetzen.

Der Autor dieses Buches hatte als „W-15" Soldat beim „Bund", bei der

3. Nachschubkompanie 5 noch 1981-82 mit IBM Lochkarten gearbeitet, damit einzelne Bundeswehr Kompanien ihr Materiallager auffüllen konnten (Meldebestand, automatischer Ausdruck einer Lochkarte, Lieferung von Ersatzteilen). Ganz so, wie es bereits 40 Jahre früher im Krieg vorgesehen war, um den Nachschub besser zu organisieren!

Es hieß zwar, dass die Amerikaner kein Interesse an Konrad Zuse gehabt haben und ihr eigenes IBM-System favorisierten. Die Amerikaner, die „Herren der Welt" wollen lieber ihr eignes Computersystem weltweit durchdrücken, einerseits um Geld zu verdienen und andererseits, andere damit leichter überwachen zu können. Das heißt aber nicht, dass das IBM System „das Gelbe vom Ei" war und andere Computer-Systeme, wie von Zuse, oder im Krieg evtl. von Siemens weiterentwickelt und geheim gehalten, nicht besser gewesen wäre (s.a. den gravierenden Unterschied zwischen dem „deutschen PAL"- ,oder dem U.S. „NTSC"-TV System).

Sollte Konrad Zuse also möglicherweise mit Werner Osenberg zusammen im „Mushaus" bei Lindau am Rande des Harz ein Computerprogramm entwickeln, um Osenbergs Projekte neuer Flak-Raketen sicher auf ein Luftziel lenken zu können?

Konrad Zuse ließ am 20. Oktober 1949 folgendes bei den Schweizer Behörden anfragen:

„… im Hinblick auf <u>die Unsicherheit der Zeit</u> möchten wir hiermit vorsorglich zum Ausdruck bringen, dass uns daran gelegen wäre, wenn Sie - im Falle, <u>dass in den nächsten Jahren in Deutschland Verhältnisse eintreten oder sich Begebenheiten ereignen würden</u>, welche für Herrn K. Zuse, Diplomingenieur in Neukirchen, sowie seine Familienangehörigen und seine beiden engsten Mitarbeiter Herrn Dipl. Ing. Harro Stucken und Herrn Dipl. Ing. Alfred Eckhard mit ihren Familien <u>eine nahe und erhebliche Gefahr für Leib und Leben darstellten</u> und von diesen nicht anders als **durch Flucht ins Ausland abgewendet werden könnten.**

. . . ob sie in die Schweiz fliehen könnten."

Wovor hatte Zuse Angst? Vor den Russen, die ihn in die SU verschleppen könnten, da man dort Flak-Raketen mit einem Computerprogramm automatisch ins Ziel steuern wollte?

Welche Verhältnisse sollten damals, Ende der 1940er Jahre im Nachkriegsdeutschland eintreten, die eine Flucht ins Ausland von Nöten machte?

Dritter Weltkrieg, Umsturz, Bürgerkrieg? Ist diese Angst evtl. heute immer noch vorhanden?

Was hatte Konrad Zuse wirklich gewusst, über seine eigenen, geheim gehaltenen Forschungen und Entwicklungen, die tatsächlichen Verhältnisse in der Welt, über Dinge, die er nie schriftlich festhielt, die er geheim hielt, bzw. geheim halten musste, und die er auch nie in seinen Büchern erwähnte?

…

Projekte von Professor Hermann Oberth

Der Raketenpionier Hermann Oberth, der von den deutschen Versuchen der „Wasserfall" mit Kommandogerät und „Operatoren" gewusst haben könnte (wie auch Albert Püllenberg, der „Erfinder" der Flak-Rakete) berichtet zudem von Postraketen, die nach dem zweiten Weltkrieg kurzzeitig in Mode kamen. Siehe hierzu auch die Vorschläge von Albert Püllenberg, der nach dem Krieg eine Postrakete entwickeln wollte. Gegebenenfalls eine zivile Abwandlung von aufmontierten „Gleiter-Bomben" auf Raketen, die 1946 von den Russen über Schweden verschossen wurden.

Interessant ist u.a. ein Staurohrflugzeug (Düsen in den Tragflächen und Rumpf) mit einer Geschwindigkeit von 4.200 km/h in über 30 Kilometer Flughöhe, das Hermann Oberth mit einer Rakete senkrecht nach oben auf Flug-/Reisehöhe schleppen lassen wollte.

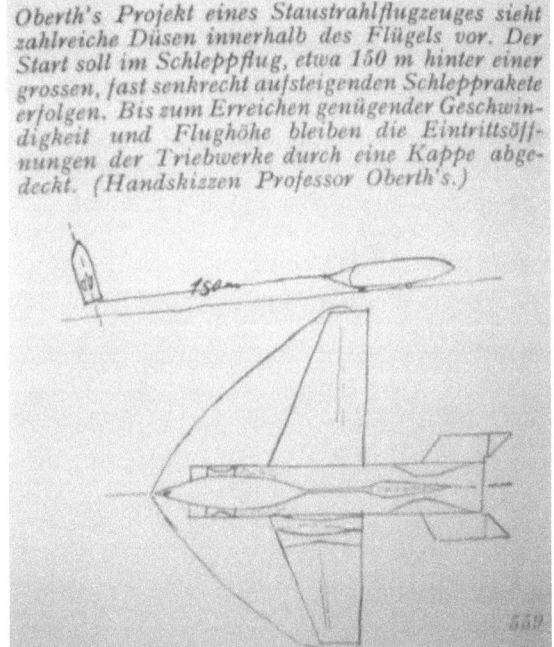

Oberth's Projekt eines Staustrahlflugzeuges sieht zahlreiche Düsen innerhalb des Flügels vor. Der Start soll im Schleppflug, etwa 150 m hinter einer grossen, fast senkrecht aufsteigenden Schlepprakete erfolgen. Bis zum Erreichen genügender Geschwindigkeit und Flughöhe bleiben die Eintrittsöffnungen der Triebwerke durch eine Kappe abgedeckt. (Handskizzen Professor Oberth's.)

Abb.: Oberths Projekt eines Staustrahlflugzeuges sieht zahlreiche Düsen innerhalb des Flügels vor. Gestartet wurde mit einem 150m langen Seil hinter einer Startrakete senkrecht auf Flughöhe. Bis zum eigentlichen Flug des Staustrahlfluggerätes blieben die Eintrittsöffnungen für die Stautriebwerke bei der Startphase verschlossen.

Wurde ein solches Projekt im Kriege noch in Auftrag gegeben? Für welchen Zweck? Als Aufklärer, unbemannte Drohne oder automatischer oder bemannter Langstreckenbomber?

Wurde gar solch ein Staustrahlflugzeug per Mistelschlepp auf Höhe gebracht, wie z.B. in Zerbst, wo ein Augenzeuge einen Gleiter auf evt. Junkers Ju 88 Trägerflugzeugen im Jahre 1944 sah?

Prof. Oberth berichtet von Fallschirmen für, auf die Erde zurückkehrende Raketen. Fallschirme benötigten auch unbemannte Drohnen, wie die BW Canadair CL-89, die an einem Fallschirm und Landekissen auf die Erde zurückkehrte.

Wurden auch die elektrostatischen Flugkörper, wie Zylinder oder Scheiben zum Teil an einem Fallschirm zur Erde zurückgeholt, oder aber mit einem Fangnetz wieder eingefangen? Landekissen waren für den Flugkreisel oder die „Fleissner-Scheibe" vorgesehen.

Auch in der Raumfahrt benutze man Fallschirme für landende Raketen oder Raumkapseln.

Hermann Oberth beschreibt eine Raumstation, eine „Weltrauminsel". Er sagt:

„Leider kenne ich keine Einzelheiten dieses Geheimprojektes (von einem Erdsatellitenprogramm der Amerikaner). Ich bin aber überzeugt, dass wir heute schon über die technischen Mittel verfügen, um eine Weltrauminsel im Schwerefeld der Erde zu errichten (damaliger Stand 1949!)." Weil diese auf deutsche Vorarbeiten, z.B. der Peenemünder Zunkunfsprojektgruppe in Rübeland zurückzuführen ist (siehe auch „Schwebender Flugplatz" in 80 Kilometer Höhe)?

Oberth zeichnet eine „Weltrauminsel", die aus Sphären/Kugeln besteht.

„Er zeichnet einen Kreis und sagt, dies wäre die Mittelstation, in der Schwerelosigkeit (Zero-Gavity-Chamber", Anm.d.A.) herrschen würde. Zwei weitere Kreise aneinander gegenüberliegend und durch lange Röhren mit der Mittelstation verbunden, deuten die Aufenthaltsräume und Beobachtungsstationen an.

. . . die Röhren müssen etwa <u>sechs Kilometer lang sein</u> und Aufzüge und Laufkatzen beinhalten. **Das ganze System würde rotieren** . . ."

Eine jeweilige 6 Kilometer lange Röhre hängt wahrscheinlich mit der Fliehkraft und der entsprechenden Rotationsgeschwindigkeit der Raumstation ab, um 1 g Erdschwere für die Besatzung in den äußeren sphärenförmigen Besatzungsräumen/Wohneinheiten zu erzeugen.

Was in unserer offiziellen Raumfahrt bis heute (Stand 2018) immer noch nicht möglich ist, der Besatzung einer Raumstation in den äußeren Bereichen 1g Erdschwere zu gönnen! Übrigens: Jetzt hat man bei Langzeitstudien, insbesondere bei russischen Kosmonauten festgestellt, dass durch den langen Aufenthalt im All es im Gehirn zu Schädigungen aufgrund der Schwerelosigkeit kommt. Daher will man eine bemannte Mission zum Mars, die bis zu drei Jahre Aufenthalt in der Schwerelosigkeit (Hin-Rückflug, Aufenthalt auf dem Mars) dauert, nochmals überdenken.

Der Autor hatte schon gewettet, dass es niemals zu einer bemannten Marsmission kommen wird, da diese Welt keine interstellare Raumfahrt betreiben darf.

Woher hatte Hermann Oberth die Idee zu dieser Raumstation?

Griff Prof. Oberth bei der Planung auf Erfahrungen zurück, die man mit Raumstationen im All bereits machen konnte? Siehe hier auch das Buch „Das Geheimnis der Wahren Raumfahrt", Teil I, wo eine Raumstation der „B.I.S." beschrieben wurde.

Eine ähnliche Raumstation, wie von Oberth beschrieben, findet sich später bei der „B.I.S." als kreuzförmige „Gatland-Space-Station" wieder!

Eine Raumstation will auch der Augenzeuge Billy Meyer gesehen haben, die sich aus mehreren größeren und kleineren Sphären, die mit Röhren verbunden sind, zusammensetzte und für die Besatzung und Ausrüstung vorgesehen war.

Abb.:

„Mondfahrzeug" mit Raupenantrieb, von Hermann Oberth.

Ein turmartiges Fahrzeug, das auf der Mondoberfläche fahren sollte, stabilisiert mit einem großen Kreiselgerät oberhalb der Kugelkabine

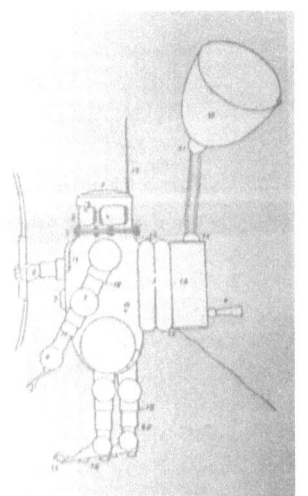

Abb.: Raumfahrer mit glänzend poliertem Raumanzug nach Hermann Oberth. Eine „Rückstoßpistole" (Space Gun) dient der Fortbewegung. Eine „Space Gun" wurde auch an der Absturzstelle des „Rosswell_UFOs" gefunden!

Das „glockenförmige" Gerät auf der Raketenkammer ist ein „Wärmeabstrahler". Dazu schreibt Oberth:

„Oft kann man hören und lesen, im Weltraum herrscht eine ungeheure Kälte (Minus 270 Grad, absoluter Nullpunkt, Anm.d.A). Das ist nicht richtig. Im Weltraum nehmen alle Körper eine Temperatur an, die sich aus den Beziehungen zwischen Einstrahlung von Sonnenwärme, Erzeugung eigner Wärme und Abstrahlung in den Raum ergibt."

Die Außenseite des schwenkbaren Wärmeabstrahlers ist spiegelblank, die Innenseite schwarz. Durch eine Schwenkeinrichtung wird das Gerät bewegt und dadurch die Wärme im Raumanzug reguliert.

Anmerkung:

Siehe dazu auch den Raumanzug der „British Interplanetary Society" der von H.E. Ross zusammen mit R.A. Smith entwickelt wurde. Er war außen Silber glänzend und innen schwarz ausgekleidet.

In unserer offiziellen, „gefilterten" Raumfahrt war man bis jetzt nicht in der Lage, weder Raumschiffe noch eine Raumstation in Rotation zu versetzen, um eine künstliche Schwerkraft aufzubauen. Der deutsche Astronaut Alexander Gerst muss mit den Nachteilen von „Zero Gravity" auf der ISS auskommen und kommt nicht in den Genuss, auf einer rotierenden, 1g erzeugenden Raumstation arbeiten zu dürfen!

Aber die internationale Raumstation „ISS" fliegt ja sozusagen immer noch innerhalb der Erdatmosphäre und dem Anziehungsbereich der Erde, und die Schwerelosigkeit entsteht durch den andauernden freien Fall der Station auf die Erde zu.

Hermann Oberth war – wie auch Wernher von Braun – „Honorary Member of the British Interplanetary Society" in London, UK.

Beide könnten bereits vor und während des Krieges von heimlichen Raumfahrtaktivitäten gewusst haben. Ihren britischen Ehrentitel haben die beiden Raketenpioniere bestimmt nicht für die V-2 Raketen erhalten, die London im Krieg zerstörten.

In welche Projekte war Professor Hermann Oberth alles im Krieg in Deutschland verwickelt?

In die verbesserte V-2, in Kegelraketen, in abtrennbare Sprengköpfe, in Flak-Raketen, in Raketengleiter, in Staustrahlflugkörper, in Starthilferaketen, in elektrostatische und elektromagnetische Flugkörper, in Weltraumprojekte, wie Raumstationen und den Brennspiegel?

In der offiziellen Darstellung wird Prof. Oberth so dargestellt, dass er für die Entwicklung der V-2 zu spät kam und bei der WASAG nur einige Projekte bearbeitete, die nicht mehr zur Anwendung kamen.

Wie war es aber wirklich?

…

Abtrennbare Nutzlastspitze:

Die schnelle Spitze hatte und hat aber den Nachteil, dass beim sehr schnellen Flug in die Tiefe und den Wiedereintritt in dichtere Luftschichten der Atmosphäre, sie sich durch die Luftreibung enorm aufheizt, zu glühen anfängt und ggfs. stark beschädigt aus der Flugbahn geworfen wird.

Entweder man gestaltet nun solch eine schlanke Spitze schwerer, mit dickeren Blechen oder man schütz eine dünnwandige Nutzlastspitze, die somit mehr Raum für Nutzlast im Inneren aufweist, durch entsprechende, geeignete Gegenmaßnahmen.

Dies können ablative Beschichtungen sein, bestimmte Keramiksorten oder in einem krieggeschüttelten Deutschland, wo eine Mangelwirtschaft herrschte, eben „ordinäres" Holz.

Wobei sich neben Sperrholz, Eichenholz als harte, widerstandfähige Holzsorte wohl am Besten bewährt hatte.

Übrigens wurden in der Tucheler Heide (Übungsplatz „Heidekraut"), oder „Bory Tucholskie", eine große Wald- und Heidelandschaft in der Nähe des heutigen polnischen Tuchola, ehemals Tuchel, Pommern, wo man die weitere Erprobung des A-4 nach Aufgabe des Truppenübungsgeländes „Heidelager" verlegte, nach der Abholzung der ursprünglichen Kiefern, Fichten und Buchenbestände, u.a. Eichen angepflanzt. Diese gab es auch auf der Greifswalder Oie, wo Raketentests stattfanden.

Von August 1944, dem Ende der Versuche in Blizna, bis Januar 1945 wurden von „Heidekraut" 107 A-4 Raketen entweder zu Testzwecken oder zur Ausbildung von Bedienmannschaften verschossen. Das Gebiet wurde im Frühjahr 1945 von der Roten Armee besetzt.

Auf der Greifswalder Oie, das „Helgoland der Ostsee", wurden zwischen 1943 und 1945 28 Raketenstarts mit A-4 (?, oder andere Muster) und Seilstart durchgeführt, um das Verhalten beim Wiedereintritt in die Erdatmosphäre zu untersuchen. Die Oie ist nur circa 50 Hektar groß und hat eine Länge von eineinhalb Kilometern. Sie liegt ungefähr 12 Kilometer vor Usedom in der Ostsee und war militärisches Sperrgebiet.

Wer hat Informationen zu Seilstarts, die auf der Oie mit einer Rakete vorgenommen wurden?

Könnte hier auf der Insel, die militärisches Sperrgebiet war, auch geheime, bis heute vertuschte Tests mit neuen Raketen oder mit abtrennbaren Sprengköpfen durchgeführt worden sein?

Abb.: fiktive Modelldarstellung einer super-schlanken Raketenspitze als RV

Das Eichen- oder Sperrholz brennt in Schichten ab. Jede Schicht verkokelt langsam und schützt vor Hitze, die bei der Luftreibung während des Fluges aus großer Höhe zum Ziel auftritt. Ist eine Schicht abgebrannt, wird sie durch den Fahrtwind weggeweht und eine weitere Schicht fängt zu kokeln an. Bis die Sperrholz- oder Eichenholzkappe abgebrannt ist, hat der Sprengkopf bereits den Boden erreicht, um sein Ziel, wie New York oder Moskau zu zerstören.

So schreibt der Autor Adalbert Bärwolf in seinem, bereits 1956 erschienen Buch: „Da hilft nur Beten":

„Durch einen weiteren Trick besteht die Schulz-Rakete die Feuerprobe beim **Durchfliegen der Wärmemauer.**

Dr.Schulz umhüllt einfach den **eigenstabil fliegenden Raketensprengkopf mit einem Holzmantel**, der die durch die **Lufttreibung entstehende Hitze nicht leitet.**

Das Holz ist erst abgebrannt, wenn die Rakete längst ihr Ziel erreicht hat. Eine ebenso einfache wie geniale Lösung."

Das Buch von dem ehemaligen Luftwaffenpiloten Adalbert Bärwolf ist nun schon seit langen, langen 62 Jahren bekannt.

Aber immer noch nicht wurde die von ihm erwähnte keglige „Schulz-Rakete" in der Historie des Zweiten Weltkrieges aufgearbeitet. Sie wird bis heute überhaupt nicht erwähnt oder man erweckt den - falschen - Eindruck, solche Raketen wären nie gebaut worden.

Warum das alles?

Was hat man zu verbergen?

Weil alles immer noch militärisch geheim gehalten werden muss?

Weil hauptsächlich die Russen diese Form der Kegelrakete nach dem Krieg verwendet hatten, und ggfs. heimlich immer noch verwenden?

Weil man nicht will, dass in der Geschichtsschreibung bekannt werden könnte, das die USA mit deutscher Hilfe bereits 1945 die Sowjetunion hätte besiegen können?

Weil man von gewisser U.S. amerikanischer Seite aus, die Russen immer noch „fertig machen will"?

Bezüglich „einen falschen Eindruck erwecken", heißt es in dem Buch: Jürgen Michels, „Peenemünde und seine Erben in Ost und West, Entwicklung und Weg deutscher Geheimwaffen", unter Mitarbeit von Dr. Olaf Przybilski, das 1997 im Bernard und Graefe Verlag, Bonn erschienen ist:

„... Von der konventionellen Sprengkopf-Form für die Nutzlast musste man wegen des geringen Basisdurchmessers abkommen. Doch auch eine Spitze in der Verlängerung der Außenkontur der Zelle wurde anfänglich abgelehnt.

Dazu schreibt der Chef Aerodynamiker Werner Albring in seinem Buch „Gorodomlia":

„Das spitze Vorderteil einer Kegelrakete würde nach dem Abtrennen zu wenig in den dichten Schichten der Erdatmosphäre gebremst, die **Temperatur würde zu groß**. Wir entwickelten eine neue Form, und zwar einen Kreiszylinder, an den sich als Stabilisierungsmantel der Kegelstumpf anschließt."

Doch den Russen erschien diese so genannte langsame Spitze strategisch ungünstig. Sie befürchteten eine Ortung und daraus resultierende Abwehrmöglichkeit. Sie verlangten eine **schnelle Spitze**. Die Überlegungen führten über einen reinen Nutzlastzylinder mit 1,40 m Durchmesser in Verbindung mit einer so genannten Vorspitze zur **superschlanken schnellen Spitze**. Die russische Seite war zufrieden ("Die „superschlanke schnelle Spitze findet man bei der Kegelrakete wieder, Anm.d.A.).

Nun kann man verstehen, das Herr Albring, der noch Anfang 2.000 gelebt hat, als ehemaliger Geheimnisträger in der Sowjetunion für einige Zeit noch einer gewissen Verschwiegenheitserklärung unterlag und er sein Buch deshalb teilweise nur mit Halbwahrheiten und einigen verdrehten Ereignissen, zwecks Desinformation schreiben musste, weil wahrscheinlich sein Manuskript zensiert wurde (Pressefreiheit ade´!), aber was ist mit den o.g. Autoren, die über ihn berichteten?

Hätten man nicht Herrn Albring befragen können, z.B. in Dresden, wo Werner Albring den Vortrag „Entwicklung ballistischer Fernraketen als Waffe, als technisches Gebrauchsgut und als Forschungsmittel, Werner Albring, Dresden", Vortrag zum Treffen ehemaliger deutscher Spezialisten in Dresden am 21. Oktober 2006, vor einem großen Publikum gehalten hatte.

„Herr Albring, erzählen sie mal, wer war Dr. Schulz, den Autor Bärwolf bereits 1956 erwähnte, was wurde aus der Kegelrakete, wurde sie in Nazi-Deutschland entwickelt, gebaut, getestet und eingesetzt? Habt Ihr Holz zum Schutz der Vorspitze verwendet, weil Ihr nichts anderes auf die Schnelle hattet, usw. usw. . . ."

Warum ist eine solche Befragung zu wichtigen Ereignissen betreffend des Zweiten Weltkrieges nicht bei Herrn Albring und anderen ex-Peenemündern aus der SU vorgenommen worden?

Wenn ja, werden die tatsächlichen Aussagen bis heute unter Verschluss gehalten!

…

Wenn also die Russen im Jahre 1947/48 die schnelle Spitze wünschten, wie in der geschönten Geschichtsschreibung angegeben wird, wie wurde sie beim „Re-entry" geschützt? Griff man erst nach dem Krieg in der SU auf die Billigmethode Eichen-/Sperrholz zurück?

War man in der großen Sowjetunion nicht in der Lage, bessere Schutzmöglichkeiten zu entwickeln?

Oder ist die Schutzkappe aus Sperr-/Eichenholz eine, aus der Not heraus geborene Maßnahme, die in Nazi-Deutschland angewandt wurde, weil man keine Zeit mehr hatte, langwierige Versuchsreihen auszuführen, um eine geeignete Beschichtung oder ein geeignetes, hitzebeständiges Material, wie Keramik zu entwickeln und herzustellen, dass die Vorspitze vor dem Verglühen schützte?

Weil der Krieg für Deutschland in die Endphase ging und der nächste Krieg ab Sommer 1945 schon anstand, sodass keine Zeit blieb, aufwendige Neuentwicklungen vorzunehmen, bzw. diese praktisch umzusetzen. Dass diese gemacht wurden, um neue Materialien für Wiedereintrittskörper in großen deutschen Forschungsinstituten, wie Volkenrode bei Braunschweig, zu entwickeln, hält der Autor für durchaus möglich. Ja dass diese Ideen genauso von den Gewinnern des Zweiten Weltkrieges abgegriffen wurden und später in die jeweiligen Waffen-Arsenale einflossen und heute noch Anwendung finden, ist eine Tatsache!

Kam also die Entwicklung der Eichen-/Sperrholz-Schutzkappe auf dem „Re-Entry-Vehicle", RV, aus Deutschland, aus Peenemünde und wurde bereits während des Krieges durchgeführt, und nicht erst nach dem Krieg in der Sowjetunion?

Genauso wie die langsame, eine Bi-konische Spitze, die schon längst während des Krieges existierte, evtl. in Serie im Harz mit einem entsprechenden Sprengmaterial, entweder Amatol oder eine „Zündorkanbombe" unterirdisch, geheim und verdeckt produziert wurde, ja evtl. sogar praktisch in einem Kriegseinsatz getestet wurde?

Entwickelt von u.a. von dem Aerodynamiker Werner Albring, den schon Autor und Journalist Bärwolf 1956 im Zusammenhang mit der „Schulz-Rakete" erwähnte?

Raketengleiter

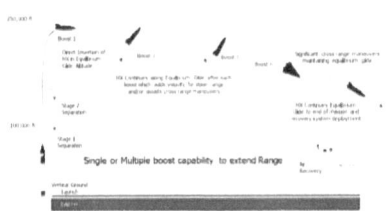

Der Raketengleiter kann seine Flugbahn verändern, sodass eine Vorhersage seiner Flugroute unmöglich wird.

Die Russen haben erkannt, dass U.S.-Raketen nicht in der Lage sind ein Hyperschall-Flugzeug in der Mesosphäre, also zwischen 35 – und 80.000 m abfangen zu können.

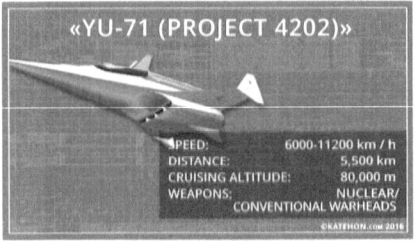

Abb.: Gleiter schneller als die Flugabwehr

Die YU-71 ist ein ultraschneller Gleiter, der am Rande der Atmosphäre operieren. Dieser Flugkörper wird von einer Rakete in die Höhe gebracht. Bei einem Versuch soll eine RS-18-Rakete das Objekt 4202 auf Höhe gebracht haben.

Auf dem Scheitelpunkt der Laufbahn löst sich das Objekt von der Rakete. Dabei soll der Gleiter nicht nur extreme Geschwindigkeiten von mehr als fünffacher Schallgeschwindigkeit erreichen, sondern zudem manövrierfähig sein, gesteuert werden können. Um eine solchen Höhen- und Überschallflug zu überstehen, muss die Hülle des Gleiters Temperaturen von über 1500 Grad widerstehen. Das Objekt befindet sich dann in einer Plasma-Blase, die den Flugkörper extrem beweglich macht, ihn aber gleichzeitig von der Außenwelt abschirmt, sodass er nur schwer von außen gelenkt werden kann. Daher wird ein autonomer Flug anvisiert. Der Raketenmotor kann zudem den Schub variieren und damit unregelmäßige Flugmanöver vollziehen, sodass der Flugkörper schwerer zu treffen und die Flugroute schwierig vorherseh- und berechenbar ist.

(Siehe hier die Aussagen in den Offenlegungsschriften über elektrostatische Flugkörper aus dem Zweiten Weltkrieg:

```
„Die Erfindung zielt darauf ab, in elektrischen Feldern
innerhalb der Atmosphäre bewegbare, für militärische Zwecke
```

besonders geeignete Flugkörper verschiedener Größe zu schaffen, die **selbst- oder ferngesteuert** während des Fluges **Richtung, Höhe und Geschwindigkeit verändern können**, daß ein **Beobachter außerstande ist, Schlüsse über ihre Flugbahnen zu ziehen."**

Der russische YU-Flugkörper fliegt in einer Flughöhe von c. 80.000 m bei einer Geschwindigkeit von 6 - 11.200 km/h circa 5.500 km weit.

Der YU-71 ist ein Gleiter, der gegenüber ballistischen Flugkörpern eine Gleitzahl von ungefähr 5:1 besitzt (fliegt beispielsweise 5 m weit, bei 1 m Sinkflug) und er durch mehr oder minder viel oder wenig Schub des Raketenmotors Beschleunigungsimpulse erhält, die seine Flugbahn durch Aufsteigen und Sinken variiert, bis das Fluggerät sein Ziel erreicht.

Viele Erkenntnisse aus dem Zweiten Weltkrieg, die von den teilnehmenden Kriegsparteien gewonnen wurden, fließen auch heute noch in neue Waffensysteme mit ein. Denn das Prinzip, einen Gegner auszuschalten, ohne dabei die eigenen Waffen zu opfern, hat sich die letzten hundert Jahre nicht verändert!

Außerdem können solche Gleiter auch von großen Transportmaschinen, wie die Il-76 aus dem Laderaum abgeworfen werden.

Ein solche Transportmaschine hat eine Reichweite von 6.300 km und kann überall auf der Welt die YU-71 aus der Ladeklappe, bei circa 10.000 Flughöhe mit dem Stabilisierungs-Fallschirm abwerfen. Dann zündet der Raketenmotor und der Gleiter stürzt mit einem autonomen Flug auf sein Ziel.

Die heutigen ABM-Systeme können den Gleiter nicht bekämpfen. Nur Satelliten oder Flugzeug gestützte Laserwaffen könnten den Hyperschall-Gleiter abfangen und ausschalten.

Ähnlich Hyperschall-Systeme sind in China und den USA in der Entwicklung.

Das „Objekt 4202", die YU-71 kann unabhängige, einzelne nukleare Sprengköpfe, aber auch konventionelle Waffen an Bord haben, um z.B. Flugzeugträger, U-Boote oder landgestützte Ziele anzugreifen.

Das Gefährliche ist, dass drei solche Gleiter auf eine RS-28 Sarmat ICBM Fernrakete montiert werden können.

Damit ist diese Rakete mit den Gleitern die tödlichste Waffe, die nach Ende des Kalten Krieges von den Russen eingeführt wurde.

Damit spielt Russland, was nukleare Sprengköpfe betrifft, wieder in der ersten Liga mit.

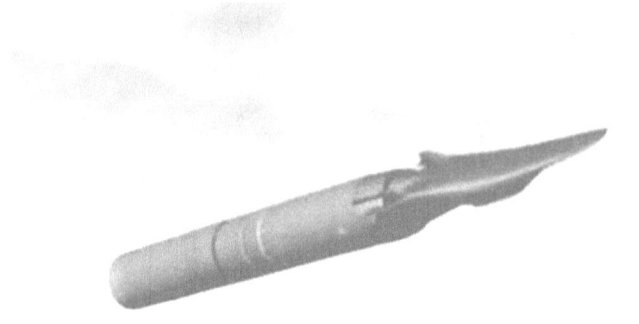

Abb.:

Chinesischer WU-14 Hypersonic Glider

Siehe auch die geheimen Test im Jahre 1946, die von Peenemünde aus über das neutrale Schweden mit kameraferngesteuerten Gleitern unternommen wurden!

Griff man auf diese Forschungen bei den heutigen Projekten zurück?

Deutscher Raketengleiter auf A-8 Trägerrakete

Abb.:

Wurde ein solcher kleiner Gleiter, der auf die Spitze einer Trägerrakete, wie das A-4, das A-8 oder einer Kegelrakete montiert wurde, noch im Krieg im - ferngesteuerten - Flug erprobt?

Oder erst nach dem Krieg in der Sowjetisch besetzten Zone im wieder aufgebauten Peenemünde?

So schreibt ja der „Welt" - Autor Adalbert Bärwolf ganz richtig:

„In den Kopf des **ferngelenkten Geschosses** bauen sie auf den russischen Prüfständen ein **kleines Fernsehgerät** ein. Diese Fernsehgeräte senden das aufgenommene Bild an eine Bodenstation zurück. Dort **sitzt ein Pilot**, der einen Knüppel betätigt; vor sich sieht er das Bild, **als fliege er selbst** in dem Ferngeschoß. Die Knüppelbetätigung wird nun durch Kurzwellenkanäle dem Ferngeschoß übermittelt. **Und so sitzt der Pilot des Geschosses vor dem Fernsehschirm** wie der Flugzeugführer in seiner Kanzel — nur unangreifbar. Und er steuert, wie der japanische Kamikazi-Flieger seine geflügelte Bombe, **sein Bombenflugzeug ohne Bemannung, in das Ziel hinein.**

3. Kapitel

Deutsche Fliegerasse im Luftkampf gegen die Sowjetunion?

„Dieser verdammte Vogel fliegt wie eine bleierne Ente . . . !", fluchte Oberleutnant Jahn, als er vorsichtig auf der holprigen Graspiste in Ottendichl aufsetze und gleich nach der Landung an den Waldrand rollte, wo zwei Warte augenblicklich eine Schleppstange an das Bugrad montierten.

Ein Kettenkrad zog den „Strahler" dann tief in den Wald, wo Schneisen als Abstellflächen für den Düsenjäger Me 262 geschlagen waren, um die Maschinen vor Fliegersicht zu tarnen.

Jahn klappte die Haube nach rechts, zog die Handschuhe aus, streifte die Fliegerkappe ab und legte alles hinter den Sitz, unterhalb der hinteren Kabinenabdeckung ab.

Dann hüpft er über die linke Tragfläche, neben dem Jumo 004 Triebwerk auf den Waldboden. Ein Wart half ihm dabei.

„Die Mühle ist so beschissen zusammengeschustert, die läuft dauern aus dem Ruder und zieht immer nach rechts. Die Trimmklappe am Seitenruder müsst ihr mal dementsprechend nachjustieren!", meinte er zu dem freundlichen Wart.

Die nur einfarbig in braunviolett getarnte Me 262 mit den durchscheinenden Spachtelstreifen wurde sogleich wieder aufgetankt, und ein Wart machte sich am Seitenruder zu schaffen.

Die dünn aufgenebelte Tarnfarbe ließ den schlechten Bauzustand des Düsenjägers erkennen, der von KZ-Häftlingen in einem Waldwerk um Augsburg geradezu in „Handarbeit" zusammen gehudelt wurde. Hauptsache das Plansoll wurde erfüllt, wie, war scheiß egal!

Die notdürftig angelernten Zwangsarbeiter mussten die einzelnen Bleche des Rumpfes per Hand mit einer Blechschere ausschneiden. Dabei kam es beim Zusammenfügen der einzelnen Bleche bei den Stoßkanten zu immensen Toleranzen, die dann beim Zusammenbau mit viel Spachtelmasse wieder ausgeglichen werden mussten. Keine Maschine glich in den Abmessungen der anderen.

Das machte sich beim Fliegen negativ bemerkbar und die Steuerung wurde unpräzise. So war viel Arbeit mit dem Steuerknüppel und den Ruderpedalen von Nöten, um die Maschine ruhig zu halten. Beim Luftkampf konnte es schon mal passieren, dass man den Jäger überzog und die Messerschmitt ins Trudeln geriet. War man zu tief, war die Erde recht nah und ein Aufschlagen nur eine Frage der Zeit.

Der Oberleutnant und Ritterkreuzträger ging zu Bär hinüber und ließ sich seinen heutigen Flug, den er am 1. Mai 1945 unternahm, im Flugbuch abzeichnen.

„Na, Jahn, was getroffen . . . ?", fragte Oberstleutnant Heinz Bär, der Kommandant des JV 44.

„Ich hatte Schwierigkeiten mit dem Vogel. Dann kamen auch noch zwei „Mustangs" auf mich heruntergestoßen, sodass ich Reißaus nehmen musste. Da kamen mir doch glatt die miesen Flugeigenschaften dieser bescheiden zusammen geschluderten 262 zu Hilfe! Sie schmierte nach rechts ab, genau in dem Augenblick, als die zwei Amis hinter mir zu feuern begannen. Da ich noch ausreichend Höhe hatte, ließ ich die Maschine heruntertrudeln. Die zwei P-51 kamen nicht mit, und ich hab sie dann aus den Augen verloren. Jetzt bin ich wieder hier . . ."

Bär bestätigte den heutigen Flug und meinte: „Jahn, gehen Sie zu Galland rüber und drängen Sie ihn, dass er bei Messerschmitt Dampf machen soll. Die Firma muss die Maschinen besser zusammenbauen . . ."

Oberleutnant Jahn nickte und sagte: „Werde ich gleich mal machen, Herr Oberstleutnant!"

Den Oberleutnant ärgerten die unangenehmen Flugeigenschaften und so fuhr er rüber, nach Tegernsee ins dortige Schloss, wo sein Chef, General Adolf Galland im improvisierten Hauptquartier der Einheit lag und seine Knieverletzung auskurierte, die er sich bei einem Absturz mit seinem „Strahler" zuzog. Galland kam von einem Lazarett in München-Oberföhring hier her, zusammen mit dem Jagdverband 44, der nun in der Nähe, in Ottendichl auf einem Ausweichplatz lag.

Jahn hatte sich schon seine Beschwerde zurechtgelegt, als er am Schloss ankam.

In dem Moment konnte er beobachten, wie gerade ein Fieseler Fi 156 „Storch" hinter dem herrschaftlichen Gebäude auf einer kleinen Wiese mit einer gekonnten Sacklandung aufsetzte und langsam ausrollte.

Neugierig ging Oberleutnant Jahn hinter das Haus und sah, wie zwei Offiziere zu dem „Storch" liefen und hinter dem Flugzeugführer Platz nahmen. Gleich danach hob der Fieseler wieder ab, zog knapp über die Bäume eines angrenzenden Wäldchens hinweg und flog dröhnend mit Vollgas von dannen.

Der Oberleutnant stürmte in das Schloss und wurde im Parterre von zwei Wachen aufgehalten.

„Ich muss sofort zu Galland . . . !"

„Moment, Moment . . . !"

„Lasst den Mann durch!", sagte da jemand auf der großen Treppe und Oberleutnant Jahn erkannte Galland, gestützt auf einer Krücke, wie er oben am Treppenrand stand und seinen Jagdflieger Kameraden hinaufwinkte.

„Generalleutnant!", und Oberleutnant Jahn machte vorschriftsmäßig Meldung, aber Galland winkte ab.

„Was ist los, Herr Oberleutnant?"

„Die Vögel, die uns Messerschmitt liefert . . . , unter aller Sau . . . ! Schlecht gebaut, werden teilweise zu fliegenden Särgen, die sch . . . Mühlen . . ."

„Passen Sie mal auf . . .", meinte Galland und zog Jahn in ein angrenzendes Zimmer. „Eben ist meine Kuriermaschine mit zwei meiner engsten Vertrauten nach Schleißheim abgeflogen. In Schleißheim . . . , da sind bereits die Amerikaner."

Jahn zuckte mit den Augenbrauen.

„Unser Jagdverband hat den Befehl bekommen, in den nächsten Tagen alle Maschinen nach Salzburg und weiter nach Prag zu verlegen. Hören Sie, ich will unseren Verband unter das Kommando der Amerikaner stellen lassen . . ."

Jahn horchte auf. Er hatte schon vor Tagen einige Latrinenparolen gehört, dass deutsche Truppen mit den West-Alliierten gegen Russland marschieren sollten.

„Gemeinsam gegen die Kommunisten . . .", entfuhr es ihm.

„Ja! Als ich in Ziegenberg war, hatte mir Speer schon so etwas angedeutet. Heimliche Vorbereitungen hinter den Kulissen, auch von deutscher Seite aus. Einige Generäle wissen Bescheid . . . Ich möchte, dass unsere „Wundervögel" nicht gesprengt werden, sondern dass wir gegen die Russen kämpfen . . ."

„Und die Russen reihenweise vom Himmel holen . . . !" rief Jahn begeistert.

Galland klopfte dem Oberleutnant auf die Schulter. „Hoffen wir, dass die Amis mitspielen und meinen Vorschlag annehmen."

„Da vorne ist Schleißheim und da drüben der Platz . . . !" Und der Offizier deutete nach rechts. Der Pilot des Fieseler Storch nickte und hielt auf die Landebahn zu.

Am Rande der Flugzeughallen parkten einige amerikanische Jeeps und GMC Laster. Mindestens fünf „Grasshopper" Light Planes waren vor einer Halle fein säuberlich aufgereiht.

Daneben standen auch zwei P-51 „Mustang" Jagdmaschinen, die in der Nachmittagssonne silbern glänzten.

Der Pilot des „Storch" schlich sich sozusagen im Langsamflug und gedrosseltem Argus-Motor in den Platz hinein, setzte mit einer kurzen Landung nahe der Flugleitung auf und stellte zugleich den Motor ab.

Einer der Soldaten auf dem eroberten deutschen Flugplatz glaubte erst, der Fieseler wäre ein Beuteflugzeug, erkannte aber dann die deutschen Hoheitszeichen am Rumpf und an den Tragflächenunterseiten.

Er wollte schon seine Pistole ziehen, da begann einer der Männer, die aus der Kuriermaschine stiegen, mit erhobenen Händen zu winken.

„Don´t shoot! We are coming from Tegernsee by order of General Adolf Galland, please don´t shoot!" und alle drei Männer erhoben die Hände.

Mittlerweile kamen weitere GIs und Fliegeroffiziere herbeigelaufen. Einer konnte noch deutsch. Seine deutschen Eltern waren vor Jahren in die USA ausgewandert.

„Was wollen Sie?"

„Verhandeln! Wir wollen unsere Düsenjäger, die Me 262 den Amerikanern übergeben. We have a message for General Eisenhower."

Zwei Wachen mit Gewehren im Anschlag kamen näher und durchsuchten die drei Deutschen. Sie waren unbewaffnet. Einer schaute in die Flugzeugführerkabine des Fieseler, fand aber nichts. Die Aktentasche wurde einem der Offiziere abgenommen.

„Darin sind Papiere, documents and a letter to General Eisenhower!"

Sie gingen in die ehemalige deutsche Flugleitung, wo jetzt einige Piloten und U.S.A.A.F. Offiziere hockten und gelangweilt Kaffee tranken.

Man schaute sich die Papiere genauer an und begann hektisch zu telefonieren, oder per FT die nächst höhere Dienststelle anzurufen.

Alle drei Deutschen mussten sich in einem angrenzenden Raum begeben und warten.

Nach einer geraumen Weile wurde ihnen ein Schriftstück des örtlichen Kommandeurs in die Hand gedrückt, das sie Galland zeigen sollten.

„When General Galland is agreeing to our terms, come back!"

Dann flogen die drei Deutschen wieder ab.

Insert

Aus Wikipedia:

> "By late April, the war was effectively over. On 1 May 1945, Galland **attempted to make contact with United States Army forces** to negotiate the surrender of his unit. The act itself was dangerous. SS forces roamed the countryside and towns executing anyone who was considering capitulation. The Americans requested that Galland fly his unit and Me 262s to a USAAF controlled airfield. Galland declined citing poor weather and technical problems.
>
> In reality, Galland was not going to hand over Me 262 jets to the Americans. **Galland had harboured the belief that the Western Alliance would soon be at war with the Soviet Union, and he wanted to join American forces and to use his unit in the coming war to free Germany from Communist occupation.** Galland replied, making his whereabouts known to the Americans, and offering his surrender once they arrived at the Tegernsee hospital where he was being treated. Galland then ordered his unit, which had then moved to Salzburg and Insbruck, to destroy their Me 262s."

Als Galland das amerikanische Schriftstück erhielt und durchgelesen hatte, stimmte er den Bedingungen der Amerikaner zu und befahl, dass die zwei Offiziere erneut mit dem Fieseler „Storch" zu den U.S. Truppen nach Schleißheim fliegen sollten. Im Gepäck hatten die zwei Unterhändler ein persönliches, in Englisch verfasstes Schreiben von Adolf Galland, dem Kommandeur des Jagdverbandes 44.

„Look, over there, three o´clock low, a German aircraft!", schrie einer der Flak-Soldaten, der neben einem "Halftrack" Schützenpanzer mit Vierlings-Flak stand und den Luftraum der Umgebung von Schleißheim beobachtete.

Der Soldat im Sitz der Vierling drehte auf 270 Grad und als die Maschine in Reichweite der Geschütze war, begann er unentwegt auf die anfliegende Maschine drauf zu halten.

Die Flak-Salven lagen gut und trafen den Argus-Reihenmotor der Fi 156 mit den zwei Abgesandten von Galland. Der Motor fing sofort Feuer. Der tief fliegende Storch schmierte ab und zerschellte am Boden. Aufschlagbrand!

Nach einem kurzen Augenblick war die gesamte Maschine in ein Flammenmeer des in Brand geratenen Flugbenzins gehüllt.

Der eine Offizier, der als Pilot den Fieseler steuerte, verbrannte in den hoch auflodernden Flammen. Der andere Unterhändler konnte sich in letzter Sekunde aus dem brennenden Cockpit retten. Er trat die rechte Seitentür auf, schnappte sich die Aktentasche mit dem Schreiben von Galland und kroch aus dem brennenden Storch. Er musste sich mehrmals am Boden hin und her werfen, da Flammen seine Kleidung angesengt hatten.

Nach nur wenigen Minuten erreichten einige GIs den Absturzort und bargen den schwer verletzten deutschen Luftwaffenoffizier und Vertrauten von Adolf Galland. Er wurde mit einer Ambulance in ein U.S. Feldlazarett in der Nähe gebracht.

„Meine Aktentasche, wo ist meine Aktentasche?", fragte er später auf seinem Feldbett.

Sie blieb spurlos verschwunden.

Das Antwortschreiben von Generalleutnant Adolf Galland, in dem dieser den amerikanischen Kapitulations- und Übergabebedingungen des Jagdverbandes JV 44 an die U.S. Armee zustimmte, erreichte nie seinen Bestimmungsort: Das Hauptquartier von General Dwight D. Eisenhower.

Somit wurde nie ein deutsches Jagdgeschwader mit den modernen Messerschmitt Me 262 TL-Jagdmaschinen an die amerikanische Army Air Force übergeben.

Da „Operation Unthinkable" sowieso abgesagt wurde, bestand auch kein Bedarf mehr, dass deutsche Düsenjäger gegen die Rote Luftflotte in einem aufkommenden Dritten Weltkrieg gekämpft hätten. Alles war aus und vorbei!

(Informationen aus dem Artikel: Schauplatz: *„Lazarett im Tegernseer Schloss, Vom Versuch, ein „Fliegendes Faustpfand" vor den Sowjets zu retten"* von Dr. Michael Heim, München. Siehe kompletter Bericht weiter unten!)

Hinweise über „Operation Unthinkable" aus dem Buch „*JV 44, The Galland Circus*", Robert Forsyth, Classic Publications, 1996:

```
...
„Four or five days later, an American soldier came into the cage and
announced: "I am looking for the pilots of General Galland!"
```

Mehrere Piloten des Jagdverbandes 44, wie u.a. Hohagen, Bär, Schnell, Gollob, waren in einem POW Camp bei Heilbronn interniert und saßen in einem der ungefähr 60 „Cages", „Käfige" des Lagers.

Als sie die Aufforderung des U.S. Offiziers hörten, gingen sie zum Eingang des Lagers und fanden den Mann:

„Gentlemen! – Gentlemen!"

In good German; he was one of those American Jews who spoke very good German:

Endlich habe ich Sie gefunden! Mehr als seine Woche lang habe ich versucht, Sie ausfindig zu machen!"
…
The officer who had plucked the JV 44 pilots from the Heilbronn camp had probably been Major Max van Rossum-Daum or one of his staff. Van Rossum-Daum was the commander of the US 1st Tactical Air Force´s Air Prisoner War Interrogation Unit based at the time at Heidelberg . . .

Van Rossum-Daum was a concise and experienced interrogation officer and one of the first to interview Galland. Following an interrogation conducted on 14 May 1945, he observed:

"Galland was very enthusiastic about the capabilities of the Me 262, whose effectiveness in combat he rates very highly. According to the statistics of his unit, the ratio was 5 to 1 of victories over aircraft shot down.

He appeared to have uppermost in his mind the hope that his unit, with its experienced pilots and equipment, **be used by U.S. Air Forces "in the battle against Russia"** which he was sure to come . . ."

Freiwilligenverband

Vom Versuch, ein „Fliegendes Faustpfand" vor den Sowjets zu retten

„Sein Name ist mit einer der großartigsten Karrieren der Luftfahrtgeschichte verbunden: Adolf Galland

Es gab in den letzten Kriegstagen 1945 offenbar den Versuch, von Tegernsee aus Hitlers einzige „real existierende Wunderwaffe" unbeschädigt den Amerikanern zu übergeben, um sie nicht in die Hände der Sowjets fallen zu lassen:

Schauplatz: Das Lazarett im Tegernseer Schloss. Die Schlüsselfigur: Generalleutnant Adolf Galland (1912-1996), einer der höchstdekoriertsten Jagdflieger der deutschen Luftwaffe. Und die „Wunderwaffe": Der erste Düsenjäger der Welt, die Me 262.

...
Es war ein Zufallsfund bei Recherchen für die Dokumentation „Kriegsende 1945 am Tegernsee" in den TEGERNSEER TAL - Ausgaben 141 (2005/I) und 142 (2005/II) und für eine anschließende Film-Dokumentation über US-General Patton und die in den Kreuther Bergen verschanzte Waffen SS-Division „Götz von Berlichingen".

Die Recherchen ergaben, dass die Amerikaner Wochen nach der Kapitulation des Dritten Reiches in **einer rätselhaften Operation kampffähige Einheiten dieser deutschen Division aus dem Tegernseer Tal in das Dorf Ottendichl östlich von München verlegt hatten**. Und von Ottendichl führte eine Recherchen-Spur wiederum zurück in das Tegernseer Tal, zu einem Patienten im Lazarett der evakuierten Universitätsklinik München im Tegernseer Schloss:

Zur „Fliegerlegende" Adolf Galland.
...

„Wer die Me 262 hat, dem gehört der Himmel"

Galland, unter anderem Träger der Brillanten zum Ritterkreuz am Eisernen Kreuz, hatte Anfang 1945 das Kommando über den „Jagdverband 44" und damit über die ersten in Serie gefertigten Strahlflugzeuge der Welt übernommen - die Messerschmitt Me 262. Sie war, allein schon durch ihre Höchstgeschwindigkeit von 860 Stundenkilometern, allen gegnerischen Maschinen überlegen und so stand es bereits vor dem Zusammenbruch des Dritten Reiches fest:

Die Me 262 war für die Deutschen ein „Fliegendes Faustpfand". Und die Siegermacht, die den Wettlauf um die Kriegsbeute Me 262 und ihre Triebwerks-Technologie gewinnt, wird in künftigen militärischen Konflikten die Lufherrschaft haben.

„Wer die Me 262 hat, dem gehört der Himmel", prophezeite ein Militärhistoriker.

Die etwa 25 Düsenjäger des „JV 44" waren gegen Kriegsende auf dem Flughafen München-Riem stationiert und wurden von General Galland wegen der zunehmenden Bombardierung des Flugfeldes in den letzten Wochen vor der Kapitulation in die Wälder rund um Ottendichl verlegt. Von ihren Verstecken in den Wäldern aus starteten die Me 262 auf provisorischen Feldpisten zu ihren Einsätzen, geflogen wurden sie von freiwilligen Piloten, ausnahmslos Ritterkreuzträgern. Galland selbst hatte bei einem Luftkampf in einer Me 262 („Sie fliegt, als würden ein Engel schieben") am 26. April 1945 eine Knieverletzung erlitten, konnte bei einer Crashlandung noch aus der rollenden Maschine springen und kam nach einer Erstbehandlung in das Lazarett der Universitätsklinik München im Tegernseer Schloss.

Von hier aus, das Kriegsende war nur noch eine Frage von Tagen, versuchte er den „Wundervogel" Me 262 für den Westen zu retten - **nämlich durch das Angebot der kampflosen Übergabe der Staffel an die US-Streitkräfte**.

Es war, noch galt das Kriegsrecht mit Standgerichten, ein Unternehmen auf Leben und Tod, das da im Tegernseer Schloss ablief. Und es war Eile geboten, da Berlin den Düsenjäger-Verband von

Ottendichl über Salzburg nach Prag, also in den Operationsbereich der Roten Armee, verlegen wollte.

Der „Storch" als Hoffnungsbringer

Galland stand auch im Tegernseer Lazarett in Kontakt mit seinem Stellvertreter und Vertrauten Oberstleutnant Heinz Bär, der in Ottendichl nun die Me 262-Einsätze befehligte - und Galland verfügte über eine Kuriermaschine, vermutlich einen Fieseler 156 „Storch", der im Tegernseer Tal landen und starten konnte.

Mit dieser FI 156 sollen zwei Vertraute Gallands am 1. Mai 1945 von Tegernsee aus die deutschen Linien überflogen haben, um amerikanischen Einheiten, die bereits bei Schleißheim standen, eine Botschaft von General Galland an den US-Oberkommandierenden, General Eisenhower, zu überbringen:

Es war das Angebot, den Amerikanern die unversehrten Me 262-Strahltriebflugzeuge zu übergeben. Die örtlichen US-Kommandeure bei Schleißheim präzisierten die Übergabebedingungen, die beiden Kuriere flogen mit diesem Dokument zurück nach Tegernsee, Galland stimmte offenbar zu, aber beim Versuch, den Amerikanern die Antwort Gallands zu überbringen, wurde die Kuriermaschine versehentlich von einer US-Einheit abgeschossen. Obwohl einer der beiden Piloten überlebte (so eine Wikipedia-Quelle), hat Gallands Schreiben General Eisenhower nie erreicht.

Das Ende der „Donnervögel"

Damit war das Ende des ersten Düsenjäger-Kampfverbandes der Welt besiegelt: Weil die Front stündlich näher rückte, wurden die meisten Me 262-Maschinen von Ottendichl auf den Flughafen Salzburg verlegt, zumindest eine Maschine landete in Innsbruck. In Salzburg mussten die Piloten hilflos zusehen, wie ihre „Donnervögel" vom Bodenpersonal der Wehrmacht und der SS gesprengt wurden, als die ersten US-Panzerspitzen auf das Flugfeld zurollten.

Zwei Maschinen überstanden, einigermaßen unbeschädigt das Inferno; durch sie erhielt die amerikanische Militärflugzeug-Industrie im Bereich Strahlantrieb und Hochgeschwindigkeit einen technologischen Vorsprung, den die Sowjets über Jahrzehnte nicht aufholen konnten.
…
-Ends-

Schulung auf Hochtechnologie

Wenn man dezentralisiert an unterschiedlichen Orten im Dritten Reich, wie in Kahla, Kaufering, B-8 und in diversen Waldwerken, abertausende Messerschmitt Me 262 Strahljäger baute, dann mussten diese Maschinen auch von irgendjemandem im Einsatz geflogen und gewartet werden.

Waren darunter auch abtrünnige U.S. amerikanische Piloten und Bodenwarte, die sich freiwillig für den nächsten, den Dritten Weltkrieg gemeldet hatten?

Wie wurden diese Leute auf deutsche Hochtechnologie umgeschult? Wohlmöglich schon in der Endphase des zweiten Weltkrieges im rückwärtigen, von den Alliierten besetzten Gebieten von West-Europa, wie z.B. in Frankreich?

Abb.: Me 262 in den USA zur „Evaluation".

Ein Tarnname, neben „Schwalbe" und „Sturmvogel" war „Silber", sowie die Plätze, wo Me 262 stationiert waren, „Silber-Plätze" hießen.

Sollten Tl-Jäger, die von Amerikanern geflogen werden sollten, in Silber bemalt werden? So, wie auch deren Jagdmaschinen und Bomber zumeist in Naturmetall belassen wurden, weil man das Gewicht für die Farbe sparen wollte?

Abb.:

Aufnahmen einer Messerschmitt Me 262 A-1, Wr.-Nr. 711, die von dem Einflieger Hans Fey nach einem routinemäßigen Einflug, absichtlich zu den Amerikanern nach Frankfurt am Main zum dortigen U.S. Rhein-Main Airfield geflogen wurde.

Der zu Messerschmitt gehörende zivile Einflieger Hans Fey musste mit seinem Plan zum Überlaufen zu den Amerikanern so lange warten, bis letztendlich die U.S. Armee seine Heimatstadt besetzt hatte, damit es keine Vergeltungs- und Rachemaßnahmen gegenüber seinen Eltern von deutschen Einheiten, der SS oder des Wehrwolfs mehr kam.

Einflieger Fay, 1914 in Speyer geboren, sollte eine der 22 neu produzierten Me 262 vom Fertigungsstandort Schwäbisch-Hall, aufgrund der vorrückenden Amerikaner, an einen sicheren Ort nach Neuburg an der Donau überführen. Fay war der vierte Pilot, der startete. Aber Anstelle südöstlich nach Neuburg zu fliegen, drehte er nach Nordwesten, Richtung Frankfurt am Main ab, wo er am 30. März 1945 gegen 13.45 auf dem dortigen ehemaligen Luftwaffenplatz ankam.

Die Me 262, Werknummer 111711 wurde unverzüglich in die USA auf die dortige Wright Field Airbase in Dayton, Ohio verbracht.

Dort wurde der Bericht:

Summary of debriefing German Pilot Hans Fay on operational performance & late war deployment of the Me 262 Jet Fighter

Conducted by Major Ernst Engländer, Spring 1945

erstellt.

Darin wird das Wirken und der Lebenslauf von Hans Fay geschildert, die persönlichen Erfahrungen mit der Handhabung der Me 262, der Einsatz und die Produktionsstätten der Maschine.

Ob man aufgrund der Erfahrungswerte mit der Me 262, die Hans Fay im Laufe seiner Tätigkeit als Einflieger für Messerschmitt machen konnte, ein Flight Manual für den Tl-Jäger in Wright Field verfasste, an dem sich amerikanische Piloten, die eine Einweisung auf den Jet bekommen sollten, halten konnten, ist unklar.

So berichtete Fay seinem Führungsoffizier, Major Ernst Englander, der bestimmt gutes deutsch sprach und verstand:

Flight Characteristics

„Fay states that the Me 262 has good stall characteristics (gute Überzieheigenschaften). The 262 has very good aileron control at all altitudes and at very high speeds, and will do a good slow roll. He had never put one into a spin (ins Trudeln bringen), but has stalled them intentionally. After stalling (nach dem Überziehen) it fell forward with no bad spin characteristics. As his work as test pilot never took him above 4.000 m, he has done no acrobats other than slow rolls (kein Kunstflug, nur Faßrollen).

The 262 will turn much better at high than at low speeds, and due to its clean design, will keep its speed in light turns much longer than the conventional type aircraft (Geschwindigkeitsvorteil).

Spoilers (automatic slots) are fitted along the whole length of the leading edge of the wings. These come out automatically at about 300 km/h, when the plane is in a glide angle and at about 450 km/h, when the plane is climbing.

(Anmerkung: Diese Vorflügel hatte bereits die Messerschmitt Bf-108 an fast der gesamten Vorderkante. Die an der Vorderkante der Tragfläche entlang laufenden Klappen vergrößern die Tragflächenfläche in gewissen Flugzuständen, um mehr Auftrieb zu erzeugen, damit die Maschine nicht überzogen wird und abkippt. Sie fallen automatisch bei einem gewissen Anstellwinkel nach vorne und die leichtgängig aufgehängten Klappen werden automatisch durch den Luftdruck wieder eingefahren. Dadurch verändert sich der Anstellwinkel wieder, Anm.d.A.)

There is no flutter while diving. Fay conjectures the reason for this to be the high position of the horizontal stabilizer in relation to the airflow around the wings.

About one third of the airplanes tested by Fay had a slight tendency to skid during their first flights. This has easily eliminated by adjusting the trim tab on the rudder.

Conversion Training on the Me 262

...
Fay says the that this aircraft is easier to fly than the latest types of FW 190 or Me 109. In fact he feels any Me 109 pilot is qualified to fly the Me 262 after one hour of instruction.

Losses

Informant estimates that only appr. 50% on the entire Me 262 production is operational at any time. The losses occur on ferrying, conversion training, and as a result on occasional failures on the jet propulsion units. <u>Frequent air alerts and raids delay and reduce the production</u>. Bombardment of component plants caused *stoppages in supply of spare parts*. Considerably difficulty was experienced in getting <u>jet units from Muldenstein</u>, and they often had to wait for days to get sufficient gasoline to send a truck to Muldenstein.

(Anmerkung: Muldenstein bei Bitterfeld, Junkers-Zweigwerk "Muldenstein AG". In dortigen unterirdischen Stollen wurden Triebwerke produziert, bzw. komplettiert.

Weitere Tochterfirmen waren die Zittwerke AG in Zittau und die Mitteldeutsche Motorenwerke GmbH in Taucha.

SPECIAL PRECAUSIONS FOR JET AIRCRAFT ACCELERATION

From 7.000 to 8.700 Revolutions per Minute, RPM, which is full power, the throttle, the throttle may be increased quickly. Below 7.000 rpm, the throttle must be increased smoothly and slowly.

Fuel

Fay knows of three variants of fuel which can be used:

a. the standard fuel, used by him on all flights, a brown coal fuel oil known as J-2 (Brennöl).
b. Diesel Oil
c. Aviation Gasoline (Avgas)

Fay says that according to operating instructions, standard aviation gasoline was not considered so desirable because of its fast rate of consumption.

A small two-cycle starting engine uses gasoline mixed with ¾% lubricating oil.

The brown coal fuel oil used at Neuburg came from an underground factory appr. 10 km west of Neuburg near **Unterhausen**. According to informant, this area was bombed, without success, toward the end of February 1945.

Anmerkung:

Wie viele Untertage-Anlagen zur Verflüssigung von Braunkohle gab es, um Strahljäger und -bomber der Luftwaffe mit Treibstoff zu versorgen? Diente die Braunkohle auch heute noch als strategische Reserve, um Treibstoffe im Krisenfall herstellen zu können?

J-2 ist eine Treibstoffsorte für Triebwerke, wie Jumo 004 oder BMW 003.
Es gab auch die J-Treibstoffe J-1 bis J-4, wobei J-2 das am meisten verwendete Brennöl war.

Alle anderen Treibstoffe für Otto- und Dieselmotoren hatten die Bezeichnungen A-1 bis A-4, B-1 bis B-4 und C-1 bis C-4.

In Unterhausen findet man heute noch Überreste großer Tanklager der „Wissenschaftlichen Forschungsgesellschaft", WiFo", die dafür sorgte, das Nazi-Deutschland unabhängig, autark von ausländischen Erdöl wurde.

Auf dem Tanklager-Gelände der WiFo sollte oder wurde auch Forschung betrieben, um neue Sorten von Treibstoffen, wahrscheinlich speziell Flugbenzin herzustellen, die verbrauchsärmer und wohl auch besonders geeignet für TL-Triebwerke waren.

Ob hier zudem der Grund liegt, warum das Gelände nur halbherzig bombardiert wurde? Weil man von alliierter Seite aus wusste, dass neue Sorten von Flugbenzin entwickelt werden sollten, die auch für die Amerikaner interessant waren?

Die „711", die Hans Fay, der zuvor bei Erla Me 109 einflog, den Amerikanern Ende März 1945 auf dem Silbertablett servierte, stürzte aufgrund Triebwerksbrand am 20. August 1946 ab und zerschellte drei Kilometer östlich des Ortes Lumberton in Ohio. Der Pilot konnte rechtzeitig aussteigen.

Jetzt kann die Geschichte des Überläufers Hans Fey, so wie sie offiziell geschildert wird, stimmen. Aber in unserer mit Lügen und Propaganda nur so voll gespickten Welt, kann alles auch ganz anders gewesen sein.

Hier nun wieder eine „Verschwörung", die Meinung des Autors, als Beispiel dafür, dass bei einem geplanten Dritten Weltkrieg, der auch mit deutschen Waffen, gemeinsam mit angelsächsischen Kräften gegen die Russen geführt worden wäre, der Turbo-Luftstrahljäger Messerschmitt Me 262 eine entscheidende Rolle gespielt haben könnte.

Denn gegenüber anderen, zu diesem Zeitpunkt im Sommer 1945 vorhandenen Jagdflugzeugen, ob U.S Jäger, britische oder sowjetische Jagdmaschinen, gehörte die „Schwalbe" mit zu den besten Jagdmaschinen, die der Waffenmarkt weltweit hergab.

Das amerikanische Düsenflugzeug Bell P-59 „Airacomet" war nicht nur hässlich, sie flog auch schlecht. Die Lockheed P-80 „Shooting Star" war nicht schnell genug und hatte

Schwierigkeiten mit dem Strahltriebwerk. Die Gloster „Meteor" der Briten war gut und schnell. Ob der „Mitverschwörer" Churchill diese Maschine zum Einsatz bei der - von den Briten initiierten - „Operration Unthinkable" gebracht hätte, bleibt offen, da ja die ganze Operation, der geplante Kampf gegen die Sowjetunion bis heute vertuscht wird.

In Deutschland gab es im Frühjahr 1945 mehrere große, verbunkerte Fabrikationsstätten, die alle für einen Massenausstoß der „262" errichtet wurden:

Walpersberg Kahla, Thüringen, REIMAHG, u.a. auch Flächenbau, vormals Leonberg. Riesiges Fertigungsgelände, 75 Stollen mit Gesamtlänge von 32 km. Dazu enorme Bunker, Riesen-Verwaltungsbunker, Bunker „0" mit Konferenzraum für 3.000 Personen, dazu 2 m dicke Stahlbetonwände. Wohlmöglich sollte der enorme Komplex ähnlich lange im Betrieb sein, wie „B-8",evtl. bis ins Jahr 1955.

Wurden oder sollten dort in Kahla noch andere Flugzeugprojekte in Angriff genommen werden, wie der „Horten-Amerikabomber?

Dazu heißt es bei Jurleit, „Strahljäger Me 262" zu „Kahla":

```
„Die Amerikaner schrieben wenige Monate nach Kriegsende in der
Zeitschrift „Flying: „Eine Bombardierung hätte keinen Nutzen
gebracht, solange das Projekt noch nicht beendet war." In
Wirklichkeit waren die Amerikaner an einer Zerstörung gar nicht
interessiert, bevor sie nicht alle dort vermuteten technischen
Neuheiten und Unterlagen in ihren Besitz gebracht hatten. Daher auch
ihr rasches Vordringen in diese und die Nordhausener Richtung, zumal
diese Gebiete nach der Konferenz von Jalta an die UdSSR (vorerst,
bis zu einer Rückeroberung, Anm.d.A.) fallen sollte."
```

- Kaufering und Mühldorf, Bayern, Fabrik für komplette Me 262, plus Tragflächen für Rümpfe aus B-8

- Bergkirstall, B-8, Nieder-Österreich, Rumpffertigung komplett, gefertigt von der Tarnfirma „DEST", Ausstoß von 1.250 Rümpfe monatlich. Wahrscheinlich schon ab 1944 mehr als 900 Rümpfe vorproduziert (und eingelagert?).

Waren die Tragflächensätze für die vorgefertigten und in B-8 eingelagerten 950 Me 262 Rümpfe auch bereits hergestellt und irgendwo unterirdisch auf Lager gehalten worden? Lagerten sie unterirdisch in der Nähe eines Flugplatzes, wie bei Mettenheim, wo wohlmöglich die in „Weingut" gefertigten „Strahler", Tarnname „Silber", eingeflogen werden sollten, um als „Frontschleuse", die „262" an die Luftwaffe abzugeben.

Dazu viele „Waldwerke" und andere Zulieferer, sowie dezentralisierte Kleinteilefertigung, wie Bug und Heck, Fahrwerke, Cockpit usw.

- Fertigung auch bei Prag, Leichtbau Budweis, LBB, Code-Name „Elbrus", erst einige wenige Me 262 A-2 „SSK" - Schlacht Schnell Kampf - Bomber, dann Standard Me 262 A-1a mit einigen kleinen Änderungen die von der Großserie abwichen (Hydraulik, Armaturenbrett, statt Tropfenform Rechteck auf Bugabdeckung für MKs), ausgelagert auf einem ehemaligen Gutshof. Insgesamt nur rund 50 Maschinen fertig gestellt, aufgrund Materialmangel. Eingeflogen u.a. von Franz Öller, vormals FWE, Flugzeugwerke Eger/Cheb (wo auch Rudolf Schriever zeitweise Chef-Einflieger für Heinkel war).

- Endmontage bei Messerschmitt Augsburg, Leipheim, was aber wohl alles nach „Weingut", in die riesigen, aus Gewölbebögen bestehende 400 m langen Bunker bei Mühldorf, oder „Ringeltaube" bei Kaufering verlagert worden wäre, woraus die fertig produzierten „Strahler" zu Flugplätzen in der näheren Umgebung geflogen wären, um den weiteren Einflugbetrieb vorzunehmen.

Solche Gewölbebögen aus Stahlbeton, mit einer dicken Erdschicht und eingepflanzten Bäumen auf der Oberseite zur Tarnung, hätte man wahrscheinlich auch bei verbunkerten Tank- und Sauerstoffverflüssigungsanlagen in der Nähe unterirdischer Startrampen, sowie bei dem, in dieser Art und Weise geschützten Atommeiler bei „Riese" wieder finden können.

Bis zum 30. November 1944 wurden noch 212 „SSK-Blitzbomber" A-2 sowie 228 Jagdflugzeuge A-1 hergestellt. Danach wurde nur noch die Version A-1 produziert.

Bis Ende März 1945 wurden 33 Umbauten zum Nahaufklärer sowie 26 Umbauten zum Schulflugzeug B-1 bei Blohm und Voss in Hamburg und der Deutschen Lufthansa in Staaken (10 Einheiten), hergestellt. Vier Nachtjäger B-1/U1 wurden bis zum 10. April 1945 von der DLH Staaken aus der B-1 gefertigt.

Hätten die U-Werke noch weitere zweisitzige Schulmaschinen nach dem Krieg gefertigt, damit eine groß angelegte Schulung für Düsenjäger-Besatzungen erfolgen konnte?

Abb. links: Rümpfe aus B-8, Abb. rechts: gefertigte Me 262 aus Kahla. Sollten diese beiden U-Werke die alliierten/deutschen Armeen mit modernen Jagdflugzeugen ausstatten, für den Kampf gegen die verhassten Kommunisten in der Sowjetunion?

Die Planungen von tausenden monatlich produzierten Me 262 in diesen Werken zeigen, dass dies niemals im Krieg für den „Endsieg" noch möglich gewesen wäre, sondern evtl. für eine Zeit nach Ende des Waffenstillstandes im Mai 1945. Denn weder Transportkapazitäten, noch Materiallieferungen usw. funktionierten aufgrund der alliierten Luftüberlegenheit reibungslos, und es kam andauernd zu Engpässen. Eine Produktion von tausend Düsenjägern pro Fabrik war geradezu illusorisch in der verbliebenen Zeit bis Kriegsende.

Wohlmöglich nannte man die Me 262 Düsenjäger „Silber", weil sie gar nicht mehr mit Tarnfarben versehen und in Naturmetall belassen wurden.

Wie hätten diese Maschinen, hätte General Patton im Sommer 1945 das Kommando in West-Europa übernommen und zum Angriff auf die Sowjetunion geblasen, ausgesehen.

Weiterhin Silber mit schwarzen, deutschen Hoheitszeichen, inklusive Hakenkreuz? Oder mit amerikanischen Sternen versehen?

Deutsche Soldaten in einem britischen „POW-Camp" in Kärnten wurden ihre Wehrmachtsuniformen auf den britischen Khaki Farbton umgefärbt und mit englischen Rängen versehen, als ihnen mitgeteilt wurde, dass sie gegen Russland kämpfen würden.

Sollten deutsche Flugzeuge im freiwilligen Dienst in der U.S. Army auch alliierte Hoheitszeichen erhalten? Wären ganze Jagd-Staffeln zudem mit amerikanischen Piloten und Bodencrew ausgestattet worden?

Hätten alliierte Piloten ein „Flight Manual" über die Handhabung und der Flugeigenschaften der Me 262 erhalten sollen, damit sie den Düsenjäger ordnungsgemäß im Luftkampf bedienen hätten können?

Insgesamt wurden nur rund 1.400 Me 262 gebaut, einsatzbereit waren aber immer nur an die 100 Maschinen oder weniger. Die Gründe dafür waren die schweren Bombenangriffe der Alliierten und der chronische Mangel an Treibstoff und Ersatzteilen, sowie die kaum mehr vorhandenen, gut ausgebildeten Flugzeugführer, die erst das Potential dieses Düsenjägers hätten richtig nutzen können.

Erst nach dem Waffenstillstand hätten die großen U-Werke tatsächlich tausende „Silber" herstellen können und es hätte auch genügend Treibstoff zur Verfügung gestanden, um die Jäger einsatzklar zu machen.

Ob Nachkriegspläne und ein erster Fahrplan für die div. Einsätze deutscher Wunderwaffen in einem Dritten Weltkrieg, die Strategen aus dem Stab von Gen. Patton, oder über Kammler und die SS, die ja für die V-Waffen zuständig waren, ausgearbeitet worden sind, ist unklar, aber denkbar.

Übrigens:

KZ Außenlager Thil, Elsaß-Lothringen

"In August 1943, after the destruction of the secret weapons production site (V1 and V2) in Peenemunde (Germany), the Germans decided to spread out their production plants and to bury them.

The former **Tiercelet iron ore mine in Thil** was chosen as were other sites (Dora, Ebensee) **to set up a factory**. The **Todt organization** was in charge of the work which began in late 1943. Forced labourers from a huge variety of backgrounds came to the site. The workers were North Africans, Russians, Ukrainians, Poles, Yugoslavs and Hungarians. They were interned in the Errouville and Morfontaine camps near Thil where they were brought every day by train.

In **late March 1944**, 1,600 Russians and Ukrainians (1,200 men and 400 women) arrived in Errouville. The living conditions were appalling. Numerous deaths were reported. The bodies were either buried or burned in the open air. Unemployed miners in the region as well as requisitioned STO workers provided the additional labour needed.

On **1 June 1944**, a subcamp of the Natzweiler-Struthof concentration camp was set up. This was an exceptional move for two reasons: while the main Natzweiler-Struthof camp is located in Alsace annexed de facto by the Third Reich, the Thil subcamp was the only one open in occupied France. Twenty men from the Natzweiler KL formed the inmate self-administration team. They were lodged in huts already built by forced labour.

On **20 June 1944**, 500 Jews from Auschwitz KL were given responsibility for large exterior and interior development work: **earthwork, concreting, transportation and installation of the machines that arrived at Thil station.** At the same time, inmates were building new barracks. A crematorium was installed (date unknown) inside the camp. It came from a knackery in Villerupt. It would seem to have been used to burn the bodies of Kommando deportees but also those of Errouville prisoners.

A second convoy of Hungarian Jews arrived on **July 7** from the Neuengamme KL. Separated from other inmates, they were specifically assigned to machine work. Selected based on specific professional skills, the two convoys of Jewish prisoners **mostly comprised metal workers.** They were firstly responsible for installation work then **for the production of V1 and V2 missiles**. Occupying a special position among Thil inmates, they were lodged away from the others and were not evacuated at the same time. **They formed a special Kommando called "Minette".**

The real significance of the production remains unclear, but it seems minor. **This decision to transfer a factory to the west with the allied armies approaching was strange**: had military events been poorly estimated? It was probable that the cumbersome bureaucracy could not prevent a transfer that had been scheduled for some time."

„Der Sinn dieser V-Waffen Produktion bleibt unklar.

Die Entscheidung, eine V-Waffen-Fabrik ab Juni 1944 im Elsass innerhalb einer Eisenerzmine bei Thil aus dem Boden zu stampfen, erscheint merkwürdig, da die Alliierten Armeen bereits ab dem 6. Juni 1944 die Invasion in der Normandie starteten und schnell weiter in Frankreich am vorrücken waren. Wurden tatsächlich die kommenden Kriegsereignisse falsch eingeschätzt? Ob gar die Mühlen der Bürokratie zu langsam arbeiteten und eine Verlagerung oder den Stopp des Ausbaues der Untertageanlage zu spät entschieden wurde?

(Verschwörungs-Theorie des Autors: Ob man ein „Back-up" für V-1 und V-2 Produktion im rückwärtigen Raum aufbauen wollte, falls die U-Werke im Mittelraum ausfallen würden? Gab es andere Ausweichfabriken tief im Westen oder in Norden von Europa?)

"On **1 September 1944**, before the advance of allied troops, the Nazis gave the order to evacuate the Natzweiler KL. All the camp Kommandos located west of the Rhine were concerned. On the same day, 557 men from the Thil Kommando headed off to Koblenz; on the way, they were diverted to the nearby camp of Kochendorf. The second convoy of 300 specialists left a few days later for the Dora KL.

In all, forty deportees died during the brief life of the Thil Kommando.

Das Kl Thil in der Gemeinde Thil bei Villerupt in Lothringen (französisch Lorraine; südwestlich vom Zentrum Luxemburgs) war 1944 zeitweise ein Außenlager des Kls Natzweiler-Struthof. Etwa im Frühjahr 1944, nach anderen Quellen im Frühsommer 1944, wurde die Fabrikationsanlage zum Bau von V-1 Flugkörpern errichtet. Ausführender Betrieb zu Montage der Flügelbomben (welche Version, welcher Sprengkopf?) war Volkswagen, Fallersleben/Wolfsburg.

Die Produktion der V-1 sollte durch KZ-Häftlinge auf einer Fläche von über **200.000 m² in vorhandenen, ehemaligen Erzstollen** ausgebaut und betrieben werden. Auf Grund der Invasion und dem schnellen Vormarsch der Alliierten im Juni 1944 wurde das französische Lager in Thil, das „Kommando Erz von Longwy-Thil", Dept. Meurthe et Moselle, jedoch vor Beginn der Serien-Produktion geräumt. Am 1. September 1944 erreichten alliierte Truppen das Gebiet. Nur wenige Zellen des FZG-76 in verschiedenen Baustadien wurden vorgefunden. **Die SS achtete damals darauf, dass kein KZ-Häftling die Alliierten oder Widerstandsgruppen über die dort laufenden Vorbereitungen informieren konnte.**

Wobei, wie Aufnahmen der Amerikaner zeigen, die Ausrüstung, wertvolle Werkzeugmaschinen, vorgefertigte Teile für die Fi-103 usw., in den Stollen des Erzbergwerkes zurückgelassen wurden und nicht an einen anderen, sicheren Ort, z.B. im Osten, wie im Protektorat, verlagert wurden. Warum nicht? Wollte man, dass die Anlage von der U.S. Armee überrollt und erbeutet wurde?

Bildunterschrift: 1st Lt Jack Ebinger inspects a V-1 tail assembly that never was completed, Thil, France, February 19, 1945. (courtesy: Photo by PhotoQuest/Getty Images)

Volkswagen sollte später in der Nähe von Karlsbad Fi-103, V-1 Flugkörper bauen. Sonderbevollmächtiger Georg Klein, zuständig für die Luftrüstung im Protektorat, veranlasste, das die Arbeiter zum Bau der V-1 zu einem Flugzeugwerk von Letow nach Prag gebracht wurden, um den Flugkreisel, die einfache, 3m durchmessende Abfangjägerversion von Dipl.-Ing. Habermohl, in einer Kleinserie zu fertigen.

Wohlmöglich benötige Kammler noch dringend Erfolge, um die zukünftigen Festungsanlagen der amerikanischen Verschwörer, wie im Jonastal oder im Eulengebirge, mit „Interzeptoren" für den Schutz der U-Anlagen vor Luftangriffen auszustatten, falls der Dritte Weltkrieg im Juli 1945 anlaufen sollte.

Denn möglicherweise waren noch nicht ausreichend Flak-Raketen, wie die „Wasserfall" und andere Flugabwehrraketen vorhanden, die in diesen Gebieten stationiert werden konnten.

War der Flugkreisel (eine Notlösung, die so lange zum Einsatz gelangen sollte, bis effektive Flak-Raketen in ausreichenden Mengen, sensible Anlagen schützen konnten?) in seinen Abmessungen so konstruiert worden, dass er in eine - Standard - Abschussröhre für Raketen aller Art hinein passte?

Eine Notlösung wie andere Projekte für den Objektschutz auch. So die „Enzian", eine Flak-Rakete als verkleinerte Me 163, oder die Bachem „Natter", die senkrecht vom einem Steilstartgerüst oder Mast (in einem Silo) aufsteigen konnte. Denn die Festungsanlagen hatten zumeist keinen Flugplatz in unmittelbarer Nähe, sodass nur Senkrechtstarter einen ersten Objektschutz gewährleisten konnten.

Später hätten dann Flak-Raketen Batterien, so wie es die Russen in den 1950er Jahren entwickelten, die Festungsanlagen von Angriffen aus der Luft geschützt.

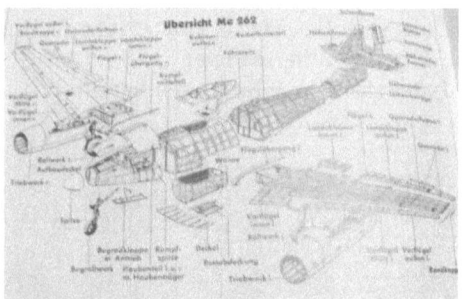 

Abb. lins: Einzelne Baugruppen, die dezentral gefertigt und in einem Werk endmontiert werden konnten.

Abb. rechts: Tragfläche, wie sie z.B. im Autobahntunnel von Leonberg gefertigt wurde, passend zu der Rumpffertigung in „Bergkristall".

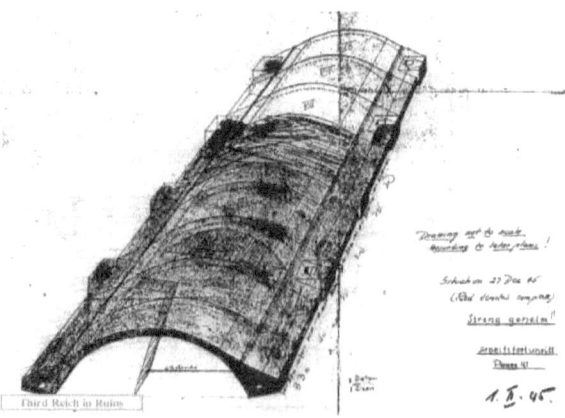

Abb.: Gewölbebunker wie sie in Kaufering und Mühldorf noch errichtet wurden.

Welcher Militärstratege, wer im Ministerium Speer glaubte, dass in „Weingut" und „Ringeltaube" zu Zeiten des Krieges eine Produktion von 1.000 und mehr Maschinen hätte anlaufen können?

Ein solcher Massenausstoß war bis Kriegsende, das sich schon seit mehreren Monaten deutlich abzeichnete, absolut unmöglich. Aber wenn man wusste, dass nach Ende der Kampfhandlungen im Mai 1945 sich ein weiterer Krieg anschloss, machen diese und andere Untertageverlagerungen einen Sinn.

Nach Ende des Zweiten Weltkrieges wäre eine erneute Produktion deutscher Wunderwaffen nicht mehr den Widrigkeiten von alliierten Bomben- und Tieffliegerangriffen ausgesetzt gewesen. Die Reichsbahn hätte wieder Material und teilproduzierte Flugzeugkomponenten ungestört transportieren können. Rohstoffproduzenten, Metall verarbeitende Betriebe oder Teilezulieferer hätten wieder ungestört produziere können.

Dann wäre es tatsächlich möglich gewesen, tausende von deutschen Jagdflugzeugen, Bomber, Raketen und dergleichen herzustellen, um die „Verschwörer", die „Abtrünnigen" unter den Alliierten mit „Wunderwaffen" für den wirklichen „Endsieg", der Niederringung der Sowjetunion auszustatten.

Abb.:

Messerschmitt Me 262 „Silber", wie er so in einer massenweise Serienproduktion in großen, verbunkerten Fabrikationsorten hergestellt werden sollte. Alle Blechstöße wurden verspachtelt und verschliffen. Die Turbinen, Fahrwerke und andere Kleinteile lieferten Zulieferer und alle Teile waren untereinander austauschbar. Sodass z.B. Rümpfe mit Tragflächeneinheiten anderer Hersteller kombiniert werden konnten.

Sollte die „262" in dieser Ausfertigung in einem weiteren Krieg gegen die Rote Luftflotte kämpfen? Bemannt mit deutschen und alliierten Piloten, die zuvor auf den Düsenjäger umgeschult wurden? Welche Hoheitszeichen hätten die Tl-Jäger in einem Dritten Weltkrieg erhalten?

Verdeckte Umschulung auf Geheimplätzen?

Hier folgendes Beispiel, wie man heimlich Flugplätze einrichten konnte, die unentdeckt blieben:

Hitler's secret airstrips that were built by spies in Norfolk

If fields flattened like runways or hangar-shaped barns didn't raise any eyebrows in wartime Norfolk, the chicken huts laid out like swastikas should have given the game away.

By Mark Branagan, PUBLISHED: 00:01, Sun, Jan 25, 2015, Internet:

"Nazi spies built a network of enormous aerodromes over Norfolk ready to land Hitler's storm troopers.
 The police and MI5 failed to spot the network of Nazi aerodromes being prepared over East Anglia ahead of an invasion.
 Everyone was fooled. It was only in 1940 that they were finally spotted by the RAF, scouting for airfields of its own.
 The airstrips, on 2,000 acres of farmland, had been built from 1936 by a nest of enemy spies, Dutch "farmers" secretly working for the Third Reich.
 A recently unearthed Air Ministry dossier reveals one landing spot made up of two farms at Sporle, near King's Lynn, 16 miles from Sandringham.
 Another hidden aerodrome was 25 miles away at Guestwick. By the time the RAF spotted the bases from the air, Britain was on the brink of invasion.
 Each airstrip, with hangars disguised as Dutch barns, covered at least 200 acres, equivalent to 100 football pitches.
 Every barn had a red roof to help pilots spot where hedges and ditches had been removed to create landing areas.
 The spies, who built nine airfields in Norfolk and one near Woking, in Surrey, were recruited in Holland and embedded with their families in the fens.
 They were supposed to be restoring derelict farmland with Dutch drainage expertise.
When the RAF started scouting for new airfields of its own, it found that every suitable site with firm ground had one, two or even three Dutch-style barns on it. The pilots also noticed that the large meadows were not waistdeep in corn like the surrounding countryside.
I was absolutely astonished. There was nothing in the press or in written history.
 Military expert Roger Thomas:
 When MI5 was called in to investigate they found all 10 sites were operated by the same business: the Dutch-owned East Anglian Real Property Company.
 One night in 1940, police arrested the manager and the spies were jailed.
English Heritage military expert Roger Thomas, who found the hidden file by accident in the public records office at Kew, said:
 "I was absolutely astonished. There was nothing in the press or in written history.
Who knows if Sandringham was a target, but the whole story is quite intriguing.
"The Nazis used a similar trick when they invaded the Low Countries.
 English Heritage military expert Roger Thomas, who found the hidden file by accident in the public records office at Kew, said:
 "I was absolutely astonished. There was nothing in the press or in written history.
Who knows if Sandringham was a target, but the whole story is quite intriguing.
 "The Nazis used a similar trick when they invaded the Low Countries."

Hitlers geheime Landeplätze, die von Spionen in Norfolk, UK gebaut wurden

Auszüge aus o.g. Bericht:

„Nazi Spione errichteten ein Netzwerk an **großen Flugplätzen**, die bereit lagen, Hitlers Invasionstruppen aufnehmen zu können.

Die englische Polizei und der MI 5 versagten, das Netzwerk von Nazi-Flugplätzen auf englischem Boden, die vorab einer deutschen Invasion Englands – „Unternehmen Seelöwe" in East-Anglia angelegt wurden, rechtzeitig aufzudecken."

Anmerkung:

Einer der besten Geheimdienst der Welt versagte?

Entweder war man zu dumm und unbedarft, oder man ließ es absichtlich zu, um z.B. auszukundschaften, wie die Deutschen es schafften, geheime Flugplätze zu bauen, diese vor der Öffentlichkeit zu vertuschen und wie sie ihre Tarnmaßnahmen durchführten. Weil man sich in England sicher war, das ihre „Tavistock-Marionette" mit Namen Adolf Hitler niemals „Unternehmen Seelöwe" durchführen wird und auch die „Luftschlacht um England" niemals mit Erfolg gekrönt sein würde?

„Die Landplätze, auf 2000 Morgen großen Bauernhöfen gelegen, wurden von 1936 aufwärts von einem Nest an Spionen (wohl eher von Spezialisten von Luftwaffen-Bautrupps, sowie Helfern aus England), und holländischen Bauern angelegt, die insgeheim für das Dritte Reich arbeiteten."

Anmerkung:

Hier sieht man wieder sehr schön, dass evtl. bereits ab den 1920er Jahren aufwärts ein großer Krieg gewollt war, nicht nur von Deutschland, sondern von jemanden aus dem Hintergrund, der gigantische Vorbereitungsmaßnahmen schon lange vor Ausbruch des Zweiten Weltkrieges anlaufen ließ!

„Jeder Flugplatz, dessen Flugzeughallen als holländische Scheunen getarnt waren, umfasste mindestens 200 Morgen Land, also mehrere (deutsche) Flussballfelder."

Anmerkung:

Gegebenenfalls nach dem üblichen deutschen Muster angelegt, wie deutsche Feldflugplätze aufgebaut waren, ein circa 800 mal 1000 m großes Grasoval, so dass man je nach Windrichtung überall auf dem ebenen, geglätteten Grasplatz aufsetzen konnte.

„Jede Scheune hatte ein rotes Ziegeldach, um anfliegenden Piloten bei der Orientierung zu helfen, damit sie die Landebahnen auf dem vormaligen Gelände, den Wiesen, Äckern und Felder, die von Hecken befreit und dessen Entwässerungsgräben eingeebnet wurden, aus der Luft besser erkennen konnten.

Die „Spione", die neun Feldflugplätze in Norfolk und einen nahe Woking in Surrey angelegt hatten, wurden aus Holland rekrutiert und mit ihren Familien in der vorherrschend Moorlandschaft Südenglands angesiedelt.

Anmerkung:

Wie viele Scheinfirmen, "Familien", die sich aus Spionen, (SS-) Wächtern, Wehrmachtsangehörigen, SD, Gestapo usw. zusammensetzt hatten, gab es, die irgend etwas, irgendwo verdeckt bewachten, organisierten, aufbauten oder überwachten?

So soll der Ex-Bundespräsident Joachim Gauck aus einer Familie stammen, die schon im Zweiten Weltkrieg für die Engländer spionierten und Landesverrat begannen.

Wie viele (Schein-) Firmen und Familien/Personen, Verräter (F.J. Strauß) usw. gibt es heute, die Überwachungs- und Spionageaufgaben heimlich ausführen, gerade jetzt in diesem Moment, alleine im heutigen Deutschland? Wie viele gedungene Personen aus Wirtschaft, Wissenschaft, Politik, den Medien, im Militär, den Geheimdiensten usw., gibt es gerade in diesem Augenblick (Stand 2018) in Deutschland, die jedem anderen hörig sind, und die alles andere tun, als dem deutschen, oder dem europäischen Volk zu dienen? Millionen und Abermillionen?

Viele Geheimoperationen werden in Deutschland über den VS, den Verfassungsschutz der einzelnen Bundesländer abgewickelt, der sicherlich auch, z.B. Verlage kontrolliert, die rechtsradikales Gedankengut absichtlich verbreiten (siehe auch der „Spion" Wilhelm Landig aus Österreich, der absichtlich die NS-Ideologie benutze, um Geheimdienstoperationen durchzuführen)?

Ein rühriger, sehr aktiver Verfassungsschutz könnte in Bayern sitzen, in *dem* Hochtechnologie von Deutschland, in dem viele Geheimentwicklungen aus der Luft- und Raumfahrt vertuscht werden müssen. So soll Bayern auch das best überwachte Bundesland Deutschlands überhaupt sein, siehe hier u.a. den „Regentreff" oder rechtsradikale Verlage, oder die „Reichsbürger".

Die Nazi-Ideologie (und die „Reichsdeutschen Flugscheiben", UFOs, siehe Werner Walter oder „UFO-Henker", die angeblich für den VS Baden Württemberg tätig gewesen sein sollen) wird immer wieder gerne von den Geheimdiensten und deren willigen Helfern genommen, um Destabilisierungs- und Desinformationsmaßnahmen zu vollführen, oder in die demokratische Parteienlandschaft einzudringen. Oder „Sturmabteilungen" auf die Straße zu schicken, damit man Chaos und Aufwiegelung (Verführung) in der Bevölkerung verbreiten kann. Heute wird dieser Mob, der keine braunen Hemden mehr an hat, „Hooligans" von der „Freien Presse" genannt. Aber das Grundprinzip, die Straße dazu zu benutzen, eine Bevölkerung zu unbedachten Handlungen zu verführen, ist seit mindestens 100 Jahren bekannt und funktioniert bis zum heutigen Tage bestens.

Seit Gestapo oder Stasi hat sich im heutigen Deutschland nicht viel geändert. Alles ist nur etwas „demokratischer", also „subtiler", mehr „hinten herum". Siehe auch Hinweis über den Propaganda-Spezialisten Edward Bernays in einem der Bücher des Autors.

Andere VS-Dienste werden in den neuen Bundesländern willige Helfer und Helfershelfer finden, darunter wahrscheinlich auch genügend ex-Stasi Mitarbeiter, die, wenn sie nicht für die Russen arbeiten, die deutsche Bevölkerung aufwiegeln, desinformieren und zersetzen.

„Diese holländischen Personen, „Spione" sollten aufgegebene, verlassene englische Bauernhöfe wieder aufbauen und die übliche, holländische Methode zur Entwässerung von Landstrichen vornehmen. Als die Royal Air Force selbst nach neuen Flugplätzen für die Luftschlacht um England in Süden Englands Ausschau hielt, erkannten man, dass auf jedem passende Gelände mit dazugehörigem festem Untergrund, mindestens eine oder gar zwei Scheunen (Hangars) nach holländischem Vorbild standen.

Die Aufklärungspiloten der RAF bemerkten, dass gewisse Äcker und Felder nicht mit hoch gewachsenen Mais bepflanzt waren, wie üblich in der unmittelbaren Umgebung, sondern ebene, durchgängige Wiesen/Feldflugplätze waren.

Als der britische Inlandsgeheimdienst MI5 eingeschaltet wurde, fand man heraus, dass alle zehn konspirativen Feldflugplätze/Bauernhöfe von ein und derselben Gesellschaft betrieben wurden: die zu den Niederlanden gehörende „East Anglian Real Property Company".

Eines Nachts in Jahre 1940 wurde der Manager der Firma und alle Spione verhaftet und (zum Tode?) verurteilt."
...
Die Nazis verwendeten eine ähnliche Vorgehensweise in den Beneluxländern vor deren Invasion durch die Wehrmacht."

-Ends-

Wurden solche geheimen Baumaßnahmen auch in Russland durchgeführt?

Insert

Geheime deutsche Bunker in der Sowjetunion im Krieg

Hidden in the pine forests of **central Ukraine** is one of Adolf Hitler's secret bunkers, from which he and his Generals monitored the Eastern Front during the World War II.
By Yuliya Popova, 2 March 2012

If secrets were measured by the thickness of walls that keep them, then Adolf Hitler's secrets would be eight feet deep.

Hidden in the **pine forests of central Ukraine** is one of Hitler's most **clandestine bunkers**, from which he and his Generals monitored the Eastern Front during the World War II.

Built in 1941, about eight Kilometres from the town of Vinnitsa (three-and-a-half hours southwest of Kiev), the site today is overgrown; frequented by history buffs and illegal diggers. A concrete grey swimming pool - dry except for when the spring rains come - and eerie piles of rocks covered in Nazi graffiti are the

only indicators that this was once a **German Command Centre**. Below the surface are the bunker's covert facilities, which some historians claim **go as deep as seven floors underground**.
...

The bunker -- called the *Wehrwolf* in reference to "Wolf", the translation of Hitler's first name - **was built by Soviet prisoners of war**, most of whom **were shot dead and buried in a mass grave after construction was finished**. There is an elaborate gilded monument to the **estimated 14,000 victims** in the nearby village of Stryzhavka.
...

One of the most interesting items is a miniature replica of the bunker's complex, which had about 80 buildings, including barracks, bars, a casino, a power generator, a telegraph and even a church.
...

During the German army's retreat in 1944, Hitler ordered that his lair be destroyed with explosives. The Wehrwolf's underground passages were then **rendered classified and no historical digs have been allowed since.**

So for now, **the site remains shrouded by Soviet secrecy**, giving way to a myriad of legends of what could possibly be underground: Nazi gold to gunpowder?
-Ends-

Gab es schon zu Zeiten der Reichswehr in den 1920er Jahren Vorbereitungen, die hilfreich für den deutschen Vormarsch in Russland waren (wie Kartenmaterial, Widerstandsgruppen, Munitionsdepots usw.)?

Baute man gar nach der Besetzung weiter Teile Russlands, der Sowjetunion durch die Nazis, weitere geheime Depots, die für den zukünftigen Vormarsch angelsächsischer Truppen unter General Patton und seine Armee im kommenden Dritten Weltkrieg von Nutzen gewesen sein könnten?

Gehörten dazu auch größere (Untergrund-) Anlagen, Flugplätze, Raketenrampen usw., die man, die SS, die Luftwaffe, das Heer mit russischen Kriegsgefangenen in einsamen Gebieten, der Steppe, in den Weiten Russlands heimlich aus dem Boden stampfte? Findet man ggfs. solche Bunkersysteme wie „Riese" oder „Olga" auch irgendwo im Osten, wie Ungarn, Rumänien, Bulgarien und natürlich in Russland, also auf den Vormarschwegen, die eine deutsch/amerikanische Armee unter Patton genommen hätte, wären sie in die Sowjetunion, ab Sommer 1945 aufwärts, einmarschiert? Wenn es solche verdeckten Plätze im späteren Ostblock gab, die von den Deutschen während des Krieges heimlich angelegt wurden, nutzten die Sowjets diese Anlagen weiter und sind ggfs. heute noch im Betrieb?

Geheime Militäreinrichtungen, Nachschubdepots, ein oder mehrere Soldatenerholungsheime usw., hat man ja in den 1930er Jahren aufwärts bereits auf dem Lateinamerikanischen Kontinent, wie Chile oder Argentinien eingerichtet, sowie auch am Nord- und Südpol, ggfs. auf dem afrikanischen Kontinent, Nord-Afrika, im britischen Südafrika, wohlmöglich auch in Australien oder Neuseeland und ggfs. inneramerikanisch, in den USA selbst.

Siehe auch die diversen Vulkane weltweit, dessen Blasen- und Höhlenbildung in der Umgebung für unterirdische Stützpunkte und zur Energieversorgung und das Geothermale Heizen genutzt wurde.

Gab es z.B. in Frankreich, Belgien, den Niederlanden, ggfs. in der Normandie, ab dem Jahre 1944, nach der Invasion, geheime Flugplätze, wo die „Verschwörer" unter General Patton, amerikanische, britische, freiwillige Piloten der West-Alliierten auf deutsche Düsenjäger und -bomber für den Dritten Weltkrieg ausgebildet haben könnten?

Auf erbeuteten Flugzeugen, oder absichtlich auf diese Plätze eingeflogene Maschinen, wie die Me 262, der Ar 234 Bomber oder andere deutsche Kolbenmotorflugzeuge?

Ungereimtheiten

So heißt es in dem Buch von Manfred Jurleit, „Strahljäger Me 262, Technikgeschichte":

„Helmut Kaden, Flugkapitän und Chefpilot der Serieneinfliegerei der Messerschmitt AG Neuburg, praktisch Hans Fays Vorgesetzter (der am 30. März 1945 mit der „711" zu den Amerikanern überlief, Anm.d.A.), vermutete später:

„Zu dieser Zeit rief der **Soldatensender Calais** Messerschmitt Piloten dazu auf, mit ihren Flugzeugen auf den bereits in alliierter Hand befindlichen **Flugplatz Lachen-Speyersdorf** zu landen. 50.000 Dollar Prämie, freier Überflug nach Amerika und freie Entwicklungsmöglichkeiten in Amerika wurden versprochen."

Zu dem Flugplatz Lachen-Speyersdorf heißt es bei Henry L deZeng, „Luftwaffe Airfields 1935-45:

Lachen-Speyerdorf (GER) (49 19 50 N - 08 12 50 E).
General: operational airfield (Einsatzhafen) later upgraded to an airfield (Fliegerhorst) 26 km SW of Mannheim in Rheinland-Pfalz, 6 km ESE of **Neustadt** and immediately SE of Speyerdorf near the village of Lachen-Speyersdorf.
History: in existence in 1917 as a training airfield. 1934 used for pre-flight glider training. 1939 now as an Einsatzhafen I (operational airfield, class I). An important wartime training airfield. Used as a civil/general aviation airfield after the war. Wartime Code name: "Bode". Allied code name: "Y 68".
Dimensions: approx. 1420 x 825 meters (1550 x 900 yards) and irregular in shape. Surface and Runways: **grass surface on sandy subsoil. No paved runway."**

Ein Landeplatz ungeeignet für einen Strahljäger, da keine betonierte Landebahn.

In dem U.S. Wright Field Bericht von Ernst Engländer über Hans Fays Flucht heiß es:

…
„He was Hans Fay, veteran Messerschmitt test pilot and technical inspector, with appr. 11.000 starts (80 in jet planes) to his credit.

Fay had waited a long time for an opportunity which came as a result of two factors: <u>the home town of his parents, near Lachen-Speyersdorf</u>, was at last in American hands, and second, 22 new jet planes which were in danger at capture in Schwäbisch-Hall were ordered to be flown Neuburg an der Donau ..."

War nun Lachen-Speyersdorf, wo es ein Flugplatz der Luftwaffe gab und heute noch als Zivilflughafen gibt, der Platz, wo „Defectors" ihre Maschinen überführen sollten?

Wohl eher nicht!

Ob die Meldung, dass der Soldatensender Calais deutsche Piloten aufgerufen hatte, Messerschmitt Piloten sollten mit ihrer Me 262 in Lachen-Speyersdorf landen, ist wohl eher ein Märchen. Wohlmöglich von Chef-Einflieger Kaden verbreitet, der verschleiern wollte, dass einer seiner Einflieger, Hans Fay gezielt seine Maschine nach Frankfurt Rhein-Main geflogen hatte.

Ob Hans Fay seine Eltern in diesem Ort nahe Neustadt an der Weinstraße hatte, ist unklar. Denn es gibt einen Kunstmaler mit dem Namen Hanns Fay (1888-1957), der in Neustadt an der Weinstraße wohnte, und der nach der Machtübernahme der Nazis Geschäftsführer der nationalsozialistischen Nachfolgeorganisation des Pfälzischen Kunstvereins wurde. Bilder aus jener Zeit, wie „Arbeitsmänner", „Fackelträger" oder „Bannerträger", entsprachen ganz dem Stil der braunen Machthaber.

Ob dies Verwandtschaft, gar der Vater ist? Oder ob diese Namensübereinstimmung und der Bezug zu den Nazis für eine Deckgeschichte missbraucht wurde, um eine schöne, plausible Geschichte („Plausible Deny-ability") parat zu haben?

Wer gab die Order, dass ein Einflieger von Messerschmitt einen „Strahler" nach Frankfurt/M. überführen sollte?

So heißt es in div. Quellen zu Hans Fay:

"With decreased range performance changing his plans, Fay flew along the Autobahn at 300-400 feet to Frankfurt and landed on the only open runway at Rhein- Main at 13.45 on 30. Febr. 1945. Allied troops only captured the field four days before.

Air Technical Intelligence (ATI) personnel led by Maj John Gette **welcomed the German jet, and immediately** began the initial exploitation of the Me-262.

The Army filmed the initial examination of Me-262A-1 Werk-Nr. 111 711 and photographed personnel climbing all over it. The troops <u>opened every access hatch and studied the aircraft as much as they could</u>, yet in order to obtain a **complete understanding of the jet's characteristics and potential usefulness** it had to be shipped to the United States. The aircraft <u>needed to go to Wright Field in Dayton, Ohio</u>, where Air Materiel Command had the Army's experts in foreign materiel exploitation. After the initial few days of examination at Rhein-Main, the Army took the first step to get the aircraft home to the United States. **On 2 April 1945**, the ATI personnel at Rhein-Main requested Mobile Repair Unit No. 4 from the 7 th Air Depot Group's

382d Air Service Squadron to come from airfield Y-34 at Metz, France **to take the Me-262 apart for shipment.**
…
The team finished their job by **16 April 1945**, when they photographed 711 in a disassembled state. In the coming weeks, the Army transported it to Rouen, France, where it departed Europe on 9 May 1945 aboard the Liberty Ship SS Madawaska Victory.
…
After Werk Number 111 711 arrived at Wright Field, a team from Air Materiel Command (AMC) re-assembled it, and by 29 August 1945, the aircraft stood ready for a test flight. Captain Russell E. Schleeh, a former B-17 pilot that became a leading test pilot at Wright Field's Flight Test Division, took the aircraft up for the first test flight.
(aus: "OBTAINING ME-262A-1 WERK NUMBER 111 711

Weiter heißt es:

„The arrival of Fay was like a miracle, since the only information about the Me 262 available to the Allies had come from agents, airmen and from wrecks. But now there was a factory fresh 262 in the hands of the US military. It was also a lucky chance (wirklich?, Anm.d.A.) that there where members of "Technical Intelligence" at the airbase. They took Fay and his plane under their care. Fay said later that he was treated correctly, with only an NCO taking his pilot's watch right after the landing.

US **Major Ernst Englander became Fay's main interrogator** over the next days. He informed the HQ of the US Strategic Air Force about the case. **General Spaatz** scheduled **for 2nd April a staff meeting** with the request to hold Fay nearby in case there would arise **questions from General Henry H. Arnold**. And, indeed, it occurred that the Army Air Force Commander in Chief **did talk with Fay in a suite at the "Ritz" Hotel in Paris**.
(Aus: indianamilitary.org/Freeman AAF)

Anmerkung:

Was besprach Gen. Arnold (der sich bei den U.S. P-61 Nachjägerbesatzungen über die „Foo Fighters" berichten ließ) im noblen "Ritz" in Paris mit dem Testpiloten Hans Fay? Konnte Fay englisch, sodass er für den Job als Überläufer ausgewählt wurde?

Wohlgemerkt: In einem Monat war der Krieg in Europa zu Ende! Die Me 262 stellte im April 1945 keine Gefahr mehr für die Alliierten dar, da zu wenige noch einsatzbereit waren und zumeist schon am Boden zerstört wurden.

"An exhausting time began for Fay. **He shuttled between Luxemburg, Paris and London**. For his interrogators Fay **emerged as a major source of technical details**. He even gave hints as to what the weak points of the jet plane were and how to attack it. But that was old news for the Allied pilots. Most 262's were shot down during take-off and landing. The Americans believed in his statement that his family was treated badly under the Third Reich system and therefore his decision to defect.

 Shortly after the landing began the disassembling of the plane. The 262 was shipped under **highest priority via Thionville (France) aboard a ship to the states**. On the **21 May 1945** the plane arrived at **the Wright Field for evaluation**. At Vandalia Airport, Ohio (nahe dem Örtchen Vandalia, 14 km entfernt von Dayton), the plane was **reassembled**. Russell E. Schleeh, as chief pilot or the Flight Test Division, was the first American pilot to take the Me 262 into the air on 29 August and 12 September."

Dazu der Hinweis:

"Messerschmitt Me 262 Werk-Nr.170 312 test flown by Otto Kaiser 1 October 1944, at Leipheim, 11:54-12:19. I./KG 51 A-2a, 15% damaged at Rhein-Main (Frankfurt) while manoeuvring for takeoff on 19 February 1945.

It was found there **disassembled 27 March, by US troops**. It may have been **shipped back to the USA aboard the Madawaska Victory** as a **source of spare parts** for 111 711."

Anmerkung:

Kurz nach Einnahme des Rhein-Main Gebietes durch die U.S. Armee, landet am 30. März eine Me 262 auf dem Frankfurter Flughafen und wird am 16. April versandfertig für eine Verschiffung über Rouen, Frankreich in die USA gemacht.

Die „711" (und die „312" als Ersatzteilespender, sowie möglicherweise anderes deutsches Beutegut, das für einen weiteren Krieg interessant für die „Abtrünnigen" gewesen sein könnte?) kommen auf das „Fast Merchant Ship" „Manawska Victory", die mit voller Kraft voraus schon Mitte Mai 1945 in den USA eintrifft.

Die absichtlich an die U.S. Armee übergebene Me 262 kommt am 21. Mai 1945 in Wright Field an und wird auf dem „Vandalia Airport" sofort zusammengebaut.

Und erst am 29. August 1945 soll ein erster Testflug stattgefunden haben?

Wer flog vor Capt. Russell E. Schleeh die „262", eventuell schon im Mai 1945 auf dem Vandalia Flugfeld?

Hans Fay selbst oder ein anderer Pilot mit deutschem Hintergrund? Wurde tatsächlich ein, in Englisch verfasstes Handbuch erstellt, damit U.S. amerikanische Piloten die Maschine beherrschen konnten?

Wie gesagt, „Wright Field" ist kein Ort, wo man die Wahrheit findet, wie die gefälschten „MJ-12" Berichte sehr gut verdeutlichen.

Man schien sehr schnell erpicht darauf gewesen zu sein, eine flugfähige Messerschmitt Me 262 noch vor Kriegsende im Mai 1945 in den USA zur Verfügung zu haben, sie dort technisch, wie fliegerisch auswerten zu können, um daraufhin entsprechende Handbücher zur Wartung und zur Bedienung, sowie zum Flugverhalten des „Strahlers" zu erstellen.

Damit U.S. Piloten mit der Me 262 in einem weiteren Krieg in Europa sowjetische Flugzeuge bekämpfen konnten? Alles nur wieder eine reine Verschwörungstheorie des Autors?

Wo sollten eigentlich Strahlbomber, wären sie in einem Dritten Weltkrieg zum Einsatz gekommen, wie die Arado Ar 234, die Heinkel He 343 (die die Russen nachbauten), die Junkers Ju 287 oder das EF-132 (auch in Russland realisiert), sowie die Horten Nurflügler oder der Ho VIIII Strahlbomber, produziert werden? Auch in geheimen, großen U-Anlagen? Wo waren diese zu finden?

Amerikanische Spezialisten versuchten schon während des Krieges an erbeutete, oder abgestürzte deutsche Flugzeuge zwecks technischer Auswertung zu gelangen. Der Geheimdienst der USAAF schickte mehrere Gruppen der „Air Technical Intelligence" nach Europa, um feindliche, deutsche Flugzeuge ausfindig zu machen.

Die Operation lief unter dem Namen „Operation Lusty" – **Lu**ftwaffe **S**ecret Technolog**Y**.

Könnte es ein geheimes Training, eine geheime Ausbildung alliierter Piloten auf der 262 z.B. in Frankreich gegeben haben? Durchgeführt gegebenenfalls von Mitgliedern der „Air Technical Intelligence", ATI, die auf der „Technical Intelligence School" auf dem Wright Field in Ohio, USA ausgebildet wurden?

Wright Field oder später Wright Patterson AFB ist ja bekannt für Machenschaften auch im Zusammenhang mit „fliegenden Untertassen" und anderen geheimnisvollen Vorfällen.

Es soll ja den Hinweis von Gen. Patton gegeben haben, der von einer langen Rollbahn in Frankreich spricht. Ein verdeckter Hinweis, dass die Amerikaner in Frankreich evtl. bestimmte Geheimoperationen durchführten (im Zusammenspiel mit eingeweihten deutschen Kräften)?

Hätte man von den Flugfeldern in Frankreich, die die Luftwaffe nutze, wie z.B. Juvincourt, wo u.a. das Kampfgeschwader KG 51 im August 1944 mit Me 262 A-2 Schlacht Schnell Kampf Bombern, oder das Einsatzkommando Schenck mit Me 262 Aufklärern lag, überführte „Strahler" auf einen geheimen Platz in der Normandie oder nach Süd-Frankreich abzweigen können? Ein weiterer Luftwaffenplatz war Chateaudun, südwestlich von Paris, wo auch Me 262 A-2 des KG 51 lagen.

Kommandoaktion

Was ist von dieser Aussage zu halten?

„In **late 1945**, General George Patton made a **deep penetration beyond Russian lines to Peenemünde**, to retrieve or destroy all the electric disc technology, rocket technology, and related technology, so the **Russians wouldn't get it** - at least from that source - and among the things found by Patton, was 200 celestial guidance systems for German flying discs, which were stored deep underground in a salt cave (Kohnstein, Harz?, Anm.d.A.). Patton was ordered to destroy the systems, which really made him mad, but he didn't know that our intelligence and the corporations already had all the duplicate files on these weapons and developments. The Germans had around two large stashes of these files, and we got them both. This trip by Patton - in which saucer-hunting intelligence officers posed as tank commanders (innerhalb Truppenübungsplatz Böhmen?, Anm.d.A.) - has now been completely purged from all war histories available to the public, and the entire incident classified, although I read about it in 1957, and discussed it with my co-workers in Air Force Intelligence."

Aus: William R. Lyne, Author of "Space Aliens From the Pentagon".

Anmerkung:

Hatte Patton und seine Armee im Harz, sowie im „AWO-Gebiet" spezielle Ausrüstung vernichten lassen, die mit Raketen und Flugscheiben in Verbindung stand? Gehörte dazu auch alles, was das „Elektromagnetische Spektrum" betrifft, also elektrostatische und elektromagnetische Flugkörper, die ja bis heute aus der offiziellen Welt herausgehalten werden, „komplett aus der Kriegshistorie gesäubert"? Hätte Patton, bzw. ein Stoßtrupp bis nach Peenemünde auf der Insel Usedom vordringen können, um dort Sabotageakte durchzuführen, um geheim zu haltende Technologie zu zerstören, oder in den Westen, in den Besitz der „Verschwörer" zu bringen?

Eine andere Geschichte, die davon handelt, brisantes Geheimmaterial aus der Sowjetisch besetzten Zone in den Westen zu verbringen ist aus dem Buch „Hitlers Suppressed and Still-Secret Weapons . . . , Henry Stevens, AUP, 2007 entnommen:

„Am 13. Oktober 1945, mehr als fünf Monate nach Kriegsende, unterrichtete die französische Botschaft in Prag den tschechoslowakischen Außenminister, dass ein SS-Offizier in einem französischen Internierungslager ihnen Informationen über ein Versteck mit Geheimdokumenten verriet, das sich in der Nähe von Prag befand.

Dieses unterirdische Depot lag in einem Tunnel, dessen Eingang gesprengt worden war und worin 32 Kisten lagerten, die mit Sprengfallen gesichert wurden.

Die Franzosen boten den Tschechen ihre Dienste an, sowie die Informationen, die ihnen ein gewisser **Günther Achenbach** mitgeteilt hatte.

In Frankreich wartete man über einen Monat, aber die Tschechen gaben keine Antwort.

Irgendwie bekamen die Amerikaner Wind von der Sache. Am 13. Februar 1946 rückte ein Stoßtrupp in die CSSR ein, mitten hinein in den sowjetischen Einflussbereich, holten die brisanten Kisten heraus und konnten unerkannt wieder in den Westen, ins besetzte Deutschland zurückkehren.

Die Tschechen waren natürlich wütend und forderten die gestohlenen Dokumente zurück.

Die Amerikaner gaben tatsächlich einige Dokumente wieder zurück aber wahrscheinlich nicht jene sensitiven Papiere und Mikrofilme, die sie zuvor in einer Nacht und Nebelaktion entwendet hatten."

Anmerkung:

Wer war Günther Achenbach?

Er wird im Zusammenhang mit einem Telgramm erwähnt:

```
...UNNEN (00214) ("STOP MIT"), 3 R
FÜR WSA WIE BLITZ, WEIMAR
...Alle in Berlin, wer ist Dipl. Achenbach?
Zu Canaris + ...Meine Sachen nach Burow!
...LACHTBERG...Reitsch...DIETRICH SEPP
Chance für uns/
...WUNSCH DEUTSCHLAND!!!
```

War Dipl.-Ing. Achenbach ein SS-Ingenieur, der evtl. für den Kammlerstab in Pilsen arbeitete?

Für was wird Deutschland beglückwünscht?

Wusste Dipl.-Ing Achenbach, genauso wie Direktor Wilhelm Voss von den Skoda-Werken, dass in der Umgebung des Werkes in Pilsen hoch brisante Dokumente, diverse Mikrofilme über die Forschungen der „Denkfabrik" von Kammler irgendwo gut versteckt, lagerten?

Wer holte diese Dokumente, Blaupausen, Mikrofilme in den Westen?

Holten die „Abtrünnigen" um General Patton, der aber zu diesem Zeitpunkt schon (ge-)verstorben (wurde) war, verdächtiges Material zumindest aus Europa heraus, da die Angriffpläne auf die UdSSR wertlos geworden waren?

Oder waren es vielmehr reguläre U.S. Truppen, die im Auftrag gewisser Militärs und Geheimdienste kompromittierendes Material vor der Entdeckung aus der Öffentlichkeit entfernten?

Geheimes Material und Dokumente zu vernichten, es kommenden Generationen, interessierter Forscher und Historiker zu entziehen, die alle daraus entnehmen hätten können, dass gewisse Forschungen der SS bei Skoda im „Protektorat" vielleicht gar nicht alleine Hitler-Deutschland gedient haben, sondern den Alliierten, insbesondere den USA (und ggfs. deren rechtsgerichtete Kreise und deren Pläne einer Neuen Weltordnung), die dann tief verstrickt in die Verbrechen des Zweiten Weltkrieges wären. Auch und insbesondere in den Holocaust!

Der U.S. Autor Henry Stevens, mit dem der Autor dieses Buches im Rahmen des „German Research Projects" zusammenarbeitete, stellte fest, dass die U.S. Armee von den Verstecken in der CSSR wusste. Henry konnte einen Geheimdienstbericht der „United States Strategic Air Force in Europe, Office of the Assistant Chief of Staff A-2 Exploitation Division APO 033" vom 29. Juli 1945 ausfindig machen.

Leider war der Bericht total „redacted", geschwärzt. Nur die ersten paar Sätze und einiges aus dem letzten Absatz waren lesbar.

Autor Henry Stevens publizierte die lesbaren Sätze vom letzten Paragraph:

„4. Investigation should be undertaken of report that microfilms of **2 ½ million Skoda drawings** had been hidden in **three caves** immediately east of SRBSKO (L-5863) in the event that Ordnance personnel are not satisfied with completeness of previous investigation."

Insert

In dem „British Intelligence Sub-Committee Report , No. 142 wird über die Auslagerung geheimer Mikrofilme berichtet:

„Eine Abteilung zur Mikro-Verfilmung von wichtigen technischen und politischen Dokumenten wurde in Berlin unter der Leitung von Oberst Sauer eingerichtet, der sein Büro in der Potsdamer Straße 88 hat.

Sauer stand unter der Aufsicht von Speers Ministerium, aber er kopierte auch alle wichtigen Papiere des RSHA der SS. Nach den ersten schweren Bombenangriffen auf Berlin wurde beschlossen, drei oder mehr Sätze der mikroverfilmten Dokumente an verschiedenen Lagerstätten, möglicherweise auch in Süddeutschland, zu verstecken.

General Ing. Hermann und Oberst Diesing vom RLM waren für die Verlagerungsmaßnahmen zuständig.

Manfred von Brauchitsch war verantwortlich für den Abtransport des Filmmaterials.

Oberst Knemeyer und Oberst Geist, die zusammen mit Sauer und dem Leiter des „Beschaffungs- und Rüstungslieferungsamts des Heeres" tätig waren, hatten Kenntnis über den Verbleib des einen oder anderen Versteckes.

This information has been passed to Air Intelligence and they are dealing with the matter."

-Ends-

Wo liegen all diese Mikrofilme heute und werden sie aus U.S. Geheimarchiven je wieder das Licht der Öffentlichkeit erblicken?

4. Kapitel

„Bonjour Monsieur le Redacteur! Ich möchte eine Suchanzeige aufgeben . . . !"

Der zuständige Sachbearbeiter der kleinen französischen Lokalzeitung „Le Vernonnais Chronique" schaute etwas genervt den gut gekleideten Mann vor ihm an:

„Ecoute! Wir haben hier gerade Hochbetrieb! Alle Redakteure sind im Außeneinsatz ... Ich muss den Laden hier ganz alleine schmeißen ... !"

„Was ist denn passiert ... ?", fragte der Kunde neugierig und lächelte.

„Hier oben in der Normandie ... Die Außerirdischen ... Sie fliegen hier herum und beobachten uns ... Vielleicht ist es eine Invasion ... !", keuchte der Nachrichtenmann ganz aufgeregt.

„Fliegende Untertassen ... Hier bei uns in Nord-Frankreich? Das ist ja fantastisch!"

„Qui, qui! Sie finden das auch, nes pas? Das wird die Sensation des Jahres 1954! Ich kann Ihnen sagen."

Dann holte der Redakteur einige Zeitungsexemplare aus einem Ablagefach hervor und zeigte dem Kunden am Schalter die Zeitungsmeldungen, die von den gesichteten „UFOs" handelten:

"SOUCOUPES VOLANES DANS LA CIEL DE VERNON"

Evreux, 24 Aout (AFP) - Des engins mystérieux auraient été aperçu par plusieurs persans nés dans la ciel Vernon (Eure) au cours de la nuit de dimanche a lundi.

...

Fliegende Untertassen am Himmel von Vernon

„Evreux, 24. August 1954 (AFP) - Geheimnisvolle Flugzeuge wollen mehrere Augenzeugen am Himmel von Vernon (Eure) in der Nacht von Sonntag auf Montag gesichtet haben.

Der Sohn eines Einzelhändlers der Stadt behauptet, dass er ganz deutlich, so gegen 1 Uhr in der Nacht, über der Seine ein längliches, rot glühendes Objekt, das einer Zigarre ähnelte, beobachtet haben will. Gemäß seiner Aussage schwebte das Objekt bewegungslos in niedriger Höhe über Grund. Es war absolut still, kein Geräusch war zu hören.

Von dem merkwürdigen Flugobjekt löste sich plötzlich eine Fliegende Untertasse, die der Augenzeuge äußerst präzise beschreiben konnte:

„*Das Objekt hatte die Form einer Scheibe mit einer Kuppel auf der Oberseite, umgeben von einer hell erleuchteten, flammenden Corona.*"

Die Flugscheibe wurde von der „Zigarre" abgetrennt, fiel zuerst senkrecht nach unten und versuchte dann im horizontalen Flug über eine der Seine-Brücke zu fliegen. Aber das Objekt fing plötzlich an sich schnell um die eigene Achse zu drehen, schoss nach oben und verschwand augenblicklich aus dem Blickfeld des Mannes. Die Scheibe wurde derweilen durch eine andere ersetzt, die ebenfalls von der Fliegenden Zigarre abgeworfen wurde.

Der merkwürdige Vorfall mit den rotierenden Flugobjekten dauerte fast eine dreiviertel Stunde an.

Die Sichtungen wurden von mehreren Personen bestätigt, darunter ein Chemiker des dortigen **„Laboratoire de Recherches Balistiques et Aérodynamiques", LRBA**", einem Forschungslabor der französischen Armee. Der Ingenieur konnte die geheimnisvollen, leuchtenden Flugobjekte beobachten und kam, gemeinsam mit einem anderen Augenzeugen, der ihn begleitete zu dem Schluß, dass die Objekte nichts anderes, als Fliegende Untertassen gewesen sein konnten."

Der Kunde am Schalter las aufmerksam den französischen Zeitungsartikel und musste grinsen.

Diplom-Ingenieur Markus Breuer lebte nun schon einige Jahre hier in der Normandie, in der Nähe des „LRBA" und konnte sich noch gut erinnern, wie er hier her, nach Frankreich kam:

„Markus ... Markus! Die Franzmänner kommen!"

Dipl. Ing. Breuer schreckte von seinem Liegestuhl auf und schaute in die Richtung, wo man plötzlich dröhnende Motorengeräusche wahrnehmen konnte.

Es war April 1945 hier unten in Friedrichshafen am Bodensee, in der Nähe des Zeppelinwerkes und der Außenstelle in Oberraderach.

Die Sonne schien. Die Vögel zwitscherten. Es war eine angenehme Stille draußen, in der unberührten, friedlichen Natur. Breuer hatte seine Sonnenbrille aufgesetzt und es sich auf seinem Liegestuhl bequem gemacht.

Einige amerikanische, sechsrädrige M-8 Spähpanzer mit französischen Markierungen der „2. Sqadron des Regiment de Marche de Spahis Marocains" fuhren langsam durch einen ruhiges, friedlich daliegendes Dörfchen in der Nähe des Bodensees. Einige gefährlich und grimmig aussehende schwarzhäutige Marokkaner liefern, nach allen Seiten sichernd, neben den langsam dahin kriechenden Fahrzeugen her.

„Schau mal, Papi! Sind das etwa Neger? Die schauen so komisch aus."

Breuer erhob sich von seinem Liegestuhl und schaute die abschüssige Wiese hinunter, wo gerade einige dieser schwarzhäutigen Soldaten der marokkanischen Einheit den Hang hinauf gehechtet kamen, die Waffe bedrohlich im Anschlag.

„Na, Prost Mahlzeit! Auch das noch!"

Breuer schreckt aus seinen Gedanken auf, als gerade eine aufgeregte, leicht gehetzt wirkende ältere Dame in die Geschäftsräume der Lokalzeitung hinein gestürmt kam.

„Madame Dubarry! Quoi de neuf? Was ist los?"

"Die Untertassen . . . Hoffentlich verfolgen sie mich nicht . . . !"

„Haben Sie wieder eine gesehen, Madame Dubarry?", grinste der Chef-Redakteur.

„No, no . . . On ne sait jamais . . . Man kann ja nie wissen!"

„Manche scheinen richtig anzufangen, hysterisch zu werden, nur weil sie etwas Ungewöhnliches am Himmel beobachtet haben. Andererseits . . . Diese verdammte Geheimhaltung . . . !", überlegte Breuer und wollte die alte Dame beruhigen.

Die war aber schon wieder auf die Straße gelaufen und davon geeilt.

Markus Breuer und der Zeitungsmann lachten und Breuer konnte endlich seine Anzeige aufgeben, wegen der er eigentlich hier war.

Nachdem der Text aufgegeben worden war, meinte der Redakteur noch:

„Hoffentlich hört das mit den komischen Dingern bald auf, sodass ich wieder meine normale Arbeit hier bei dem Blatt machen kann. Zuviel Aufregung ist auch nicht gut, nes pas?"

„Morgen ist alles vorbei!", lachte Breuer und verabschiedete sich.

„Ihr Wort in Gottes Gehörgang!"

Ingenieur Breuer war sich absolut sicher, dass morgen alles vorbei war. Er schwang sich in seinen nagelneuen Peugeot und düste raus, zum Gelände der LRBA, den „Laboratoire de Recherches Balistiques et Aérodynamiques", das mitten in einem Waldstück, schön abseits der Zivilisation gelegen war.

Dipl.-Ing. Breuer, der unter Wernher von Braun an dem A-4 gearbeitet hatte, wollte heute noch einige Kleinigkeiten zur Startvorbereitung für den morgigen Tag vornehmen, bevor er für heute Feierabend machte.

„Die dreieckigen Seitenflossen sollten nochmals kontrolliert werden, wegen der Befestigung der Startseile . . ."

Ingenieur Breuer erinnerte sich noch gut daran, wie er und ein Kollege diese Flossen in Karlshagen entworfen hatten. Später ging Breuer weg von der Gruppe um Wernher von Braun, um sich einer Konkurrenzmannschaft anzuschließen, die eine neue, weitreichende Rakete im Eilverfahren entwickeln, konstruieren und bauen sollte.

Eine große Herausforderung, die sich auch Markus Breuer stellen wollte.

Breuer hatte damals den Ergeiz gepackt, zusammen mit seinen hoch motivierten Kollegen und dem neuen Macher und Erfinder der Fernrakete, besser zu sein, als das von Braun Team.

Jetzt, im Nachhinein glaubte Ing. Breuer, dass sie es geschafft hatten! Ihre Rakete war besser, schneller und flog weiter, als alles, was von Braun bis dato entworfen hatte!

„Ja, wir waren gut! So verdammt gut, dass nach dem Krieg alle scharf darauf waren, unsere Rakete fliegen zu sehen . . . ! Besonders die Russen. Zum Glück konnte ich mich rechtzeitig in den Westen, an den Bodensee absetzten."

Da kam gerade ein Mann den Flur entlang geschlendert und sagte zu Breuer, den er im halbdunkel des Büros bei der Arbeit zuschaute:

„Na, Markus! Noch fleißig?"

„Ja, Wolfgang. Der Seilstart morgen soll doch einwandfrei ablaufen, oder?

„Klar doch! Ihr habt ja bei dem Schulz lange dafür geübt . . . !", meinte Wolfgang, lachte und meinte fröhlich: „Ich mach schon mal Feierabend. Arbeite nicht mehr solange, Herr Ingenieur von der Wunderrakete . . . !"

„Was ist eigentlich mit dem Test?"

„Der mit den kleinen Aufklärungsscheiben?"

„Ja. Rotierende Flugkörper machen doch immer wieder Probleme, oder?

„Sei froh, Markus, dass du damals nicht zu der Sondergruppe gewechselt bist. Dann hättest du heute die Probleme . . . !"

„Macht deine Veronique, das Biest, denn keinen Ärger?"

„Du weist doch, Breuer . . . Willst du ein schönes Leben haben oder eine schöne Frau?"

Markus Breuer winkte ab.

Lachend und pfeifend ging der Mann weiter zum Ausgang, meldete sich beim Pförtner ab und fuhr nach Hause.

Am nächsten Morgen:

„Lassen wir die Raketen nach dem Start wieder abkippen und unkontrolliert in den Wald einschlagen?", lächelte einer der umstehenden Mitarbeiter. „So wie damals, bei dem hochherrschaftlichen Herrn von Braun?"

Breuer lachte:

„Um Gottes Willen! Da werden unsere französischen Freunde aber sehr böse werden, wenn wir ihren schönen Wald abfackeln!

Nein, wir binden unsere Rakete, wie gehabt, natürlich wieder fest. Wie immer im Fesselflug in der Startphase. Das übliche Holzkreuz am Boden mit vier 60 m langen Stahlseilen an den Flossen, die durch eine zentrale Kabelrolle am Boden in der Startphase abgewickelt werden.

Erst wenn die Rakete eine bestimmte Höhe erreicht hat, sprengen wir die abgespulten Führungsseile ab, samt Holzkreuz . . . !"

„Ja, aber unsere Filmaufnahmen damals, in Peenemünde . . . Sogar teilweise in Farbe mit Agfa-Color gefilmt, da haben wir unser Aggregat-4 vor der Kamera voller Absicht in die umgebenden Wälder von Usedom krachen lassen!"

„Wieso das denn?", grinste Breuer.

„Für die Spione und die feindlichen Bildauswerter, die glauben sollten, unsere schöne V-2 funktionierte nicht richtig und stellt so schnell keine Gefahr für die Alliierten dar! Eine wunderbare Desinformations-Maßnahme, die am Anfang auch wunderbar geklappt hatte!", erinnerte sich einer der ehemaligen Mitarbeiter von v. Braun. „Wirkt auch später noch, um zu rechtfertigen, dass wir jahrelang nur an der V-2 herumgebastelt hätten, bis sie endlich fertig und einsatzbereit war. Das A-4 war ja viel früher einsatzklar, sodass ihr und der Schulz euer Projekte ungestört von der Öffentlichkeit und den Spionen ausführen konntet! Waren wir nicht nett zu euch?"

„Nett wart ihr, weil die SS und der SD es so wollten. Eine Kriegsfinte, die ganz gut funktioniert hatte. Hat ja auch bei der A-8 gewirkt, oder?"

„So ist das nun mal im Krieg. Alles nur Tarnung und Täuschung . . . !"

Breuer nickte und kontrollierte noch einmal die Kabelführung, da ja nichts verheddern konnte. In 10 Minuten starten wir . . . !", rief er und seine Mitarbeiter machten sich bereit.

An den Kollegen gewandt, meinte Ingenieur Breuer:

„Später haben dann mehrere Fremdarbeiter beobachtet, wie wir es richtig machten, das mit den Seilen und so. Die Kerle haben es zuerst brühwarm dem kommunistischen Widerstand weiter erzählt. Bis dann auch die Alliierten in England und Amerika es kapiert hatten!"

„Jetzt macht der Pils dasselbe mit seiner Veronique! Ob der jede Frau vorher fesselt?", kicherte der Kollege und schlich sich von dannen.

Am 15. März 1949 entschied die französische DEFA („Direction des Etudes et Fabrication d' armement) eine Studie für eine „Soundig Rocket", eine Forschungsrakete in Auftrag zu geben.

Der Begriff „*Soundig Rocket*" bezeichnet eine mit Instrumenten bestückte Forschungsrakete, die Experimente im sub-orbitalen Bereich (50 bis 1.500 km Höhe) durchführen kann.

Der Ausdruck „Sound" kommt aus dem Nautischen „to sound", was bedeutet, dass man, um die Wassertiefe besser messen zu können, ein beschwertes Seil, eine „Sonde" ins Wasser warf.

Einige Monate später begann das LRBA in Vernon in der Normandie mit den Arbeiten an dem „Projekt 4213".

Zwei Versionen wurden hergestellt: die „Veronique-N" und die „Veronique-NA"

Die „Veronique-N" wurde während der ersten 60 m des Starts durch ein Kabelsystem stabilisiert.

Abb.:

„Projekt 4213", „Veronique" - **Ve**rnon et electr**ique** – wurde durch eine Drahtsteuerung durch vier 55 m Kabel, die an den Flossen befestigt waren, stabilisiert und gestartet.

Die Seile sind an einem Holzkreuz befestig, das unten an den vier Heckflossen absprengbar montiert ist.

"Four cables, attached to outriggers mounted on the fins and to a drum located beneath the launch pad, unwind when the rocket ascends."

Vier Kabel, verbunden an Auslegern, die an den Flossen und einer Kabelrolle unterhalb des Startgestells befestigt sind, werden abgerollt, wenn die Rakete aufsteigt.

„*These cables stabilize the Veronique until sufficient velocity is attained to unsure that aerodynamic fin stabilization is present. At a predetermined altitude (about 180ft, 60 m) explosive bolts are ignited by a timer and the outrigger separates.*"

Diese Kabel stabilisieren die Veronique Rakete, bis eine ausreichende Startgeschwindigkeit erreicht und eine aerodynamische Ruderwirksamkeit vorhanden ist. In einer vorbestimmten Höhe von ca. 60 m trennen Sprengbolzen die Ausleger von der Rakete.

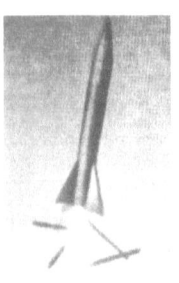

Abb.:

Die aus Holz bestehende Befestigungskonstruktion wird nach dem Start abgesprengt. Wurde ein solches System auch schon bei der „Schulz-Kegelrakete" verwendet?

Abb. rechts: Französische Veronique Rakete noch mit Flossen, wie bei A-4.

Die ägyptische Al Zafir, getestet in Wadi al Nadrun, verwendete ebenfalls dieses Kabel-Stabilisierungssystem bei der Startphase.

Abbildungen:

Ägyptische Al Zafir (Victor/Gewinner) startet an vier einzelnen Seilen, die die Rakete beim Aufstieg stabilisieren, damit sie nicht umkippt.

Spätere Al Zafir Versionen verwendeten dagegen ein einfacheres Kabel-Stabilisierungs-System mit nur einem 60 m Kabel, befestigt am Heck der Rakete, um einen instabilen Flug in der Anfangs-Startphase zu verhindern.

Bleibt die Frage offen, ob Peenemünder Ingenieure schon vor oder im Krieg diese Art der Stabilisierung während des Starts angewandt hatten.

Wenn ja, wird es vertuscht. Denn es werden ja bis heute Filmaufnahmen präsentiert, die u.a. ein A-4 zeigt, das beim Start entweder gleich vom Starttisch fällt oder unkontrolliert, wenige Meter über Grund durch die Luft saust, um dann am Boden oder in Bäumen zu zerschellen.

Warum sollte man also nicht bereits in Peenemünde in den 1940er Jahren angedacht haben, eine V-2 an 50 - 60 m langen Kabeln aufsteigen lassen, bis durch eine entsprechend hohe Startgeschwindigkeit die vier Flossen am Heck genügend aerodynamischen Druck durch den Luftstrom erfahren hatten, um den weiteren senkrechten Aufstieg der Rakete zu stabilisieren?

Sollten die Fehlstarts unter anderem suggerieren, dass das A-4 noch nicht durch entwickelt war und sich ein Kriegseinsatz verzögerte?

Möglicherweise hatten später beim Start von mobilen Abschussrampen, wie dem Meilerwagen, im Feld ebenfalls Raketen Probleme beim Start, da sie nicht genügend Anfangsschub produzierten, um senkrecht aufzusteigen, also "Kurzschluss" hatten.

Ob hier ebenfalls an ein Kabelsystem zur Stabilisierung gedacht wurde, oder ob aufgrund der Kriegslage und des schnellen, überhasteten Einsatz darauf verzichtet wurde? Oder wurden die internen Gyroskope, die Kreiselgeräte so weit verbessert, dass durch eine schnellere Rotation des Kreiselgerätes eine ausreichende Stabilisierung der Rakete gewährleistet war. Bessere und größere Gyroskope hatten aber den Nachteil, zusätzliches Gewicht zu produzieren, was die Rakete schwerer machte und die Reichweite und die mitgeführte Nutzlast schmälerte.

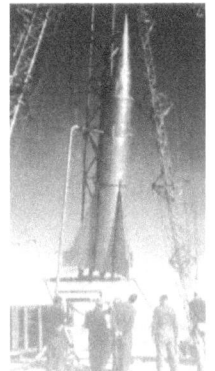

Eine Möglichkeit, einen unstabilen Start zu vermeiden, besteht darin, eine entsprechende Rakete schon beim Start in Rotation zu versetzen.

Siehe hier die Kegelraketen, die aufgrund des kegligen Hecks auch ohne Flossen auskommen und leichter in eine Drehbewegung, in eine Drall-Stabilisierung versetzt werden konnten.

War dies mit ein Grund, solche stabileren, neuen Formen einer Rakete zu entwickeln und zu erproben?

Siehe auch, dass die französischen und ägyptischen Peenemünder Nachkriegsprojekte wesentlich kleinere Flossen am Heck hatten, so wie die Kegelraketen, was auf keine große Ruderwirksamkeit mehr hindeutet. Deshalb die Kabel-Stabilisierung.

Eine Kegelrakete startet erst relativ langsam, bevor sie in größeren Höhen an Geschwindigkeit zunimmt (s. Aussage in „Die Welt" Artikel von 1957).

Wurden vier Kabel an die kleinen Flossen einer Kegelrakete angebracht, um bei einem langsamen Start ein Abkippen und instabilen Flug zu vermeiden? Weil die kleinen Flossen, die wahrscheinlich nur für die Startphase von Nöten waren.

Insert

Aus Wikipedia:

Die Ursprünge des **LRBA** reichen an das Ende des Zweiten Weltkriegs zurück, als der französische Staat die Möglichkeit hatte, im Bereich der Raketen mit flüssigem Treibstoff zu forschen. Grundlage hierfür war die Mitarbeit **von deutschen Raketentechnikern**, die in **Peenemünde bis zum Kriegsende an der A-4** (V-2) (und vielen anderen Projekten, die die Propaganda bis heute erfolgreich vertuschen konnten, Anm.d.A.) gearbeitet hatten.
...
Zwei Arbeitsgruppen sollten gebildet werden: eine für den Raketenantrieb unter der Leitung von Otto Müller und eine für die Raketensteuerung unter der Leitung von Rolf Jaunernik. Müller und Jauernik hatten dabei die Freiheit, ihre deutschen Mitarbeiter selbst auszuwählen.

Ein Großteil der Mitarbeiter wurde Mitte Mai 1946 eingestellt, nachdem sie ihre Arbeit für die Außenstelle des britischen Ministry of Supply in Cuxhaven(MOSEC) beendet hatten.

Da es für Flüssigkeitsraketen noch keine Labors und Teststände in Frankreich gab, arbeiteten die deutschen Techniker zuerst in Emmendingen, in der französisch besetzten Zone Deutschlands, sowie in den benachbarten Orten Riegel am Kaiserstuhl und Denzlingen.

Inzwischen wurde General Paul Libessart, ein Ingenieur, von der Direction Des Etudes Et Fabrications D'Armement (DEFA) beauftragt, einen geeigneten Standort für Forschung und Entwicklung zu suchen. Schließlich fand er in der Nähe von **Vernon in der Normandie** etwas Passendes: ein derzeit ungenutztes Fabrikgelände in Staatsbesitz, **mitten im Wald gelegen**, **mit nur einem einzigen Zufahrtsweg** und dennoch nicht allzu weit von Paris entfernt.

Am 17. Mai 1946 wurde mit dem Dekret 46-1089 das „Laboratoire de Recherches du Service Technique" gegründet, das am 31. Juli 1946 in „Laboratoire de Recherches Balistiques et Aérodynamiques (LRBA)" umbenannt wurde. Der erste Direktor war Libessart selbst. Die Verwaltung des LRBA befand sich in der Sully-Kaserne in Saint-Cloud. Außer Vernon waren noch weitere Standorte dem LRBA zugeordnet: ein Labor in Saint-Louis, aus dem später das „Deutsch-Französische Forschungsinstitut" hervorging, mit einem Versuchsgelände in der

Nähe von Mühlhausen, das technische Versuchslabor ETVS in Versailles-Satory, das Ford de la Briche bei Paris.

Im April 1949 wurde diese Organisation zerteilt und nur der Standort Vernon behielt die Bezeichnung LRBA.

Zu den Raketentechnikern in Vernon gehörten neben Müller und Jauernick auch Karl-Heinz Bringer, der später das Viking-Triebwerk der Ariane 1 entwickelte, **Rolf Engel**, Helmut Habermann und **Wolfgang Pilz**. Neben den beiden Abteilungen für Antrieb und Steuerung wurde bald eine dritte eingerichtet, die sich um die Aerodynamik im Überschallbereich kümmerte. Hierzu wurde auf dem Gelände bald ein Überschall-Windkanal errichtet."

Anmerkung:

Das gut abgeschirmte Gelände wurde wohl auch zur Erprobung exotischer Fluggeräte, wie die „Fliegende Zigarre", die 1954 bei Vernon gesichtet wurde, mit einbezogen. Ob dort bereits nach dem Krieg auch deutsche Experten elektrostatische und elektromagnetische Flugkörper den Franzosen vorführten, wird wohl immer ein Geheimnis bleiben.

Später könnte der amerikanische Offizier und Wissenschaftler Thomas Townsend Brown hier beim LRBA, nördlich von Paris ebenfall seine „EHD-Flugkörper" vorgeführt haben, die die Franzosen ggfs. in Lizenz von Lockheed(?) nachbauten.

Im Jahre 1960 gingen der ex Penemünder Ingenieur Wolfgang Pilz (geb. 4. September 1911, gest. 1. April 1994) Paul Görke und Wolfgang Kleinwächter nach Ägypten und entwickelten auf der Basis der ersten französischen Raketen, sowie der „Wasserfall", eine Rakete für Nasser.

Die „Al Kaher-1" war eine einstufige, ungelenkte Flüssigtreibstoff-Rakete, die auf der französischen „Veronique" basierte.

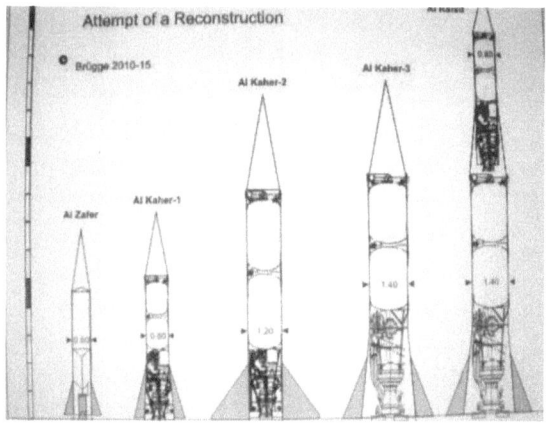

Die Rakete verwendete entweder den Antrieb der ehemaligen „Wasserfall" Flak-Rakete, oder den französischen Antrieb der „EOLE-Rakete".

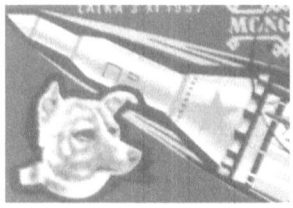
Davon abgeleitet war die Al Kaher-3, eine einstufige ungelenkte Rakete, dessen „Mock-up" wie eine abgewandelte deutsche V-2 aussah, mit 1,40 m Durchmesser, aber kürzer als die deutsche Rakete. Sie besaß einen A-4 „Ofen". Auffällig war die sich nach unten ausdehnende **Schürze am Heck**, oberhalb des Triebwerkes, sowie **vier feste Flossen**.

Abb.:

Welche Rakete zeigt die mongolische Briefmarke? Beachte die sich nach unten ausdehnende Schürze, die das, oder die Triebwerke umschließt. Auf der Briefmarke ist evtl. ein „bikonischer" Wiedereintrittskörper abgebildet.

Gab es bereits während des Krieges ein ähnliches deutsches, Peenemünder Projekt, auf das Wolfgang Pilz in Ägypten zurückgreifen konnte?

Die ägyptische Rakete auf dem Tieflader hat dagegen eine „Schnelle Spitze", wohlmöglich schon für den ägyptischen Verbündeten (Konflikt mit Israel) freigegebene Raketen-Technologie aus der Sowjetunion, die wiederum auf Entwicklungen aus Deutschland aufbaut.

Die ägyptische Al Kaher-2 soll eine einstufige, ungelenkte Flüssigtreibstoff-Rakete gewesen sein, die Delta- Flossen am Heck hatte. Triebwerk von der „Wasserfall" oder der französischen „EOLE".

Insert

Legendenbildung

Gefunden auf der Web-Site. „WWII Forums": „V2 and warhead, Discussion in „Information Request" started by Kai-Petri, Jan. 14, 2009:

```
„As for the V-2 warhead: 1000 kg was about the limit with the design
as it was. There were two limiting factors: Overall launch weight
and the attendant loss of range with more weight added. The biggest
single problem with the V2 was that the airframe was really, really
badly designed (es war ja auch das "Ablenkungsprojekt" von
Peenemünde, um dahinter die wirklich wichtigen Projekte zu
verstecken, Anm.d.A.).
```

In a nutshell, it was old fashioned and unimaginative. It used what was then very conventional aircraft construction techniques. **The entire missile was designed, and therefore constructed to take the stress, of re-entry to impact**. This was a big mistake.

Anmerkung des Autors:

Oder es war nur die „Einfach-Variante", die Ablenkung von dem, was man bereits wirklich in Peenemünde konstruieren und bauen konnte?

"**Convair** taking their point of departure in 1945 with their **MX 774** missile based on an examination of V2 technology basically tossed out the entire airframe as pathetically badly designed. **Charles Bossart** the lead engineer on this project hit on a **novel solution** that **revolutionized missile design** and **would become the standard** thereafter for most rocketry. He **eliminated the ribbed airframe** and stressed skin plating with **separate fuel tanks** inserted within it. He also **eliminated much of the tank wall thickness** as unnecessary for pressurization.

Instead, he built **the tanks as part of the missile's airframe** with the skin forming the sides of the tank itself. This allowed much more fuel in the same overall size missile. To make the missile rigid he **pressurized the tanks** to a point **that stressed the outer skin to the required stiffness**.

By adding a **warhead that separated for re-entry** the missile itself could be built much more lightly using thin plating. **Only the re-entry warhead needed to withstand coming down**.

In doing this he made a V2 that had **triple the range and double the payload**. Oh, **Rocketdyne** redesigned the captured V2 engine to use a **swivelling nozzle**, something von Braun wanted to do but couldn't get to work, **instead of graphite veins in the tail**. This and other tweaks produced about 20% more thrust right off."

Anmerkung des Autors:

"Alles nur geklaut, gezogen, gestohlen und geraubt!"

Denn die obige Beschreibung, die von der U.S. Firma Convair übernommen wurde, trifft genau auf die A-4b, die neue A-8 zu, die bis heute verheimlicht wird, da diese verbesserte Rakete wohlmöglich vorproduziert im Kohnstein lagerte, um in einem, von den West-Alliierten gewollten und geförderten Dritten Weltkrieg zum Einsatz zu kommen!

Die Propaganda dreht die Tatsachen mal wieder absichtlich um, damit Amerika als *das* Land dargestellt wird, das die bessere Raketentechnologie entworfen hatte.

Dabei übernahmen die Amis, wie auch die Russen komplett die innovative und weit in die Zukunft reichende deutsche Raketentechnologie, inklusive der gesamten Infrastruktur, wie unterirdische Fertigung, Lagerung, Betankung und Verschuß aus Silos und ersparten sich damit jahrelange Entwicklungsarbeit und -kosten!

Abb. links:

Beachte bei dem A-4 Nachbau der amerikanischen „Viking" „Sounding Rocket", Höhenforschungsrakete von Glenn Martin, die dreieckigen Flossen. Dieses Design Feature findet man bereits bei der franz. „Veronique" und später noch bei den ersten, von Wolfgang Pilz entworfenen ägyptischen Raketen wieder.

Weil diese Flossen bereits im Krieg bei der deutschen Kegelrakete verwendet wurden?

Wie der Leser nun aus den Publikationen des Autors weiß, hatte man in Peenemünde bereits die Idee der Leichtbauweise einer neuen Rakete, wie die A-8 oder der Kegelraketen, auch mit Tanks, die von den Innseiten der Raketenhülle geformt werden. Siehe auch die „Gasbeaufschlagung", um die Rakete beim Transport stabiler zu machen. Außerdem sollte die Schulz-Rakete mit einer schwenkbaren Auslassdüse am Heck gesteuert werden.

Wenn die „Schulz-Rakete" nur von den Deutschen für die Russen nach dem Krieg auf Gorodomlia im Seeligersee entwickelt wurde, aber nie von den Sowjets realisiert worden war, wie kommt dasselbe Design mit den gleichen Konstruktionsmerkmalen dann in die USA zu U.S. amerikanischen Herstellern von Raketen?

Weil beide sich aus der erbeuteten deutschen, Peenemünder Raketenentwicklung, die Entwicklung einer neuartigen Kegelrakete und der A-8, schamlos bedient hatten?

Alles, was oben über neue U.S. Raketen beschrieben ist, wurde bereits aus der Not heraus im Zweiten Weltkrieg in Peenemünde entwickelt, um die Reichweite einer Rakete zu steigern. Leichtbau ist das „A und O" im Flugzeugbau und nicht nur eine rein amerikanische Erfindung! Wie auch Kurt Töbe, der von Arado kam, richtig erkannte.

Sowie die „Langsame Spitze", die absprengbar war, da die Leichtbau-Rakete beim Wiedereintritt, dem „Re-Entry" auseinander platzte und verglühte!

Hier haben wir eine - gewollte und verschleiernde - Legendenbildung unserer amerikanischen Freunde! Die „Herren der Welt" möchten natürlich alles für sich beanspruchen. Dabei kamen die Ideen aus Deutschland und Peenemünde und wurden höchstwahrscheinlich bereits während des Krieges erfolgreich umgesetzt und einsatzklar für einen Dritten Weltkrieg - unter Aufsicht abtrünniger U.S.-Amerikaner - in versteckten unterirdischen Depots bereit gehalten.

Die Amis nahmen alles mit und bauten die Raketen einfach nach. Da die deutschen Entwicklungen von Fernraketen bis heute vertuscht werden, können sich die U.S. Firmen „Convair" oder „Rocketdyne" rühmen, neue, verbesserte Raketen und deren Standards, die bis heute Gültigkeit haben, entwickelt zu haben.

Wie gesagt, alles einfach nur geklaut!

5. Kapitel

Bromskirchen, V-2 Eisenbahnzug mit Geheimnissen

„Wie heißt das Kaff hier im Taunus?"

„Pfaffenwiesbach bei Usingen. Nicht weit von hier ist das Führerhauptquartier „Adlerhorst" gelegen und der Flugplatz Merzhausen, wo der Führer mit seiner Focke-Wulf „Condor" landete."

Insert

> Das Führerhauptquartier „Adlerhorst" war ein Bunkerkomplex, der von September 1939 bis August 1940 zwischen Langenhain-Ziegenberg und der späteren Siedlung Wiesental im Landkreis Friedberg/Hessen (seit 1971 Bad Nauheim Ober-Mörlen und Butzbach im Wetteraukreis), nach den Plänen des Architekten Albert Speer und unter Leitung der Organisation Todt für die Führungsspitze des Dritten Reiches errichtet wurde.
> . . .
> Der Adlerhorst war als Befehlsstelle für die Invasion Englands (Unternehmen Seelöwe) vorgesehen; mit der Absage dieser Operation wurde die Einrichtung erst wieder zur Ardennenoffensive benutzt.
>
> Hitler bezog sein Quartier in Wiesental vom 11. Dezember 1944 bis zum 15. Januar 1945, nachdem das Schloss Ziegenberg ab Oktober 1944 dem Oberbefehlshaber West bereits als Hauptquartier gedient hatte.
> . . .

Feldwebel Sattler saß neben dem Fahrer auf der Zugmaschine, die einen Meilerwagen mit Rakete zog. Sattler hielt Ausschau nach einem geeigneten Platz in der Umgebung, um die V-2 aufrichten zu können.

Nahe einem Wäldchen fanden sie eine passende Lichtung, um alles für einen Abschuss vorbereiten zu können.

Fw. Sattler winkte seinen Stellvertreter herbei und gab im den Auftrag, die Rakete startklar zu machen.

„Ich bestimme jetzt die exakten Koordinaten unseres Standortes und gebe diese der Feuerleitstelle durch!"

Feldwebel Joachim Sattler kramte aus seiner schwarzen Aktentasche das benötigte Kartenmaterial, das alle Gebiete des Einsatzraumes seiner Artillerieabteilung betraf, heraus.

„Pfaffenwiesbach, Ortsteil von Wehrheim im Hochtaunuskreis in Hessen, Flur 16. Das muss das Waldstück hier sein:

Koordinaten: 50° 19′ 48″ Nord, 8° 36′ 41″ Ost."

Sattler ging an sein Funkgerät und rief seine Funkhorchkompanie 725 an:

„Hier Zebra, hier Zebra . . . Standort 50 . . 19 . . 48, … 8 . . . 36 . . . 41."

„Verstanden! Meldung wenn Elefant einsatzklar, Ende!"

Einige speziell ausgebildete Funkmess-Soldaten in dem extra ausgestatteten und umgebauten Passagierwaggon des Raketenzuges holten jetzt die entsprechenden Tabellen und Landkarten hervor, um den Flugweg des A-4 von Pfaffenwiesbach in Hessen, bis Stadtzentrum Antwerpen in Belgien zu berechnen.

Diese Soldaten ermittelten den Kurs, den die Rakete Richtung Nord-West von Hessen nach Belgien einschlagen musste, die durchmessene Flugzeit, die Flugbahn, ob steiler oder flacher ballistischer Flug und wann ein Brennschluss-Signal gesendet werden sollte, damit die Rakete in einem 49 Grad Winkel aus ihrer Flughöhe hinab auf die Innenstadt herunter segelte.

Nach einer halben Stunde meldete sich Fw. Sattler wieder bei Fk.Hrch.Kp. 725:

„Elefant einsatzklar!"

„Verstanden Zebra! Stellen Sie Flosse Eins auf die von mir genannte Gradzahl ein, damit die Rakete in Richtung Antwerpen steuern kann. Missweisung, Windstärke in Gipfelhöhe 80, sonstige Bedingungen usw. wurden berücksichtigt. Abfeuern in den nächsten 5-10 Minuten! Verstanden?

„Verstanden! Feuern in den nächsten 5 bis 10 Minuten! Ende!"

"Alarm! Einsatz! Feuerbereitschaft!", schrie Sattler und seine Männer rannten zu ihren zugewiesenen Positionen und, routiniert und geübt wie sie waren, spulten sie die letzten Starvorbereitungen ab, damit die V-2 in den nächsten fünf Minuten vom Starttisch abheben konnte.

Die Rakete war schon aufgerichtet und von dem Meilerwagen auf den Starttisch gestellt worden. Der Tankvorgang, der heute gerade einmal 45 Minuten dauerte, war abgeschlossen. Die vier Druckstücke aus Graphit waren montiert, die Rakete mit einem Kabel mit dem Funkwagen verbunden.

Sattler hörte das eigentümliche Surren des Kreiselgerätes im Inneren, das die Rakete stabilisierte. Er hatte einmal bei einem Versuchsgelände in Pommern, in der Nähe einer großen Düne einen Start einer Rakete gesehen, die an Seilen wegen der Stabilisierung beim Start geführt wurde. Sie hatte keine Flossen oder Strahlruder am Heck.

Der Antrieb für die Turbopumpe war bereit und alle stiegen sie in den Feuerleitpanzer ein.

Zwei Soldaten durchtrennten zu guter letzt die Halteseile, die die Bäume um die Lichtung zusammenhielten und so den mobilen Raketenstartplatz vor Fliegersicht von oben tarnte. Die Baumkronen sausten auseinander und gaben den Weg nach oben für die Rakete frei.

„Fertig!"

„Feuer!"

Mit ohrenbetäubenden Donnern und Krachen hob das Aggragat-4 mit dem Sprengstoff in der Raketenspitze langsam vom Startplatz zwischen den Bäumen eines kleinen Wäldchens im Taunus ab.

„Hoffentlich ist die Geschwindigkeit hoch genug und der Gyroskop arbeitet einwandfrei, dass uns die Rakete nicht seitlich abkippt!", dachte Sattler, der, wie seine Kameraden, Deckung in einem gepanzerten Sonderkraftfahrzeug, einer Halbkette gefunden hatten.

Die Rakete stieg einwandfrei nach oben, nur um in circa 250 m Höhe unerwartet zu explodieren.

„Mist, alles umsonst, Kurzschluss!"

Die Männer der Artilleriekompanie schauten sich enttäuscht an.

„Also, Leute, das ganze wieder von vorne. Wir holen eine neues A-4 aus dem Geheimdepot!"

Anfangs musste der Brennschluss manuell, per Funk-Signal, ausgelöst werden.

So könnte ein Soldat in dem Zug, der irgendwo im Westerwald sich versteckte, und wo die Kompanie eine Dipolantenne auf einer Erhöhung aufgebaut hatte, z.B. bei 43 Sekunden ein Brennschluss-Signal, also das Stoppen des Antriebes herbeigeführt haben, damit die Rakete mit einer - angenommenen - 46 Grad Bahnneigung das Ziel, die Innenstadt von Antwerpen treffen konnte.

…

Fluchend meldete Feldwebel Sattler seinen Vorgesetzten:

„Zebra an Leitstelle! Kurzschluss! Rakete in Luft explodiert. Zweite Rakete aus Zwischenlager in circa drei Stunden einsatzklar! Ende!"

Die Ersatzrakete aus einem gut getarnten Waldversteck bei Weilburg war eine neuere Variante.

„Zebra an Leitstelle! Serien-Nr. 02-156.839."

"Verstanden! Bleiben Sie auf Empfang!"

"Verstanden!"

Nach einem Moment des Wartens, meldete sich wieder die Funkkompanie:

"Geben Sie unter Taste 1 den Kurs von 278 Grad ein. Unter Taste 2 die Flugzeit von 45,6 Sekunden. Drücken Sie die Automatik und verschießen dann Rakete!"

„Verstanden!"

Nachdem der Start reibungslos verlief, diesmal ohne „Kurzschluss", meldete Fw. Sattler den erfolgreichen Verschuß der Rakete.

…

Der V-2 Zug hatte auch einen „Sendezug/Funkhorchkompanie 725 für ein „Brennschluss Signal".

So heißt es in einem Internet-Artikel:

„During the night of September 25-26, 1944, the Headquarters Batterie, the 2./836, the **Technische Batterie 91** and the Flak Zug "Wotan" (armed with anti-aircraft guns), the **Wachabteilung 1./836** and the **Sendezug/Funkhorchkompanie 725 (Brennschluß Signal)** all moved to Helferskirchen, where the firing site is positioned about one Kilometer south of the town."

Die Artillerie Abteilung 836, Art. Abt. 836 operierte im September 1944 zuerst in der Gegend von Euskirchen, verlegte dann aber über den Rhein in den Westerwald, nördlich von Montabaur. Die Art. Abt. 836 feuerte A-4 auf Tourcoing, Lille, Arras, Cambrai, Mons, Charleroi, Diest, Hasselt, Maastricht, und Liege.

Dazu heißt es, entnommen von o.g. Web-Site:

„Fritz Siewczynski was a soldier attached to the newly formed Art. Abt. 1./836 - After **his Batterie's training in Peenemünde**, followed **by their V2 trials in Poland near Krakau**, the whole unit was shipped via train to Westerwald.

Anmerkung:

In Krakau sieht der Zeitzeuge "Ambrosi" wie ein Sprengkopf („Langsame Spitze"?) über einem Waldstück explodiert und die Bäume wie Streichhölzer umknicken lässt.

„Am 6. Oktober 1944, erreichten Fritz Siewczynski und seine Einheit Rennerod, um die gesamte Ausrüstung zum Verschuß von Raketen zu entladen.
…
Am 12 Oktober 1944 wurde der Einsatz von V-2 Raketen auf **militärische Ziele eingestellt**. Generalfeldmarschall v. Rundstedt erhielt den Befehl vom OKH, es sollten nur noch Ziele wie London und Antwerpen beschossen werden.

Anmerkung:

Was gemäß Verschwörungstheorie einen Sinn machte, wenn die West-Alliierten, ob Truppen, Militäreinrichtungen oder Flugplätze ausgespart wurden, da man ja mit ihnen zusammen gegen die Sowjetunion kämpfen wollte. Also musste die Zivilbevölkerung herhalten und die Testschüsse mit gelenkten Raketen aushalten.

Auch musste ja zuvor die Invasion in der Normandie gelingen, damit man später zusammen mit alliierten Truppen gen Osten, gen Sowjetunion marschieren konnte.

Heute stellt die Propaganda die deutschen Abwehrmaßnahmen am Tag der Invasion im Juni 1944, das Bekämpfen der alliierten Invasoren, als fehlerhaft dar, weil Fehlentscheidungen usw. getroffen wurden, auch was die Einschätzung nachrichtendienstlicher Erkenntnisse angeht.

Was zum einen teilweise stimmen wird, andererseits, wie gesagt müssen alle diejenigen, die wussten, dass ein Dritter Weltkrieg bevorsteht, ein Interesse daran gehabt haben, das General Patton soweit wie möglich nach Deutschland eindringen konnte, wenn möglich sogar bis Berlin, um dann mit willigen Deutschen, wie eventuell unter anderem SS- Gen. Hans Kammler, die Russen zu besiegen.

„Fritz Siewczynski und seine Kameraden (1./836) feuerten ab 27 Oktober 1944 A-4 aus der Gegend von Beuren, andere von Hermeskeil. Das Ziel war jeweils Antwerpen.

Weiter heißt es in dem Text, dass im Westerwald nicht nur V-2 Raketen gen London und Antwerpen abgefeuert wurden, sondern durch den „Nachbauring 2" auch nachproduziert wurden. Der „Nachbauring 2" baute Komponenten für die Luftwaffe.

So wurden im Dill Tal in Nordhessen Teile für die V-1 und V-2 gefertigt. In den Ortschaften Dillenburg, Niederscheld, Merkenbach, Eschenburg, Sinn, Ehringshausen und Wetzlar baute man Komponenten für die V-Waffen. Ein Hersteller in Herborn, „Burger Eisenwerke" nahm eine „Bespritzung", die Bemalung in Tarnfarben von Raketenteilen vor. Eine andere Firma in Wetzlar produzierte Teile für Autopiloten und automatische Steuerungsanlagen für Flugzeuge, sowie Steuerelemente für die V-1 und V-2.

Zu dem "Bromskirchen Zug" heißt es bei Wikipedia:

„Im Jahr 1945 wurde Bromskirchen **kurzfristig weltweit bekannt**, als ein kompletter Zug mit V-2 Raketen in Bromskirchen von Truppen der U.S. Armee erbeutet wurde. Dieser Zug war am frühen Morgen des 22. März von Driedorf (Westerwald) kommend als **überlanger Militärzug** über Herborn in die Aar-Salzböde-Bahn eingebogen. Er war **über einen Kilometer lang** und wurde von zwei Lokomotiven (Typ G-8) gezogen, eine weitere befand sich in der Mitte, eine vierte schob von hinten.

Bei Bicken wurde er gegen acht Uhr und später bei Bischoffen von amerikanischen Jagdbombern angegriffen und eine Lok beschädigt (Kesseldurchschuss), bei heftiger Gegenwehr durch die mitgeführten Vierlingsflaks. Der Zug wurde danach in Bischoffen in zwei Teile geteilt und erreichte gegen Abend den 700 m langen Tunnel bei Hartenrod, wo er jedoch vorne heraus ragte. Zwei Tage später wurde er Richtung Marburg abgefahren. Nach einer Irrfahrt über Marburg, Wetter, Frankenberg und Allendorf erreichte der Raketenzug auf dem Weg nach Winterberg am 29. März den Bahnhof Bromskirchen.

Dort stoppten ihn gegen neun Uhr amerikanische Panzer, als die Loks im Bahnhof Bromskirchen Wasser tanken wollten.

Den Amerikanern fielen mit diesem **V2-Eisenbahnbatteriezug** der **Gruppe Süd Art.Rgt.(mot.)z.V.901, Abt. Ia** unter Planen getarnt, zehn komplette V-2 Raketen einschließlich Treibstoff,

Eisenbahnabschussrampen, gepanzerten Mannschafts- und Flakwaggons sowie die Bedienungsanleitungen in die Hände.

Drei Tage später ließen die Amerikaner den Beutezug nach Antwerpen bringen. Von dort wurde die **Ladung nach Amerika verschifft** und trug damit ganz wesentlich dazu bei, **die amerikanische Raketentechnik aufzubauen.** Bis dahin war den Amerikanern die V2 nur aus ihren Bruchstücken nach dem Einschlag bekannt. Die Erbeutung dieses Zuges wurde auch ausführlich in alliierten Wochenschauen thematisiert.

Anmerkung:

Die V-2 war sowohl aus Blizna, „Heidelager", Polen als auch aus Schweden bekannt.

Ergänzend heißt es in dem o.g. in Englisch gehaltenen Internet-Bericht:

„Die vorrückenden Amerikaner fanden sieben Eisenbahnwaggons, die zwölf Sprengköpfe enthielten, ein Wagen enthielt Kästen mit Graphit Druckstücken (Strahlruder), Zünder, Batterien und Kanister mit Z-Stoff (Permanganat für die Treibstoffpumpen)

Auf zehn Eisenbahnwaggons entdeckten die G.I.s neun beschädigte und teilweise verbrannte V-2 Einheiten, sowie einige Sprengköpfe. Einheiten der U.S. 3rd. Armoured Division eroberten eine Fabrik nahe Hatzfeld, wo mehrere intakte V-2 Raketen lagerten.

Der „ETO Ordnance Technical Intgelligence Report No. 23" berichtete, dass diese V-2 Raketen, gefunden auf einem Zug im Westerwald angeblich der erste Kontakt mit diesen berüchtigten Wunderwaffen wäre.

Sogar der „Supreme Allied Commander", General Eisenhower kam persönlich, um den Zug zu begutachten. Die englische und amerikanische Presse berichtete ausführlich über den sensationellen Fund von „V-2 Wonder Weapons" in Nazi-Deutschland. Die vorgefundenen Raketen transportierten die Amerikaner über Antwerpen in die USA.

Das „Artillerie Regiment 836" sollte für die „Operation Ziethen (??)" nach Bramsche verlegen, aber die sich dramatisch verschlechternde Kriegslage verhinderte dies. Dafür wurde „Operation Blücher(??)" ausgegeben und das Raketen-Regiment zog nach Celle, 20 km nördlich von Hannover.

Originaltext von der V-2 Website:

„After the retreat from its operational area in late March 1945, the Battalion 836 Art. Rgt. 901 originally was to have gathered at **Bramsche (about 10 miles west of Osnabrück)** for the so-called **"Ziethen Undertaking"**. The deterioration of the military situation, however, prevented this. Instead, the "Blucher Undertaking" was ordered, in which the units were **to move to Celle** (about 20 miles north of Hannover). From there the **remaining rockets were to be fired against the "Kustrin Fortress"** (the polish Kostrzyn of today, about 60 miles northeast of Berlin). The plan fell apart because of the total breakdown in Germany."

(aus: „V2Rocket.com, A4/V2 Resource Site)

Sowohl "Operation Blücher" als auch „Ziethen" beziehen sich nicht auf V-2 Einsätze im Jahre 1945! Diese Angaben scheinen nicht richtig zu sein. Wenn es solche Geheimoperationen gegeben haben sollte, müssten sie andere Decknamen gehabt haben.

So heißt es in Teil I der Bücher des Autors, von einem Augenzeugen, der den Autor unterrichtete:

„Außerdem fanden die Amerikaner **in Celle einen großen LKW-Konvoi** der SS, auf dem sich u.a. Fässer mit schwerem Wasser befanden sowie **Uran in kleinen Stücken**. Der Transport soll aus Schlesien (Riese?) gekommen sein."

Ob es hier eine Querverbindung gibt, was Sprengköpfe mit atomarer Nutzlast betrifft, ist unklar. Wohlmöglich wurden hier bei Hannover geheimes Kriegsmaterial aus der Atomforschung zusammengezogen, um es den Russen zu entziehen, oder bei einem weiteren Krieg von dort, in der britisch besetzten Zone eine Offensive im Rahmen von „Operation Unthinkable" zu starten. Waren neben den Fässern mit Schwerem Wasser und Uranbruchstücken (für einen Schwerwasser Reaktor?) auch mehrere UZ-Einheiten darunter, die nach Celle oder Umgebung geliefert werden wollten? Siehe Erklärung weiter unten!

Anmerkung:

Zu Celle bei Hannover heißt es in dem Zeitungsbericht „*Als Briten eine V1 nach Celle brachten*", von Christopher Menge, Internet, 16.10.2015:

„Der Celler Heimatforscher Hendrik Altmann hat die gleiche Vermutung wie Klages. „Möglicherweise wurde die Reichenberg (bemannte Version der **Fiesler Fi 103** *für „SO-Einsätze", Anm.d.A.) aus* **Neu Tramm** *nach Celle geholt.*

In der **dortigen Luftmunitionsanstalt** *hatten die Briten und US-Streitkräfte eine Vielzahl dieser Flugkörper beschlagnahmt",* sagt Altmann, *„sicherlich wurde die Reichenberg nur in Celle ausgestellt und später ins Ausland transportiert - das war in den letzten Kriegstagen gang und gäbe."*

Im Landkreis Celle seien keine Vergeltungswaffen militärisch eingesetzt worden. „Wie ich für mein Buch „Die letzten Kriegstage" recherchiert habe, gelangte zum Ende des Zweiten Weltkriegs eine **V-Waffen-Einheit aus dem Westerwald** *auch in den Landkreis Celle.*

Diese Einheiten rüsteten sich in unserer Gegend ab und zerstörten die restlichen V2-Raketen", sagt der Historiker, *„Die Alliierten waren zu Kriegsende ziemlich hinter deutscher Rüstungstechnik her.*

Zusammen mit **deutschen Ingenieuren** *forschten sie bereits auf deutschem Boden an der* **weiteren Verwendbarkeit der V-Waffen**. *Noch vor Kriegsende wurden* **V-Raketen unter alliierter Forschung in die Nordsee verschossen."**

Anmerkung:

Welche:

V-1, V-2 oder die „Fritz X"? Vom Wendland aus, oder von Cuxhafen, wo ein Teil des Prüfstandstandpersonal aus Peenemünde verlagert wurde und unter der Leitung von Dr. Kurt Debus eine neue Erprobungsstelle errichtet wurde.

„Das klingt nach Verschwörungstheorie – lässt sich aber anhand historischer Quellen belegen. Auch im Landkreis Celle wurden Teile von V-Waffen gefunden - ich vermute dennoch, dass die gezeigte Reichenberg nicht dazugehörte."

Anmerkung:

Ob die V-Waffeneinheit – des „Bromskirchenzug" – tatsächlich „abrüstete", oder dies eine gestreute Legende war, um weitere, geheime Aktivitäten zu verschleiern, müsste geklärt werden.

Interessant ist hier der Hinweis, dass noch Ende des Krieges V-Waffen in die Nordsee verschossen worden sein sollen.

Erhebt sich die Frage, welche V-Waffen? V-1, bemannte und/oder unbemannte Versionen? Denn die Engländer stellten nach dem Krieg in Celle als Trophäe eine bemannte V-1 „Reichenberg" mitten in der Stadt aus.

Dazu V-2 eventuell aus den Beständen des Raketenzuge mit - spekulativ - neuen Sprengköpfen ausgestattet, die evtl. von der Muna in Dragahn kamen? Wurden tatsächlich Raketen in Tramm zumindest endmontiert? Welche Raketen? Die normale V-2 oder verbesserte Versionen, wie die A-8, die in einer absprengbaren Nutzlastspitze eine A-Bombe hätte tragen können?

Was geschah auf dem Truppenübungsplatz Neu Tramm, wo u.a. Fi-103 zu bemannten Selbstopfer-Flugkörper umgebaut wurden?

So heißt es in dem Bericht *„Neu Tramm, Schein-Dorf voller Geheimnisse, 1938-2006"*

1944: Im März beginnt die Montage der ersten Raketen (Fi-103, V1 und A4 - V2). 15 Soldaten und 50 Zivilisten fertigen ca. 240 Geschosse pro Monat, deren Einzelteile aus dem ganzen Reich angeliefert werden.

Anmerkung:

Einzelteile und komplette Einheiten verlagert aus Berlin-Schönefeld, bzw. Ausweichbetrieb in Gollnow.

…
„Aus den Erinnerungen von Hans Gehrike:

„Durch einen Zufall entdeckten die Amerikaner die Muna Neu Tramm. Sie waren auf einiges gefasst, aber dass ihnen eine **komplette Fertigung** in die Hände fiel und noch dazu unversehrt, das hätten sie sich nicht träumen lassen. **Alle Typen** der Muster V 1/ Fi 103 waren hier vorhanden! Der deutsche Major Hahn übergab das Lager kampflos an die US-Amerikaner, die dieses Lager nun auch als „geheim" einstuften.

Die Tarnung des „Modell-Dorfes" (**Scheindorf**, Anm.d.A.) Neu Tramm war für das 3. Reich aufgegangen. Selbst die Anwohner hatten keine Informationen über dieses ehemalige Geheimprojekt!

Da es eine Vereinbarung zwischen den US-Amerikanern und den Briten über die Besatzungszonen gab, schafften die Amerikaner diesen „Schatz" (was noch alles an Ausrüstung gab es dort tatsächlich, V-2 Raketen, Sprengköpfe usw.?, Anm.d.A.) umgehend in die USA.

Erst viele Jahre später wurden diese Erkenntnisse veröffentlicht. Auch mein Schwiegervater, der 1944 Dienst als Flugmelder in Breselenz tat, hatte von dieser Fabrik keine Ahnung."

-Ends-

Im Jahre 1938 wurde in der Gemeinde Schaafhausen im Wendland, westlich des Dorfes Tramm mit dem Bau einer Luftmunitionsanstalt begonnen. 1939 wurden die ersten Kasernen gebaut und 1941 wurde die Stationierung von Luftwaffeneinheiten befohlen. Komplett fertig gestellt wurde die Anlage im Jahre 1943, inklusiver Gleisanschluss an die Bahnstrecke Uelzen - Dannenberg. Im Frühjahr 1944 begann die Montage von V-1 Flügelbomben und 1945 der Bau bemannter V-1 „Reichenberg". U.S. Truppen übernahmen das Gelände kampflos am 23. April 1945.

War auch der Rest des Raketen-Artillerie Regiment 836 von Bromskirchen kommend, in die geheime Anlage „Raum 2" in Neu-Tramm eingerückt und verschossen von dort ihre noch vorhandenen V-2 Raketen? Schon im Auftrage der Engländer und der Amerikaner? Flogen die Geschosse in die Nordsee oder gar nach Osten auf die Russen, z.B. nach Küstrin?

Ende Januar 1945 marschierte die Rote Armee in die östlich der Oder gelegenen Stadtteile von Küstrin ein. Anfang Februar 1945 bildeten die Russen zwei Brückenköpfe nördlich und südlich auf der Oderinsel gelegenen Altstadt und der alten Festungsanlage Küstrin. Bis März waren diese Brückenköpfe heftig umkämpft, aber die Wehrmacht konnte weder die Russen zurückdrängen, noch die alte Festung halten. Die schweren Kämpfe haben den Ort Küstrin vollkommen zerstört.

Das sowjetische Oberkommando nutzte den Brückenkopf von Küstrin am 16. April 1945 für den Großangriff und den Vormarsch auf die Reichhauptstadt Berlin. Danach begann die Schlacht um Berlin.

Als pure Verschwörungstheorie könnte man jetzt spekulieren, dass bestimmte amerikanische und britische Truppen, die in Tramm die erbeuteten V-1 (die nicht alle nur bemannte Versionen gewesen sein könnten, sondern ggfs. neue Versionen mit neuem (Atom-) Sprengkopf) und evtl. die V-2 Raketen des „Raketenzuges" aus Bromskirchen dafür genutzt hatten, um einen Angriff auf das sowjetische Oberkommando in Küstrin zu starten.

Nämlich um die Russen daran zu hindern, auf Berlin zu marschieren, was insbesondere General Patton ein Dorn im Auge war, der gerne selbst als erster in der Reichhauptstadt einmarschiert wäre.

Abb.: Beschriftung auf Rumpf V-1:

Kfz Verladung
Pallungsabstand b2
Herkules N
Abstandspallung N

„Pallen" – Einhüllen, verpacken mit Holz, Helling, nautischer Begriff aus der Schifffahrt.

Abb. links und rechts:

Was verdecken die roten, mit schwarzer Schablonierung, Transport-Kappen? Eine neue Steuerungsanlage mit Kreiselkompass und Fernsteuerung, oder einen empfindlichen Zünder?

Übliche FZG-76 haben vorne in der spitz zulaufenden Flugspitze einen Kompass und einen Wegmesser mit kleinem Propeller, der nach vorbestimmten Umdrehungen die V-1 auf ihr Ziel abkippen lässt.

Die oben abgebildeten V-1 haben eine stumpfe, breite Bugabdeckung, die wesentlich ausladender ist, als die herkömmliche Flugspitze. Was befindet sich darunter? Eine neue Art der (Fern-) Steuerung der V-1 oder ein speziell konstruierter Zünder?

Für automatische Waffen, wie u.a. die autonom fliegende V-1 (aber auch ggfs. „Feuerball"), wurden drei Arten von automatischen Zündsystemen entwickelt:

Abstandszünder, Annäherungszünder oder Richtungszünder.

Der akustische Zünder „Kranich" sollte auch in der PC 1400X (Fritz X) Anwendung finden. Diese nachlenkbare Fallbombe befand sich in Tramm, wie Fotos der Amerikaner zeigen.

Schützen die rot bemalten Kappen aus einem Kunststoff einen empfindlichen Zünder und beschrieb die darauf angebrachte Schablonierung die Handhabung beim Transport, und wie der Zünder beim Einsatz der Bombe scharf gestellt wird?

Abb. links:

Holzkugel, in zwei Teile geteilt, worunter sich ein kardanisch aufgehängter Kreiselkompaß befindet. Beachte kleineren Durchmesser des Bugs, als oben.

Abb. rechts:

Sprengkopf der V-1

Abb. links „Reichenberg IV mit Holzbug zum Ausstoß von „Unterwasserlaufkörper". Sprang der Pilot vor Aufschlag der V-1 in Wasser und konnte sich retteten?

Oder wurden gar bemannte V-1 mit Freiwilligen eingesetzt, die sich mit ihrer „Reichenberg" in Küstrin auf die Russen stürzen sollen?

Dazu heißt es bei „luftarchiv.de":

„Die meisten **Reichenberg-Geräte** wurden wahrscheinlich in Neu Tramm bei Dannenberg an der Elbe 1944/45 gefertigt bzw. endmontiert. Es wurden circa **54 bemannte V-1 hergestellt**.

Praktisch **alle fielen unbeschädigt am 23. April 1945 der U.S. Army 5th Armoured Division in die Hände**.

Den größten Teil **transportierte das amerikanische Militär wohl zum Leidwesen der Engländer ab**. Wie viele genau, ist unbekannt."

Abb.:

Was ist das für ein überlanger Transportanhänger, worauf eine „Reichenberg" liegt? Beachte lange Stabilisierungsstange auf der Unterseite, die zum hinteren, vierrädrigen Drehschemel führt, wie bei einem Holztransporter.

Eine mobile Abschussrampe, ein Katapult für V-1 Geschosse?

Wohin transportierten die Amerikaner die vielen „Reichenberg SO-Fluggeräte" aus Tramm ab, und was machten sie damit?

Abb.:

Demontierte „Fritz X" Lenkrakete in Transportkiste, fotografiert von U.S. Armee, 29th Inf. Div. 9th U.S. Army, Dannenberg, Wendland, Neu-Tramm, April 1945.

Beachte Datum auf Nutzlastspitze:

4.4.44

War dies das Herstellungsdatum der Henschel-Lenkbombe PC-1400, **P**anzerbombe **C**ylindrisch?

So heißt es bei Heinz J. Nowarra, Deutsche Flugkörper, Podzun-Pallas-Verlag, Friedberg, o.D.:

```
„Am 22.08. 1944 mussten in Bordeaux-Merignac 15 wieder flugfähig
gemachte He 177 gesprengt werden, da die Besatzungen dafür in
Straßburg wegen mangelnder Transportmöglichkeiten festsaßen. Damit
war die Geschichte der „Fitz X" beendet."
```

Warum lagerten Lenkbomben, die schon vor einem Jahr produziert wurden und nicht mehr zum Einsatz gelangten, da keine geeigneten und ausreichend vorhandene Trägerflugzeuge mehr vorhanden waren, und die alliierte Luftüberlegenheit zu groß war, im Wendland?

Eine Trägermaschine, die gleich mehrere Fitz X tragen und ins Ziel lenken konnte, war die He 177 „Greif" und sicherlich auch deren weiterentwickelte Langstreckenversionen, wie die viermotorige He 277, die man in Norwegen, in der Provinz „Telemark", nahe Vermok („Norsk Hydro", Produzent v. Schwerem Wasser) auf einem geheimen Fluggelände auf einem Hochplateau gesehen haben will.

Hätte man die Fritz X auch mit einem nuklearen Gefechtskopf ausstatten können und gab es Versuche in Neu Tramm damit?

Lagerten V-1, „Reichenberg", „Fritz X" und ggfs. neue A-4 Trägerraketen im „Raum 2", weil sie den vorrückenden Amerikanern und Engländern (die „Operation Unthinkable" planten) in der britisch besetzten Zone Nazi-Deutschlands absichtlich in die Hände fallen sollten?

Caption auf den Fotos der Amerikaner:

"Capture of German V-Bombs Assembly Plant in a dense wooden Area near Dannenberg, Germany. The 29th Infantry Division, 9th U.S. Army captured a large V-Bomb assembly plant. This plant covered approximately 3 square miles: consisted of at least **85 buildings** connected by an elaborate network of camouflaged roads. Besides buildings containing unassembled parts, there were also a number of sheds containing bombs <u>ready for shipping to the launching sites</u>. After arriving at the ramps, the warhead, the elevator and wings are attached, making a completed bomb. Although most of the bombs found at this plant were the V-1 type, a small quantity of a new type bomb marked V-4 were also found. Engineers discovered two V-1 bombs wired with a 21 day clock devise probably for delayed action."

Abb.: Master Caption . . . :

"New type „V" bomb discovered in Dannenberg. During a clearing operation around Dannenberg, Germany, a Tank Battalion, 5th Armor Division, 9th U.S. Army, discovered an assembly plant for V-1 Bombs and a new type bomb similar to V-1 by having a cockpit for a Pilot.

Parachutes and Live Jackets were found near it. **The Pilot <u>bails out</u> when <u>near his objective</u>**.

A German Army Major, Major der Wehrmacht, supervisor of the plant, was captured. He said, **54 of the new type bombs** had been assembled since January, but none used. The factory was dispersed in a wood and well camouflaged. Before evacuation, an unsuccessful attempt was made to destroy it."

Anmerkung:

Handelt es sich bei den „Bomben", die mit Rettungswesten und Fallschirmen ausgestattet sind, um Schulungsmaschinen?

Es gab die „Reichenberg" Versionen:

Fi-103 Re I: ohne Antrieb mit Cockpit, gefederte Landekufe, zur Segelflugschulung.

Fi-103 Re II: ohne Antrieb, zwei Sitzes (Schüler und Lehrer), gefederte Landekufe, Segelflug.

Fi-103 Re III: mit Antrieb, Cockpit, gefederte Landekufe, zur Schulung mit Antrieb.

Fi-103 ReIV: Einsatzversion, wie Re III, jedoch ohne Kufe, Lastraum mit Sprengstoff gefüllt, elektrischer Zünder.

Abb.:

Schulversion in Neu-Tramm. Zweites Cockpit weiter vorne im Rumpf platziert. Beachte Landekufe. (alle Abb. aus Neu-Tramm: Courtesy: National Archive, WA, USA)

Zur Schulung wurde die „Reichenberg" durch eine He 111 auf eine Ausklinghöhe von circa 3.000 m gebracht.

Wo sollte eine Schulung im Wendland stattfinden, oder wohin sollten die Schulversionen, die in Neu-Tramm entweder produziert oder aus Berlin-Schönefeld (Henschel Gesamt-Fertigung v. ca. 200 Stück), ausgelagert nach Gollnow, Werk „Meißen", wo Ende Januar 150 Reichenberg IV hergestellt wurden, stattfinden?

So heißt es auf Wikipedia:

„Der Begriff "Selbstopfer" bezeichnet ein deutsches Militärprojekt, das während der Endphase des Zweiten Weltkrieges zur Entwicklung ... für Angriffe auf strategische Ziele wie Brücken und Kommandozentralen vorgesehen war ... Es sollten jedoch auch Flugzeuge (Me 328, Anm.d.A.) in gegnerische Bomberpulks gelenkt und dort zur Explosion gebracht werden. Der Pilot sollte sich dabei jeweils selbst opfern. ... Fürsprache von der bekannten Testpilotin Hanna Reitsch, die diesen Vorschlag Hitler am 28. Februar 1944 unterbreitete. Dieser war nicht angetan, erlaubte aber die Vorbereitung solcher Angriffe.

Die negativ ausgefallenen Erprobungen mit der Messerschmitt Me 328 B führten schließlich zu dem Gedanken, die Fieseler Fi 103 einzusetzen, indem man sie mit einem kleinen Cockpit auf der Oberseite versah, so dass sie durch einen Piloten steuerbar würde.

Robert Lusser entwarf die entsprechenden Änderungen an der Zelle und der Steuerung. Gebaut wurde die geänderte Zelle bei der **Segelflug Reichenber GmbH** (auf dem Flugplatz Berlin-Schönefeld, heute Flughafen Berlin-Brandenburg, Anm.d.A.), weswegen es auch „Reichenberg-Gerät" genannt wurde. Insgesamt wurden **etwa 175 modifizierte V-1 gebaut**, die meisten bei der Luftmunitionsanstalt Neu Tramm (die der Luftwaffe unterstand, bzw. von dieser genutzt wurde, da die gesamte Anlage für das Heer gebaut wurde, Anm.d.A.)."

Das Projekt des „Total-Einsatz" wurde – offiziell – eingestellt, könnte aber im Geheimen weitergeführt worden sein. Denn, weshalb wurden in Neu-Tramm noch mindestens 54 neue „Reichenberg" hergestellt, zu dem bereits eingelagerten unterschiedlichen „Reichenberg-Versionen" aus Berlin oder Gollnow, wenn man einen „Kamikaze-Einsatz" nicht wollte? Unklar ist, wie viele bemannte V-1 in „Dora-Mittelbau" noch gefertigt wurden.

Oder sollten die Piloten der Einsatzversion „Re-IV" sich gar nicht alle selbst opfern, gar keinen „Totalen Einsatz", sprich „Selbstmord" ausüben? Sollten sie die Möglichkeit bekommen, oder zumindest die Aussicht, rechtzeitig, nachdem die „Reichenberg" ins Ziel gelenkt worden ist, mit dem Fallschirm auszusteigen? Fanden auch Einsätze über See statt, sodass die Piloten eine Schwimmweste trugen, um aus dem Meer geborgen zu werden?

Sollten Einsätze mit der Reichenberg IV, z.B. auf das Oberkommando der Sowjets nach Küstrin geflogen werden? Flog eine oder mehrere He 111 Trägermaschinen von der Ostsee her die Stadt an und sollte der Pilot der V-1 die Möglichkeit bekommen, vor der Küste auszusteigen und mit dem Fallschirm im Wasser niedergehen, um sich an die Küste zu retten?

Wurde dieses Verfahren geübt:

„*Zusammen mit deutschen Ingenieuren forschten sie bereits auf deutschem Boden an der weiteren Verwendbarkeit der V-Waffen. Noch* **vor Kriegsende wurden V-Raketen unter alliierter Forschung in die Nordsee verschossen**", schreibt Heimatforscher Altmann.

Anmerkung: Die Distanz vom Wendland bis zur Nordsee spricht hier aber eher für Fernraketen.

Wurden den „SO-Piloten" mit Option des „Bail-outs", des Aussteigens mit dem Fallschirm, außerdem freiwillig nahe gelegt, sich eventuell doch zu opfern, für „Volk und Vaterland"?

Welcher Sprengkopf, neben den üblichen, die in Schönefeld entwickelt wurden, wie „Trialen", oder Spezial-Sprengkopfversionen, entworfen aus den vorhandenen Marine-Artilleriegranaten Kaliber 42 cm, für einen Sprengkopf mit höherer Durchschlagskraft, sowie einem Unterwassersprengkopf, könnte in Neu-Tramm noch zur Anwendung gekommen sein, oder waren in der Planung, um noch mehr „Durchschlagskraft" zu erhalten?

Eine atomare Bombe? Sollten neben Großraketen auch V-1, ob bemannt, oder unbemannt, atomare Sprengköpfe erhalten?

Sonder-Sprengköpfe, die ggfs. im Dragahner Forst in der Herstellung waren, oder geplant waren, dort produziert zu werden, weil man eine entsprechende Fabrikation aus den östlichen Gebieten des Dritten Reiches, das von den Russen überrannt wurde, zu den West-Alliierten ins Wendland verlagert hatte?

Während der Schlacht um Berlin flog die deutsche Luftwaffe einige Selbstopfereinsätze gegen Brücken über die Oder, die bereits von den Russen gehalten wurden.

Die „Leonidas-Staffel" (KG 200) unter dem Kommando von Oberstleutnant Heiner Lange flog vom 17. bis 20. April 1945 von dem Flugplatz Jüterbog SO-Einsätze mit jedem Flugzeug, das zur Verfügung stand, denen sie habhaft werden konnten. Dies waren unter anderem Fw 190, Me 109 und Ju 88, teilweise mit einer oder mehreren Bomben beladen. Ernst Beichl, ein SO-Pilot zerstöre bei einem „Total-Einsatz" mit seiner Fw 190 eine Ponton-Brücke bei Zellin, die über die Oder führte.

Außerdem wurde eine Eisenbahnbrücke bei einem weiteren SO-Einsatz bei Küstrin zerstört. Es sollen 35 Freiwillige bei den Selbstopfereinsätzen ums Leben gekommen sein. Ein hoher Preis für wahrscheinlich nur geringe Zerstörungen, die auch den Vormarsch der Russen nicht mehr aufhalten konnten. Gemäß Angaben der Luftwaffe wurden 17 Brücken zerstört, wahrscheinlich waren es aber weitaus weniger.

Solche „Kamikaze-Einsätze" wurden zudem von der Einfliegerin Hanna Reitsch befürwortet. Siehe hier das geheimnisvolle Telegramm, wo auch die Fliegerin Reitsch Erwähnung fand.

Ob bei den, bis dato wenig erfolgreichen SO-Einsätzen nun die Idee aufkam, die in Tramm erbeuteten über 50 V-1 „Reichenberg" und eventuell ferngelenkte V-2, auf weitere Oderbrücken, die von der Roten Armee kontrolliert wurden, oder auf das Oberkommando der Roten Armee in Küstrin einzusetzen, um zumindest den Vormarsch der Russen auf Berlin zu verlangsamen, oder deren Nachschubwege zu unterbrechen, ist unklar.

Genauso unklar ist, ob bereits im April 1945 es zu einem ersten gemeinsamen Kampf, Wehrmacht und Luftwaffe mit U.S. Abtrünnigen kam, oder ob die U.S. Army den Abtransport der fertigen „Reichenberg" für Einsätze gegen die verhassten Russen billigten, es sogar unterstützten. Denn man hatte ja in einem Dritten Weltkrieg vor, die Russen wieder bis auf ihr Territorium in der Sowjetunion zurückzudrängen. Alles reine Spekulation, auch ob Hanna Reitsch vermittelnd in eine solche SO-Aktion mit den „U.S.-Abtrünnigen" verwickelt war (s. ominöses Telegramm).

Auch unklar ist, ob man vorhatte, die V-2 Raketen des „Westerwald-Raketenzuges" bereits mit neuen „Zündorkan-Sprengköpfen" zu bestücken, die eventuell im Forst Dragahn (Wendland), unweit von Tramm, in der dortigen Munitionsfabrik gelagert gewesen sein könnten, oder dorthin transportiert werden sollten. Oder ob gar in der „Munitions-Verfüllanstalt Dragahn" bestimmte nukleare Sprengstoffe für solche Zündorkanbomben hergestellt wurden. Denn nach dem Krieg war der Dragahner Forst wegen seiner Kontaminierung der Munitionsfabrik als ein Standort für ein atomares Endlager im Gespräch.

Sollte der SS-Lkw Konvoi mit Schwerem Wasser und Uranbruchstücken nach Dragahn zur dortigen „Muna" fahren? Hatte der SS-Konvoi ggfs. neben möglicherweise bereits fertig gestellten A-Bomben aus Untertageproduktion bei, oder in „Riese", Eulengebirge, auch neu produzierte, hunderte von Ultra-Gaszentrifugen, UZ, im Gepäck, die von einer Firma, z.B. aus dem Protektorat, von einem Sub-Unternehmen von Skoda gebaut und geliefert wurden?

Zu Urananreicherung in Celle heißt es in dem Bericht von der Website „umweltFairaendern.de",

„Spurensuche: Atomforschung in Celle, Nazi-Deutschland – Uran-Anreicherung und die Zentrifugen", 3. November 2015, Dirk Seifert, Atom-Geschichte, Atomenergie:

...
„Nach einem anfänglichen wissenschaftlichen Fehlschlag setzte Paul Harteck (der Chef der Atomforschung in Hamburg seit 1941 auf das sogenannte **Ultrazentrifugenverfahren**.

Zu Harek heißt es im o.g. Bericht:

„Paul Harteck, Chef der Arbeiten in Celle, gehörte mit zu den führenden Atomforschern in Nazi-Deutschland und machte nie einen Hehl daraus, dass diese Forschung **die Atombombe zum Ziel hatte**. Neben den Arbeiten zur Uran-Isotopen-Trennung war er auch - teilweise gemeinsam mit Kurt Diebner, dem „Koordinator" des Uran-Vereins - federführend in der Technikentwicklung und Beschaffung des benötigten Schweren Wassers (aus Norwegen) tätig."
(siehe SS-Konvoi, der woher kam? Aus dem Osten, aus Pilsen, aus dem Jonastahl, von Riese, wo bereits Atombomben gebaut wurden?, Anm.d.A.)
...
Harteck hatte schon früh mit der Entwicklung von Verfahren zur Isotopentrennung bzw. Urananreicherung begonnen. Schnell hatte sich nach der Entdeckung der Kernspaltung gezeigt, dass vor allem das Uran 235 gespalten wurde und die gewaltige Energie erzeugte. Allerdings war es im natürlichen Uran nur mit einem Anteil von rund 0,7 Prozent enthalten. Daher brauchte es für eine Kettenreaktion mit Natururan neben einer ausreichend großen Menge Uran auch einen Moderator, z.B. Grafit oder **Schweres Wasser**. Darauf konnte verzichtet werden, wenn es gelang, die unterschiedlich schweren Uranisotope 235 und 238 voneinander physikalisch zu trennen und das Uran 235 anzureichern. Verschiedene Verfahren dazu wurden entwickelt.
...
Interessant dürfte sein, wie viel angereichertes Uran insgesamt bei den Versuchen mit einer Anreicherung von 5 Prozent Uran 235 (LEU - Low Enriched Uranium, Anm.d.A.) und einer Tagesausbeute von 7,5 Gramm in Nazi-Deutschland erzeugt werden konnte, **was damit gemacht wurde und wo es schließlich blieb.**
...
In vielen Darstellungen wird berichtet, **dass die USA große Teile des Urans am Ende des Krieges beschlagnahmt und abtransportiert haben.**"

Anmerkung:

Erreichte Paul Hartek sein Ziel, eventuell in Celle, wo die SS noch Schweres Wasser und Uranbruchstücke lieferte, dazu ggfs. hunderte von Gaszentrifugen für eine industriemäßige Anreicherung von Uran? Verwirklichte er den Bau einer deutschen Atombombe noch während des zweiten Weltkrieges oder hätte Hartek für die „Verschwörer" nach Kriegsende weitergemacht?

Gelangte das deutsche, angereicherte Uran unverzüglich in die USA – also wurde den „Verschwörern" um Gen. Patton entzogen – oder schnappte sich Patton das strahlende

Material zum Bau von Atombomben (mit deutscher Hilfe und mit Kammler) für seinen Dritten Weltkrieg?

Zum Dragahner Forst heißt es:

```
„… von dem Gesamtrevier 9 ha „in direkter Verwaltung durch die
Montangesellschaft". Davon sind 6 ha Gebäude- und Hofflächen. Dies
ist ein Hinweis dafür, dass hier zwischen den Weltkriegen schon
gewisse Fabrikanlagen („Zerlegestelle für Munition") bestanden
haben. … Das bewaldete und sehr hügelige Gelände hat eine nahezu
quadratische Form mit einer Seitenlänge von 1 km. Das Werksgelände
umfasst somit deutlich über 100 ha (korrekt 120 ha).
```
(aus „Damals im Wendland", Internet)

Abb.: Muna im Dragahner Forst nach der Sprengung

Wusste Patton von den geheimen Anlagen in Celle, in Tramm und im Dragahner Forst, weil die SS und General Hans Kammler als Helfer die amerikanischen „Abtrünnigen" darauf aufmerksam machten?

Transportieren die U.S. Verschwörer alles ab und als der Dritte Weltkrieg in Europa nicht stattfand, blieb zumindest das strahlende Material zum Bau von Atombomben in den Händen der „Verschwörer" und gelangte z.B. in Festungsanlagen, wie nach Neu-Schwabenland in die Antarktis zur weiteren Verwendung?

Gab es beide Verfahren zur Herstellung einer Bombe in Nazi-Deutschland? Entweder mit Schwerem Wasser durch Bestrahlung von Natur-Uran in Schwerwasserreaktoren (ggfs. im Jonastal). In Leichtwasserreaktoren (Eulengebirge, Nieder-Österreich) wird rund 3 bis 5% angereichertes Uran eingesetzt, um eine Kettenreaktion zu starten, in deren Folge Plutonium entsteht, das dann abgetrennt werden kann.

Eine Anreicherung von Uran durch Gaszentrifugen (neben Zyklotronen), wie sie in Celle oder Umgebung zu finden waren?

Also die Erzeugung einer Uran-, als auch einer Plutoniumbombe? Da die USA beide Verfahren beherrschen, könnten diese Methoden eben auch auf das zukünftige atomare Schlachtfeld Deutschland während des Zweiten Weltkrieges gelangt sein, um hier einen Dritten Weltkrieg loszubrechen.

Dazu „Mini-Nukes", wie die „Zündorkanbombe", die mehr eine Druckluftbombe, als eine echte, große Atombombe war.

In den USA setzte der Wissenschaftler Jesse Wakefield Beams im Rahmen des „Manhattan Projects" seine entwickelte Ultrazentrifuge (die 1941 ihre Funktionsfähigkeit bewies) zur Urananreicherung ein. Die Zentrifuge wurde aber zugunsten einer Diffusionsmethode im Jahr 1944 aufgegeben.

Insert

Es gibt folgende Verfahren der Isotopentrennung:

Das **Diffusionsverfahren:** Leichtere Isotope (U 235) durchdringen eine poröse Trennwand schneller als schwerere Isotope (U 238).

Das **Zentrifugalverfahren**: Leichtere Isotope (U 235) reichern sich in überschnellen Gaszentrifugen an der Drehachse, schwere Isotope (U 238) an der Außenwand an.

In den USA wurden noch zahlreiche andere Entmischungstechniken untersucht und man gab letztendlich der Diffusionsmethode den Vorzug.

Über eine Grundfläche von einer Million Quadratmetern legte man ein Gasfiltersystem mit 16 000 Kilometern poröser Röhren aus, das in vielen tausend Arbeitsstufen gasförmige Uranverbindungen zu entmischen konnte. Bei einem Verbrauch von unzähligen Kilowattstunden an Strom, das man ganze Landstriche damit versorgen könnte.

In Amerika ist eben alles „bigger and better". Think big!

Mit großem Aufwand baute man ab **1943** in den USA, in **Oak Ridge** eine Isotopen-Trennanlage von gigantischem Ausmaß.

Wie auch ab 1943 in **Hanford**, Washington, eine riesige Plutoniumfabrik.

Und in **Los Alamos**, N.M. eine weitläufige Anlage zum Bau der A-Bombe.

Drei gigantische industrielle Groß-Anlagen, um die USA zur führenden Weltmacht in der militärischen Atomforschung zu machen! Und von wo aus ggfs. die Atomtechnologie über die Schweiz nach Nazi-Deutschland gelangte, weil man hier in Europa - weit weg vom amerikanischen Kontinent - die nuklearen Voraussetzungen für einen atomar geführten Dritten Weltkrieg schaffen wollte.

Zur vollen Einsatzreife wurde die Gaszentrifuge in Deutschland und der Sowjetunion weiterentwickelt und insbesondere in Westeuropa zur Urananreicherung angewandt. Jesse Beams hatte schon Anfang der 1930 Jahre an der Zentrifugaltechnik geforscht. Seine Zentrifuge konnte bis zu 1,5 Millionen Undrehungen pro Sekunde entwickeln. Jesse Beams entwickelte eine magnetische Lagerung für die schnell drehenden Rotoren ab etwa 1934, und erste Patente wurden von ihm ab 1941 eingereicht.

Wurde die Technologie der Ultra-Gaszentrifuge von den USA freigegeben, sodass sie nach Nazi-Deutschland im Krieg gelangte und später u.a. in Nachkriegsdeutschland weiterentwickelt werden konnte? Auch der Iran wollte ja in Deutschland Gaszentrifugen für das iranische Atomwaffenprogramm erwerben.

Nach dem Krieg strebte die Bundesrepublik Deutschland, speziell unter Adenauer mit tatkräftiger Unterstützung auch von Franz-Joseph Strauß, wiederum nach der Atombombe, neben der friedlichen Nutzung der Kernkraft für die Stromerzeugung. Denn Deutschland sollte, wenn der Kalte Krieg heiß geworden wäre, wiederum das Hauptschlachtfeld in einem großen Nuklearkrieg werden. So wie auch heute - Stand 2018 - Deutschland und ganz Europa in einem atomar geführten Krieg komplett untergehen würde.

Rühren die Gerüchte, die Amerikaner hätten zum Bau ihrer beiden Atombomben, die auf Hiroshima und Nagasaki geworfen wurden, deutsches Material benutzt, daher, dass in Wirklichkeit entweder die „Regulären" in der U.S. Armee das spaltbare Material sicherstellten, damit Patton es nicht mehr verwenden konnte? Beziehungsweise, dass Gen. Patton in Besitz des angereicherten Urans und des Plutonium geriet, um damit seinen Krieg zu führen?

Versucht die Propaganda nur ein einseitiges Bild darzustellen, in dem sie den Eindruck erweckt, dass sich die USA hergibt, auf deutsche Atom-Forschungen und Bombenmaterial aus Nazi-Deutschland angewiesen gewesen zu sein, um Japan mit Atombomben zu bombardieren?

Eine Großmacht, wie die USA, soll nicht ab 1943 aufwärts, wie z.B. in der gigantischen Anlage in Hanford, WA., in der Lage gewesen sein, spaltbares Material für eigene Bomben herzustellen?

„Die Versuche liefen zunächst in Kiel, wo im August 1942 erstmals die Trennung der Uranisotope gelang. Im März 1943 wurde klar, daß mit der **Hintereinanderschaltung mehrerer Zentrifugen die nötige Anreicherung von Uran-235 möglich** würde. Im Juli 1943 wurden die Forschungsarbeiten nach Freiburg verlagert; von wo man wegen des Vormarschs der Alliierten in Frankreich im November 1944 **nach Celle** auswich. In Gebäuden der Seidenwerke Spinnhütte, wo für die Luftwaffe Fallschirme hergestellt wurden, installierte man eine Doppelzentralzentrifuge, die bei Versuchen Mitte März explodierte. Bis zum Einrücken der Briten wurde fieberhaft an der Reparatur gearbeitet.
...
Zunächst die UZ 1 und dann deren Verbesserung, die Doppelzentrifuge UZ III A. Vor allem in **Freiburg** muss den Darstellungen zufolge, die UZ 1 einige Zeit gelaufen sein.
...
Die UZ I wurde so lange betrieben, bis in den benachbarten Fabrikationsräumen in der Habsburgerstraße, der damaligen Adolf-Hitler-Straße, die Doppelzentrifuge UZ III A fertig gestellt war. Diese besaß längere Rotoren und hatte eine größere Antriebsleistung, die höhere Umdrehungszahlen ermöglichte. Das Betriebsgelände an der Habsburgerstraße, eine ehemalige Skifabrik, war hinzugekauft worden und bot auch genügend Raum zur Aufstellung von Drehbänken und Werkzeugmaschinen. Dort waren die **zehn Doppelzentrifugen** aufgelegt worden, die das Heereswaffenamt Harteck genehmigt hatte, aber wegen der Kriegsereignisse nicht mehr fertig gestellt werden konnten."

(Legende oder wurden diese - und weit mehr - Ultra-Zentrifugen fertig gestellt, wenn nicht für Freiburg, oder Celle, sondern für andere, geheime Orte, z.B. U-Anlagen?, Anm.d.A.).
...
„... letztlich fiel die Entscheidung aber auf **Celle** (Seidenwerk Spinnhütte). Aufgebaut wurde dort aus Sicherheitsgründen aber nur die Ultra Zentrifuge III A (weil alle anderen Gaszentrifugen in eine geheime Anlage, z.B. ins Wendland in den Forst bei Draghan verbracht wurden und dort ungestört Uran anreicherten?, Anm.d.A.).

Im November 1944 konnte die UZ III A in Celle wieder montiert werden und **es gelang den Betrieb Anfang Februar 1945 wieder aufzunehmen**, wobei bis zu **50 Gramm um 15 % angereichertes Uran pro Tag hergestellt wurden**. Doch kam es am 12. März 1945 infolge einer Explosion zu schweren Schäden an der Zentrifuge. Das Heranrücken der britischen Truppen stoppte schließlich die Produktion am 12. April 1945. **Das bis dahin gewonnene angereicherte Uran blieb verschollen.**

Eine zweite Ultrazentrifuge, sowie die Bauteile für die weiteren, welche **eine Produktion im größeren Maßstab erforderte**, waren an einen unbekannten Ort **verbracht worden**, blieben nach Kriegsende aber ebenso unauffindbar.

-Ends-

Anmerkung:

Wo wurde das angereicherte Uran zum Bau einer Plutoniumbombe verbracht? In den Dragahner Forst zur dortigen, gut verstecken und streng bewachten Muna, wo abgeschirmt in einem Sonderbereich, hoch geheime Uranproduktion stattfand?

Wie viele Ultra-Gaszentrifugen („Ultra" für Umdrehungszahl des Rotors, mehr als 50.000 U/min) waren wirklich im Betrieb und produzierten waffenfähiges, spaltbares Material durch Uran-Isotopentrennung, ggfs. tief im Dragahner Forst?

10, 50 oder gar 100 und mehr Zentrifugen, die in der Lage waren, einige hundert, oder tausend Kilogramm Uran anzureichen, das man zu einer Bombe hätte weiterverarbeiten können? Wohlmöglich nicht nur in Celle in der ehemaligen Spinnerei, sondern möglicherweise eben versteckt im Dragahner Forst, damit Spione abgehalten werden konnten und keine Luftangriffe die Produktion von waffenfähigem Plutonium unterbrechen konnte?

Wurde im Wendland noch eine Atombombe, zumindest eine „schmutzige Bombe" gebaut oder war in Vorbereitung?

Sollte der „Westerwaldzug" die Trägerraketen und die dazugehörige Bedienmannschaft für eine solche erste einsatzfähige Atombombe liefern? Sollte eine solche Bombe in einen, von der Rakete separierbaren Sprengkopf („Langsame Spitze") platziert werden?

Insert

Die „Glocke" eine Ultra-Gaszentrifuge?

Aus : „Lebensfeldstabilisator.de": Interview: Die Geheimnisse der Glocke.

„AAG: Dr. Eric Dravis hat gemutmaßt, **dass die Glocke eine Zentrifuge zur Raffinierung von radioaktiven Materialien aus den nahe gelegenen Bergminen** (Niederschlesien, Anm.d.A.) **war**, und nicht etwa ein Antriebssystem oder ein fortschrittliches Physikprojekt. Beantwortet seine Vermutung denn alle offenen Fragen im Zusammenhang mit dem Glockenprojekt?

Farrell: Das ist eine interessante Beobachtung, die ich selbst in meinem Buch „Reich of the Black Sun" gemacht habe. **Die Technologie der Nazis, Uran mittels einer Zentrifuge anzureichern, ist eine der weniger bekannten Facetten ihrer Geheimforschung**, aber Tatsache ist, dass **die Nazis diese Technologie derart perfektioniert hatten**, dass man mit Sicherheit sagen kann, **dass diese Methode der Urananreicherung eine exklusiv „deutsche" ist**.

(Nachdem die - von U.S. Wissenschaftlern aufgegebene Technologie der - Zentrifuge aus den USA, Los Alamos, Hanford nach Deutschland kam, um hier für den Dritten Weltkrieg Plutonium im großen Maßstab herzustellen?, Anm.d.A.)

Meiner Überzeugung nach haben die Nazis diese Technologie in einer großen Urananreicherungsanlage in Auschwitz (oder in einer der U.S. Festungsanlagen auf deutschem Boden. Siehe dazu auch „Einäscherungsexperiment" - Thermonukleare Bombe, in Auschwitz, wo tausende Häftlinge zu Asche verbrannt sein sollten, Anm.d.A.) benutzt, sowie auch von Ardennes Veränderungen an Zyklotronen mit Massenspektrometer -Separationsbehältern (sehr ähnlich dem Beta-Calutron in Lawrence/Livermore, USA)"

Anmerkung:

Als „Alpha-Version" wurde in den 1940er Jahren das „Calutron" entwickelt, später zur „Beta Version" verfeinert. Calutrone wurden im Rahmen des „Manhattan-Projektes" verwendet. Sie waren aber zu groß und verbrauchten zu viel Energie. Deshalb wurden andere Verfahren, wie UZ oder das Diffusionsverfahren zur Anreicherung von Uran, Anstelle von Calutronen eingeführt.

„Ich gehe in „Reich of the Black Sun" auf diesen Sachverhalt ein, aber er ist auch für die Geschichte der Glocke bedeutsam, da die Erfolge mit Zentrifugen den Deutschen die nötige Erfahrung im Umgang mit Geräten mit hoher Drehzahl und mit den strikten Anforderungen an die Präzision solcher Apparate gegeben hätten. Denn das waren natürlich wesentliche Bestandteile der Glocke, die aus gegenläufig rotierenden Zylindern mit hoher Drehzahl in einem abgewandelten „Plasma-Bündelungsgerät" bestand. Also ja, ich glaube, dass es **eine Verbindung zwischen der Glocke, ihrer Zentrifugentechnologie und dem Atombombenprogramm gibt**."
-Ends-

Anmerkung:

War die „Glocke" die große Spezialversion einer Ultra-Gaszentrifuge, um mehrere hundert kleinere Einheiten zu einer Großanlage zusammenzufassen?

Wurde aus dem Osten, etwa aus Nieder-Schlesien, eine geheime Fabrikationsanlage zur Urananreicherung, inklusive Uran in Bruchstücken und Ultra-Zentrifugen, dazu Schweres Wasser, zum Bau von A-Bomben ins Wendland zur weiteren Verwendung verlagert?

War „Riese" in Teilen einsatzbereit und konnte schon Uran anreichern? Oder stand die Uran-Anreicherungsanlage an einem anderen Ort, unweit von „Riese", irgendwo im Eulengebirge?

Waren in „Riese" bereits Langstreckenraketen stationiert, wie die „Schulz-Kegelrakete" mit 3.000 Kilometer Reichweite, die die A-Bombe in einem Dritten Weltkrieg verschießen konnte?

Wollte man im Dragahner Forst in der dortigen Muna die Anreicherung fortsetzen und eine Atombombe fertigen, die von einer Trägerrakete, die vom „Westerwald-Zug" in den „Raum 2" gebracht wurde, die in einem Dritten Weltkrieg gegen die Russen verschossen werden sollte? Sollte diese oder weitere A-Bomben dann u.a. der Auftakt zum globalen, atomar geführten und alles vernichtenden Dritten Weltkrieg werden?

Waren deshalb die Amerikaner und Engländer schnellsten vor Ort im Wendland, entweder um dies zu verhindern, oder für Pattons Krieg zu sichern?

Waren und sind die deutschen UZ so gut, dass auch der Iran für sein Atomwaffenprogramm lieber heute als morgen deutsche Zentrifugen kaufen möchte, als diese aus Russland zu beziehen?

...

Hatte man von Seiten der Verschwörer vor, das Oberkommando der Russen in Küstrin mit A-Bomben, oder schmutzigen Bomben zu bombardieren, um den „Kopf abzuschlagen", die Führung des sowjetischen Vormarsches auf Berlin auszuschalten?

Funktionierte der Plan aus vielerlei Gründen nicht (nicht genügend Ultra-Zentrifugen, die angereichertes Material produzierten, der Bau der Bombe verzögerte sich, bestellte Zentrifugen von Skoda kamen nicht bis in den Westen, die Angriffspläne der „Verschwörer" wurden durchkreuzt, ect.)?

Sollte statt einer A-Bombe, mehrere SO-Einsätze über Küstrin und auf die Nachschubwege der Russen nach Berlin erfolgen, was letztendlich auch aufgrund der Kriegereignisse scheiterte?

Versuchte man entweder V-1 (mit Atomsprengkopf) oder normale V-2 nach Küstrin zu lenken, die ggfs. nicht dort einschlugen, wo es geplant war?

Sollte gar ein oder mehrere Freiwillige mit einer atomar bestücken „Reichenberg" nach Küstrin gebracht werden, z.B. untergehängt unter einer Heinkel He 111, um sich mit der Bombe auf das Ziel zu stürzen?

Hatte General Patton vor, Berlin als erster einzunehmen, um klare Verhältnisse für einen Dritten Weltkrieg zu schaffen? Wie wir heute wissen, hat alles nicht funktioniert, was ggfs. noch schnell vor Kriegende verzweifelt und hektisch geplant wurde, auch mit modernen Waffen, wie Raketen und Atombomben?

Wird dies bis heute alles vertuscht, weil es ja keinen gemeinsamen Angriff williger deutscher Verbände mit den Angelsachsen gegen die Russen in einem Dritten Weltkrieg geben darf? Oder ist alles nur wieder eine schöne Verschwörungstheorie?

Übrigens: Gelange die Technik mit den Zentrifugen durch Spionage und Verrat ggfs. nach Russland und sollte in Kyschtym zum Einsatz kommen, um möglichst schnell eine russische Atombombe zu produzieren? Siehe Hinweis weiter unten im Buch! Denn in der Sowjetunion wurde auch auf die Weiterentwicklung der Ultra-Gaszentrifuge gesetzt und nicht das

Diffusionsverfahren der Amerikaner genutzt, die diese Methode wohl ausschließlich für sich beanspruchten und nicht anderen überließen?

…

Weiter mit Westerwaldzug und der V-2:

Das A-4 wurde mit einer analogen Kreiselsteuerung, die auf die Strahlruder übertragen wurden, gesteuert.

Die Flugrichtung einer V-2 wurde mit Hilfe der Steuerflosse 1 vorgegeben. Mit einem Funkleitstrahl wurde eine Breitenstreuung versucht zu vermeiden. Die Entfernung wurde über eine jeweilige steilere oder flachere Flugbahn der Rakete gesteuert.

Das Flugprofil wurde durch die gezielte Neigung der Kreiselplattform vorgegeben. Das A-4 Geschoß startete senkrecht nach oben und nach 4 Sekunden wurde die Kreiselplattform langsam geneigt. Die Kreisel waren bestrebt, die alte Richtung beizubehalten und übten so eine Kraft aus, die man in elektrische Spannung umsetzte und damit die Rakete durch die Steuerruder in die gleiche Richtung lenkte, wie die der Kreisel. Nach 54 Sekunden wurde durch Umlenkung ein Endwinkel von 49 Grad erreicht. Auch 43 Grad war möglich.

Ein entsprechendes Umlenkprogramm war _fest eingestellt_. Die Entfernung, in der die Rakete auf ein _Ziel traf_, wurde mit dem _Zeitpunkt des Brennschlusses_ festgelegt.

So konnte ein Brennschluss nach circa 58 Sekunden die Rakete 150 km weit fliegen lassen, nach circa 65 sek., endgültiger Brennschluss, wenn die Tanks entleert waren: 280 km weit.

Die Flugbahn eines A-4 hatte eine Gipfelhöhe von 80.000 - 90.000 m.

Die maximale Reichweite konnte man bis zu 320 km erweitern. Die Aufschlagsgeschwindigkeit betrug je nach Winkel zwischen 900 und 1.100 m/s. Die Brennschlussgeschwindigkeit betrug 1.600 m/s."

Anmerkung:

Eine „Langsame Spitze", der separate Sprengkopf könnte so um die 300m/s aufgeschlagen sein.

Äußere Einflüsse auf eine V-2 Rakete, wie Seitenwind wurden durch eine Mischapparatur berechnet und an die Strahlruder weitergegeben.

Am Anfang wurde der Brennschluss durch ein Signal erzeugt, sobald die Brennschlussgeschwindigkeit erreicht wurde.

Später wurden zwei Funkfrequenzen eingeführt. Bei der ersten Frequenz wurde der Schub von 25 t auf 8 abgesenkt. Die zweite Frequenz schaltet das Triebwerk ab, und die Rakete fiel nach unten.

Mit einem 25 m hohen Dipolmast, der 10 bis 15 km hinter dem Startplatz aufgestellt wurde, konnte man zwei Signale abstrahlen, die einige Grad auseinander lagen und unterschiedlich hohe Frequenzen aufwiesen. Die Rakete flog in der Mitte der zwei Signale, wo sich beide Frequenzen aufhoben. Driftete die Rakete nach rechts oder links, wurde ein Signal stärker als das andere, es konnte gegengesteuert werden, sodass die Rakete auf Kurs blieb und nicht in der horizontalen Ebene auswanderte und das Ziel verfehlte.

Die amerikanische Titan Rakete verwendete noch bis 1980 diese Steuermethode.

Ein <u>analoges Integrationsgerät</u>, später ein Doppelintegrationsgerät sollte zukünftig die komplette Steuerung der A-4 Rakete übernehmen, das 1944 zum Einsatz kam.

Es wurden eine Breitenstreuung in einem Durchmesser bis zu neun Kilometer erzielt. Mit einem Funkleitstrahl, das bereits bei der Luftwaffe für Bomber verwendet wurde, konnte man eine Genauigkeit von 1 Kilometer erreichen.

Es gab bis Kriegsende Versuche mit einem 300 MHz System (Verlust der Signalleistung nur noch 10 %), doch kam dieses nicht mehr zum Einsatz.

Die Genauigkeit lag bei Tests bei weniger als 2.000 m Seitenabweichung und weniger als 100 m Längenabweichung.

Einige Raketen sollen 100 m Zielgenauigkeit erreicht haben. Die einsatzmäßigen A-4 mussten mit einem einfacheren System auskommen, das eine 50 %-Breitenstreuung von 2 km hatte. Wobei die Frage ist, ob der Westerwaldzug Raketen mit präziserer Steuerung geladen hatte?

Das ganze Lenkungssystem, das später zum Vorbild aller Raketen in Ost und West werden sollte, beschrieb Dipl. Ing Oscar Scholz so:

„Die Hauptelemente der Steuerung der A-4 waren zwei Meßgeber (Kreisel: Vertikant und Horizont), Programm (Zeitschaltwerk), Rechner (Mischgerät), Kraftschalter und Rudermaschine.

Der Horizont diente zur Festlegung von Ablagen in der D-Ebene (Längsstreuung), der Vertikant in der E-Ebene (Breitenstreuung).

Die Ablagen von der geforderten Bahnebene als Vergleich des augenblicklichen Ist-Werts und des Soll-Werts (Führungsgröße, ergibt sich durch kreiselbedingte Abgriffe an Doppelpotentiometern in Form eines proportionalen Gleichstroms, der dem Mischgerät zugeführt wird (Regelgröße)). Diese Regelabweichungen, bzw. Signale, werden mit entsprechenden Korrektur- und Stabilisierungsgrößen (Aufschaltgrößen) vermischt, sodann die kombinierten Größen verstärkt und dem Stellmotor (Rudermaschine) zugeführt, wo das Auslaufen der entsprechenden Luft- oder Strahlruder eingeleitet wird, die endlich die gewünschte Richtungsänderung hervorrufen.

Um die Seitenstreuung, die größer als die Längsstreuung war, einzudämmen, wurden in bestimmten Fällen ein zusätzliches Leitstahlsystem verwendet.

Die Brennschlussabgabe erfolgte anfangs <u>durch Funk vom Boden aus</u> mit Hilfe des Dopplereffektes (Frequenzdifferenz diente als Maß für die Geschwindigkeit) und später mit Hilfe <u>eines Integrationsgerätes im Flugkörper funkfrei</u> (unabhängig vom Boden und ohne Störung von außen durch den Feind, Anmd.A.).

Das Integrationsgerät hatte Beschleunigungsköpfe. Die im Flugkörper gemessenen Beschleunigungswerte wurden mit einer Spezialbatterie „integriert". Bei dem für eine bestimmte Reichweite erforderlichen Geschwindigkeitswert ergab ein Spannungssprung in der Spezialbatterie das Kommando für die zweistufige Abschaltung des Raketentriebwerks.

Die Spezialbatterie wurde am Boden mit dem erforderlichen Geschwindigkeitswert aufgeladen.

Mit der **funkfreien A-4**, die sich selbstständig lenkte (Trägheitslenkung, Programm), wurden komplizierte Bodenanlagen sowie feindliche Störmöglichkeiten vermieden.

(Wie eventuell beim Westerwaldzug, der vom britisch besetzten Wendland aus noch A-Bomben verschießen sollte?, Anm.d.A.)

Für die letzten Geräte waren kreiselstabilisierte Plattformen (3 Kreisel) mit mehreren auf der Plattform montierten Beschleunigungsköpfen (Brennschlussgabe mit doppelter Integration, Feststellen von Seitenbeschleunigungen, usw.) vorgesehen.

Allerdings wurden die einzelnen Komponenten verfeinert, genauer und kleiner. Damit ist auch die heutige Lenktechnik charakterisiert."

Soweit die Ausführungen von Oscar Scholz. In der Tat hatte die Steuerung der A-4 alle Elemente, die heute eine Rakete hat, welche autonom navigiert.

Die Apparaturen waren einfacher und Anstelle eines heutigen Digitalrechners gab es analoge Schaltungen, die Ströme „vermischten", oder aus einer Referenz und einem Signal des Istwertes einfach die Differenz bildeten. Ohne digitalen „Schnick-Schnack". der bei einem EMP durchbrennen würde.

Als im Westen Mitte der neunziger Jahre die technischen Daten der Steuerungen von russischen Raketen bekannt wurden, stellte man fest, dass die wesentlichen Elemente der A-4 nach wie vor eingesetzt wurden, denn die gesamte Steuerung war immer noch analog, und somit, gegenüber digitaler Versionen, weniger störanfällig. Was für die Russen in einem Dritten Weltkrieg durchaus von Vorteil sein könnte.

Die „Proton" benutzte nach wie vor eine Mischbatterie, die vor dem Start mit Geschwindigkeitsvorgaben aufgeladen wurde. Erst im Jahre 2002 und 2005 ersetzte man bei den Proton und Sojus Raketen die analoge Steuerung durch eine digitale. Nachdem die Amerikaner und Europäer die russischen Raketen zur Versorgen und für Transportflüge zur ISS bis zum heutigen Tag, Stand 2018, benötigen.

Anmerkung:

Wie arbeitete nun die Besatzung des Raketenzuges im Westerwald, die den Brennschuss teilweise noch manuell einleitete?

„Die **Brennschlussabgabe** erfolgte anfangs durch **Funk** vom Boden aus mit Hilfe des Dopplereffektes (Frequenzdifferenz diente als Maß für die Geschwindigkeit) und später mit Hilfe eines Integrationsgerätes im Flugkörper funkfrei (unabhängig vom Boden)."

So heißt es in dem genannten Internet-Bericht:

"During the night of September 25-26, 1944, the Headquarters Batterie, the 2./836, the Technische Batterie 91 and the Flak Zug Wotan (armed with anti-aircraft guns), the Wachabteilung of 1./836 and the Sendezug/Funkhorchkompanie 725 (Brennschluss Signal) all moved to Helferskirchen, where the firing site is positioned about one Kilometer south of the town."

Dr. Friedrich Kirchstein von Siemens entwickelte den Brennschluss durch Funkbefehl und der erste erfolgreiche Flug eines A-4, bei dem der Brennschluss durch Funk erfolgte, war der 3. Oktober 1943.

Bei der „Operation Pinguin" wurde am 8. September 1944 durch Radar-Leitstrahl erstmals eine A-4 Rakete nach Paris gesteuert (wohin in der Seine-Stadt? Um Paris zu zerstören, oder als Demonstrationsflug für die West-Alliierten?)

Ein Soldat der Art. Abt. 836 in seinem Funkmess-Eisenbahnwaggon wird manuell, vom Boden aus das Brennschluss-Signal an eine jeweilige abgefeuerte Rakete ausgesandt haben, damit eine ballistische Abstiegskurve eingeleitet werden konnte, die direkt auf ein ausgewähltes Ziel, wie Antwerpen führte.

Wenn die Raketen aus dem Westerwald auf ihr vorbestimmtes Ziel zuflogen, wird das Radar die Distanz bis zum Einschlag angezeigt haben, sodass der Soldat der Funkhorchkompanie wusste, wann er den Brennschluss einzuleiten hatte, damit die Rakete in den Sinkflug übergehen konnte und gleitend, ohne Antrieb im Ziel aufschlug.

Dazu musste der Soldat aber wissen, wie schnell die Rakete flog und in welchem Zeitabschnitt vor eintreffen im Ziel der Abstieg der Rakete erfolgen sollte, damit das Geschoss nicht über das Ziel hinaus schoss.

Bei einer angenommen Distanz bis zum Ziel vom Abschusspunkt von z.B. 100 km, muss der Soldat wissen, bei vorgegebner Höchstgeschwindigkeit und Flughöhe - ballistischer Flug oder horizontaler Flug - ab wie viel Kilometer vor dem eigentlichen Ziel der Antrieb durch Brennschluss gestoppt werden muss, damit die Rakete im Gleitflug ihr Ziel überhaupt treffen konnte. Zum Beispiel bei 80 km vor Antwerpen wird der Raketenmotor gestoppt und die Rakete gleitet 20 km weit nach unten, um im Zentrum der Innenstadt von Antwerpen einzuschlagen. Zu den Messwerten müsste auch die Einberechnung meteorologischer Bedingungen, wie Gegenwind, Seitenwind usw. zusätzlich erfolgen.

Wenn er den Raketenmotor nicht stopp, weiß die Rakete nicht, wann sie auf ein Ziel abkippen muss und fliegt solange weiter, bis der Treibstoff letztendlich aufgebraucht ist und aufgrund Treibstoffmangel automatisch Brennschluss entsteht. Die Rakete stürzt dann im ballistischen Gleitflug zu Boden. Wenn man die Distanz, z.B. von Peenemünde nach London kennt, kann man soviel Treibstoff einfüllen, dass die Rakete kurz vor London in den Sturzflug übergeht und irgendwo wahllos in die Innenstadt oder in eine der Vororte einschlägt.

Britische Agenten gaukelten deutschen Spionen, die die Einschläge der V-2 in London überwachen sollten, vor, dass die Raketen entweder zu kurz oder zu weit flogen, was in Wirklichkeit nicht stimmte. Die deutschen Spione meldeten dies und daraufhin wurde der

Flug korrigiert, und nun flogen die Raketen tatsächlich zu kurz oder zu weit und trafen nicht mehr die Innenstadt.

Die Korrektur wird wohl hier, ohne Leitstrahl, mit Hilfe der Treibstoffmenge reguliert worden sein. Entweder wurde mehr, oder weniger getankt, um den Brennschluss durch „Fuel Starvation", durch leere Tanks herbeizuführen. Beziehungsweise die Flughöhe un damit der Scheitelpunkt war höher oder niedriger, damit der ballistische Abstieg wieder die City von London traf.

Der „Westerwald-Raketenzug" stoppte aber die Treibstoffzufuhr manuell vom Boden aus, durch Funksignal von einem Soldaten im Funkraum einer mobilen Einheit. Ohne dieses Signal wäre die Rakete z.B. über Antwerpen hinweg geflogen und wäre, z.B. 30 km hinter der City eingeschlagen, weil mehr Treibstoff in den Tanks war, als ein Flug bis zum Zentrum von Antwerpen dauerte.

Die Tanks immer randvoll zu füllen, ist unter Gefechtsbedingungen im Feld für die Bedienmannschaft einer Abschusseinheit leichter, als mühsam auszurechnen, wie viel Kilogramm Treibstoffe in die beiden Tanks gefüllt werden müssen, damit ein Ziel erreicht werden kann. Was sowieso immer zu Ungenauigkeiten führt, zumal halbvolle Tanks ungünstig für den Raketenstart und -flug sind (Luft/Wasser in Tanks), auch der Kraftstoffdruck und die Förderpumpen und Förderleistungen spielen eine Rolle.

Somit müssten die Funkmess-Soldaten eine oder mehrere Tabellen vorliegen gehabt haben, die aufgrund Erfahrungs- und Rechenwerten erstellt wurden, um die jeweiligen Werte, wann ein Brennschluss per Funkbefehl eingeleitet werden musste, damit eine Rakete ihr Ziel auch tatsächlich erreichen konnte (Vorhalt).

Diese Werte könnten in Peenemünde und anderem Instituten, sowie Hochschulen in ganz Deutschland erstellt worden sein. Denn es gab unzählige „Rechenknechte", darunter viele „Rechenmädchen" (wie Frau Gröttrup), die umfangreiche Rechenarbeiten ausführten. Denn Computer, wie heute, die sekundenschnell riesige Daten verarbeiten, gab es damals kaum und wurden erst sukzessive eingeführt.

Das Brennschluss-Signal ist auch wichtig bei den neuen Raketen, deren Sprengköpfe absprengbar waren. Denn mit Brennschluss war das automatische Separieren der Nutzlastspitze in Form einer Langsamen oder Schnellen Spitze gekoppelt.

Ob der „Bromskirchenzug", der Artillerie-Raketenzug auch neue A-8, A-4b mit separierbarem Sprengkopf geladen hatte?

Möglich, dass auch die Fi-103, das „Flak-Zielgerät 76" auf Leitstrahl (oder durch Kamera-Fernlenkung) ins Ziel gelenkt werden sollte und vorzeitig der Antrieb, wie ein Pulso-Schubantrieb, später eventuell TL-Triebwerke, wie eine leichte, kleine Turbine von Porsche, durch Brennschluss-Signal in einen Sturzflug auf ein Ziel gelenkt wurde, bzw. die Ruderklappen automatisch auf „Fallen" klappten, damit ein Sturzflug eingeleitet werden konnte.

Übrigens war die V-1 effektiver, was die Sprengwirkung anbelangte, gegenüber der (alten) V-2 Version.

Erstens hatte der Sprengkopf der V-1 keine Probleme mit einer Aufheizung beim Wiedereintritt, wie beim A-4. Zumindest bei der alten Version, nämlich dass die V-2 Rakete komplett, in einem Stück auf den Boden aufschlägt (im Gegensatz zu den moderneren Versionen mit absprenbaren Sprengkopf – „Langsame und Schnelle Spitze"). Die Großrakete grub sich in die Erde ein und detonierte unterhalb der Gebäude, was die Sprengwirkung verminderte.

Die V-1 explodierte schon beim Einschlag in ein Gebäude (Dach), aufgrund der niedrigeren Geschwindigkeit. Damit war die Sprengwirkung mehr gestreut und wirksamer, auch aufgrund der höheren Zuladung an Sprengstoff.

Anhang

Hier, zum Abschluss noch ein „bisschen Verschwörung zum Gruseln", u.a. entnommen aus :

„SPYING ON SCIENCE: WESTERN INTELLIGENCE IN DIVIDED GERMANY 1945-1961"

Untergrund Fertigung und Raketensilos

"An informant on the further development of the V-1 motor at Junkers-Dessau "was one of the leading V-1 experts". He told "FIAT Forward" that the Soviets had insisted that **in actual flight, the engines carry the weapon beyond a "safety margin" of 80 kilometres**; the informant believed that this was so **that the V-1 could carry an atomic warhead**."

Anmerkung:

War es ein FZG-76, eine "V-1", eine „Reichenberg" oder ein anderer Raketengleiter, der einen atomaren Sprengkopf, oder eine „Zündorkanbombe" tragen sollte? Kamen diese aus Neu-Tramm?

"Intelligence of other menacing development projects was obtained, for instance of **remote-control steering devices for longer versions of the V-2**, apparently known as the V-3 and V-4, at the "**GEMA Institute" in Berlin**.

Moreover, a design team led by Mikhail Iangel began work on a missile called **the R-14** at the beginning of the 1950s, soon after Gröttrup had submitted his design. Although in essence a Soviet design, **the missile bore traces of the Germans' influence**. Christoph Mick also thinks it likely that the Germans' proposal influenced Korolev's design for the R-3A. In addition, Gröttrup indicated that **the age of missile silos was not far off**. His interviewer noted that Source has also reported **the paper study of an underground Assembly**

Factory combined with an **operational underground firing point**, the rocket being **fired upwards through a vertical shaft**."

Anmerkung:

War es nur eine Studie auf Papier, oder wurden U-Fertigungsanlagen und U-Abschussrampen noch vor Kriegsende in Nazi-Deutschland realisiert und baulich abgeschlossen?

Sollte ab Juli 1945 keglige Fernraketen in diesen unterirdischen Fabriken produziert werden und gleich nach Fertigstellung aus unterirdischen Abschussröhren auf ein Ziel in der Sowjetunion verschossen werden?

"Gröttrup pointed out that road transport will subject any rocket to unnecessary stresses and that **with a range of several 1,000 km**, it was pointless to run the risk of damage for the sake of a few 100 km change in firing position. The Russians however insisted on road transport as an alternative."

Anmerkung:

Die Russen ließen ihre kegligen Raketen auch wieder aus dickeren Blechen herstellen, sodass diese auch auf Meilerwagen transportfähig waren.

Nur als Notlösung wurde in Deutschland diese keglige Fernrakete aus extrem dünnen Blechen gefertigt und konnte somit nicht über weite Strecken mit der Bahn oder Transportwagen transportiert werden.

"… He returned to East Germany **from Khimki** in September 1950 and took up a job in Chemnitz. "STIB" made contact with him and interviewed him when he visited Berlin. He was a test engineer and was taken to **Kapustin Yar in 1947** in the company of Gröttrup and other Germans. The test site was, he said, "near Stalingrad"; the **firings were eastwards towards the salt lakes**. He described the route to the site thus: The journey took about a week and they travelled via Moscow to Kuibyshev. From there they travelled south, joining a branch line from Saratov. This line would eventually go **to Astrakan** [sic]. The FMS train, however, joined the branch line to Stalingrad at Bastkunschak. They finally came to a stop at a place called Kapustin Yar [of which he drew a map].

The former CIA photo-interpreter Dino Brugioni has confirmed that, "We found out about the missile tests at **Kapustin Yar from the German scientific returnees**."

Another returnee, **Heinz Jaffke**, identified another missile-testing site. **Late in 1946 he had been taken to Zagorsk**, north-east of Moscow, **to advise on the installation** there of V-2-type rocket test stands for **static tests**. Jaffke concluded that the site would be suitable but did not know whether a development range was, in fact, constructed there. The site outside Zagorsk indeed became the first Soviet static-test range for large rockets.

AIRCRAFT Intelligence of Soviet fighter-interceptors was eagerly sought and here the operation yielded a success. **Siegfried Günter**,

Heinkel's chief designer during the war, returned from Podberez'ye
in 1954 with news of a „**delta wing fighter**". This had been the
principal task on which he had been employed in the USSR, keeping
him busy from 1948 to 1951. It was a novel design for a rocket-
driven, **triangle shaped aircraft without a tailplane**. Günter gave
full details of the two versions of the design he had developed to
his interviewers. One version had a **high wing**, the other a **mid-wing
and round fuselage** (wie später die "Florett", Anm.d.A.).

The Soviets told him that the Committee of Experts considered his
design important; the design bureau in which Günter worked thereupon
removed all indications that this was a German design from the
technical drawings of the aircraft. Günter believed that this was so
that the design could be presented as a Soviet one; work on the
aircraft was, he maintained, continued by Soviet designers after he
was taken off the project, and a very similar aircraft was put into
production.

Anmerkung:

Heinz Jaffke, der Ende der 1940er Jahre nach Argentinien zu Prof. Ronald Richter geht und
dort u.a. die Elektrik, die Verkabelung von Richters Bauten auf der Insel Huemul vornimmt
(Zeugenaussage), was machte er in **Sagorsk**, wo statische Versuche mit erbeuteten deutschen
V-2 Raketen vorgenommen wurden?

Jaffke ist wohl kein „Raketenmann", eher zuständig für
Bauten, U-Anlagen und die dazu benötige Infrastruktur
und Ausrüstung. Wohlmöglich war er in die
Entwicklung geheimer U-Werke und unterirdische
Abschussrampen (Silos) für bestimmte Teilbereiche
(Verkabelung, Elektrik, Stromversorgung usw.) mit
eingebunden, sodass er später die Russen beim Bau
deren Geheimbasen mit seinem Kompagnon Närr
beraten konnte.

In Sagorsk war das N-II Büro 88 angesiedelt und dort
wurden nach dem Vorbild der Teststände, wie sie in
Lehesten im Harz vorzufinden waren, ähnliche
Teststände errichtet, um Probeläufe von
Raketentriebwerken durchzuführen.

Man suchte in Russland nach einem unbewohnten Gebiet mit viel Wald, das tiefe Schluchten
und hohe Hänge aufweisen konnte. Man wollte eine natürliche Umgebung finden, wo man
lange Gräben und steile Hänge für das Ausblasen eines Raketen-Abgasstrahls nutzen konnte.
Man fand das Gelände 17 Kilometer nördlich der alten Stadt Sagorsk, wo früher eine
Holzwirtschaft bestand.

Heinz Jaffke, ggfs. ein Anlagenbauer, könnte beratend bei der Erschießung des Geländes und
dem Bau solcher Teststände für Raketen-Triebwerke tätig gewesen sein. Wohlmöglich hatte
Jaffke bereits im Krieg an solchen Anlagen in Peenemünde oder im Harz gearbeitet. Da
bestimmte U-Anlagen zumindest eine Sauerstoffverflüssigungsanlage bekommen sollten, war
Heinz Jaffke wohl auch hier Experte zum Bau dieser Installationen.

Einige Gerätschaften aus Deutschland, wohl auch aus Lehesten, wurden nach Sagorsk verbracht, und der erste offizielle Probelauf solle im Dezember 1949 stattfinden, wobei das N-II-88 Institut eine Kopie der deutschen V-2, eine R-1 endmontierte.

Mehr als 200 deutsche Spezialisten arbeiten im Büro N-II-88, mit ihren Familien waren es mehr als 500. Die Deutschen kamen vom ehemaligen Institut „RABE", Bleicherode, Harz oder von den Montania Werken.

Die Montania Werke produzierten Bergbaugeräte für den Kaliabbau in Bleicherode, sowie Motorlokomotiven von 8 bis 30 PS für Gruben- und Feldbahnen. 1912 kam es zum Kauf der Montania durch die Firma Orenstein & Koppel, O&K.

O&K wurde später in MBA, „Maschinenbau und Bahnbedarf AG" umbenannt. Der Bau der „Reichsautobahnen" bringt dem Betrieb umfangreiche Lokomotivaufträge. Bis zu 100 Loks verlassen pro Monat die Werkshallen.

Im Jahre 1942 stellte die MBA auf volle auf Kriegsproduktion um. Ein Teil des Maybach-Motorenwerks in Friedrichshafen wird vom Bodensee nach Nordhausen im Harz verlagert. Unter anderem werden 12-Zylinder Maybach-Ottomotoren mit 220 und 300 PS für Panzer produziert

Nach Kriegsende 1945/46 wurde das vormalige MBA-Werk in Nordhausen ein Produktionsstandort des - russischen - „Institutes Nordhausen" und hieß nun wieder „Montania Werk 2 /Triebwerksbau".

Im Herbst 1946 arbeiteten allein in der Montania Werk 2 Nordhausen 151 Ingenieure und technische Zeichner sowie 560 Facharbeiter. Die Zahl der insgesamt im „Institut Nordhausen" in den Werken 1 (Sömmerda) bis 4 (Sondershausen) und in den Entwicklungsabteilungen tätigen Ingenieure und Facharbeiter wird mit ca. 5.000 angegeben.

Am 15. Juni 1947 wurde die gesamte Produktion der Montania Werke auf Befehl des Stabschefs der Artillerie der Roten Armee, Nedelin nach Kapustin Jar in Russland verlegt.

Nach Khimki wurden 23 deutsche Spezialisten gesandt, um beim OKB 456 eine Fertigungsstraße für Raketentriebwerke aufzubauen. War darunter auch Heinz Jaffke als Anlagenbauer?

Am 8. Dezember 1949 wurde das RD-100 Triebwerk der R-1 zum ersten Mal in „Novostroika", wie das geheime Testgelände nahe Sagorsk genannt wurde, gezündet.

Soweit die offizielle Version. Was geschah zwischen Ende 1946 und Dezember 1949 in Sagorsk noch? Brauchte man geschlagene drei Jahre, bis der erste Triebwerkstest eines alten V-2 Ofens stattfinden konnte?

Hätte Jaffke beim Aufbau von Infrastruktur für Raketenanlagen so langsam gearbeitet, hätte Peenemünde kaum während des Krieges größere Erfolge aufweisen können.

Wurde schon zuvor bestimmte Triebwerke in Sagorsk getestet? Triebwerke für Langstreckenraketen, wie die Kegelrakete mit 3.000 Kilometer Reichweite?

Das N-II Institut war auch für die Entwicklung von Langstreckenraketen zuständig.

Wurde vorrangig in der SU an Langstreckenraketen auf Basis der „Schulz-Rakete" gearbeitet und auch der entsprechende atomare Sprengkopf kurz nach Kriegsende dafür entwickelt? Siehe hier den Bau eines Plutoniumreaktors auf einem Gelände nahe der Ortschaft Kyschtym hinter dem Ural, im nächsten Absatz!

Die Frage bleibt also offen, ob Jaffke nach seinem Aufenthalt in der SU, gezielt zu Prof. Richter nach Argentinien beordert wurde, um dort die Anlagen für das „Sonnenkraftwerke" auf der Insel Huemul zu installierten.

Von wem könnte Richter dorthin befohlen worden sein? Von den Russen, oder den Amerikanern, die wollten, das Prof. Richter seinen „Stoßwellen-Reaktor" verwirklichen konnte?

Bei Sagorsk in der Nähe von Moskau gibt es zudem ein Virenforschungszentrum Sagorsk-6, wo 1959 die bakterielle Waffe „India-1" verbracht wurde. Der Ort gilt als geschlossener Bereich, der nur mit Erlaubnis betreten werden darf. Er ist bis heute geheim.

Die „**Gema-Werke**", „Gesellschaft für elektroakustische und mechanische Apparate mbH", Berlin-Köpenick, Standort u.a. in Lauban/Luban, hatte auch weitere Standorte und Versuchsanlagen in Neumark bei Jüterbog, Montagewerke in Kiel, Bremen Gotenhafen und Paris.

Die Firma befasste sich mit u.a. mit der Entwicklung von Radar- und Sonar-, sowie Funkmessanlagen. Unter anderem wurden die Radaranlagen „Freya", sowie „Würzburg-Riese" und deren Weiterentwicklungen produziert. 1943 wurde wegen der sich verschlechternden Luftlage die Firma nach Lauban in Nieder-Schlesien verlagert.

Es gab auch eine Zusammenarbeit mit Telefunken, siehe hier Kamerafernsteuerung von Flugkörpern als Waffenträger oder zur Flugabwehr.

Es soll auch eine spezielle Kamera entwickelt worden sein, die sowohl stationär, wie auch tragbar mit eigenem Generator, ortsfeste Artillerieziele, als auch bewegliche Luftobjekte unabhängig von den atmosphärischen Bedingungen lokalisieren konnte. Außerdem wurden Versionen der Kamera für die deutsche Kriegsmarine hergestellt.

Sollten russische Langstreckenraketen radargesteuert Ziele im Westen ansteuern können und waren Spezialisten, auch der Gema-Werke, neben Telefunken, in der SU tätig, um solche Steuerungsanlagen für Atomraketen zu entwickeln?

Wie weit waren solche Versuche bereits während des Krieges bei „Gema" gediehen, um „verlängerte V-2 Versionen" fernzusteuern?

Welche Querverbindungen der Gema-Werke mit dem Peenemünder „Institut für vollautomatische Steuerung" könnte es gegeben haben?

Heinkel Chefkonstrukteur Siegfried Günter

Ein herausragender Mitarbeiter innerhalb der Mannschaft von Flugzeugkonstrukteuren bei Heinkel war Siegfried Günter, der zusammen mit seinem Zwillingsbruder Walter am. 8. Dezember 1899 in Keula geboren wurden. Siegfried Günter starb am 19. Juli 1969 in Berlin.

Bekannte Konstruktion von den Günters waren die Heinkel He 70 oder die He 111. Zu Kriegsende entwickelte Siegfried Günter den „Volksjäger", die Heinkel He 162 und sein Kollege Karl Schwärzler konstruierte sie.

Von 1946 bis 1954 wurde Ingenieur Siegfried Günter in der Sowjetunion zwangsverpflichtet. Nach der Rückkehr aus der SU ging Günter zu Heinkel zurück und entwickelte zusammen mit Karl Schwärzler und anderen den Senkrechtstarter VJ 101.

Viele Ingenieure gingen mehr oder minder freiwillig in den Osten, da man ihnen im Westen kein vernünftiges Angebot machen konnte, hier in ihren angestammten Berufen weiterarbeiten zu dürfen.

So schreibt Ernst Heinkel in seinem Buch: *„Stürmisches Leben"*, Sonderausgabe Europäischer Buchclub, o.D.:

„In Landsberg machte ich halt und suchte Siegfried Günter, der Mitte April 1945 in den letzten Kriegswochen noch mit etwa fünfunddreißig anderen Angestellten meines Konstruktionsbüros nach Landsberg ausgewichen war und nochmals ein primitives Büro eingerichtet hatte.

Ich fand ihn, den bedeutendsten Flugzeugstatiker und Aerodynamiker, den Europa in jener Stunde besaß, mit seiner Frau in einem kleinen Zimmerchen.

Er arbeitete mit zehn meiner anderen Leute, drunter Töpfer, in einem Technischen Büro, das der **amerikanische Major Cardenas** auf einem Flugplatz in Pensing bei Landsberg eingerichtet hatte.

In den ersten Wochen nach dem Einmarsch der Amerikaner in Landsberg, Ende April, hatte Töpfer vergebens versucht, die amerikanische Militärregierung auf die Anwesenheit und Bedeutung Günters aufmerksam zu machen.

Günter war, wie in all den vielen Jahren zuvor, selbst zu weltfremd, um sich in den Vordergrund zu spielen. Erst später war Cardenas von einer höheren amerikanischen Dienststelle gekommen und hatte das Büro eingerichtet, in dem Günter bei meinem Besuch gegen ziemlich klägliche Bezahlung, aber trotzdem glücklich, überhaupt, als Wissenschaftler tätig sein zu können, arbeitete.

Seine Arbeit umfasste nicht nur alles, was wir seit der Ablehnung der He 280 und unabhängig von der He 162, sozusagen als Griff in die Zukunft, an unbekannten Strahlflugzeugprojekten entwickelten, sondern er beschäftigte sich überwiegend auch mit neuen Nurflügelflugzeugen. Ich hoffte bei diesem Besuch in Landsberg, daß

Günter hier oder in Amerika selbst ein dauerndes Tätigkeitsfeld finden würde.

Ich kannte ihn. Es gab für Günter nur intensive Arbeit. Ich sagte dies auch Cardenas, als er einige Zeit später mit Günter zu einem kurzen Besuch zu mir nach Windsbach kam.

Aber wenige Wochen später, Ende September 1945, löste Cardenas das Büro in Pensing auf. Er fuhr nach England. Er teilte Günter zwar noch mit, daß der Aufbau eines größeren Büros in Wiesbaden geplant sei und daß er ihn dann holen werde, aber Cardenas gab niemals mehr ein Lebenszeichen von sich, und von amerikanischer Seite wurde niemals mehr nach Günter gefragt, obwohl Töpfer noch mehrmals auf ihn und seine außerordentliche Bedeutung aufmerksam machte.

Günter blieb hoffnungsvoll bis zum Frühjahr 1946 in Landsberg, bis seine letzten Mittel erschöpft waren. Er äußerte in den letzten Wochen Töpfer gegenüber immer häufiger, er könne nicht anders, er müsse Flugzeuge entwickeln. Und wenn ihn der Westen nicht mehr haben wolle, dann müsse er vielleicht für den Osten arbeiten.
. . .
Stattdessen zog ihn (Günter) das sowjetische Spezialflugzeug-Konstruktionsbüro OKB IV in Berlin-Friedrichshagen zu sich hinüber.

Günter führte dort unsere letzten Projekte fort und wurde in die Sowjetunion gebracht, wo er nach meiner Überzeugung an Konstruktionen mitarbeitete, die heute für die außer-sowjetische Welt vielfach zu Problemen geworden sind. (MiG-15 in Korea, Anm.d.A.)

Erst als sein Aufenthalt und seine Leistungen in der Sowjetunion bekannt wurden, erhielt ich eine ständig wachsende Anzahl amerikanischer Anfragen nach Günter und seinem Schicksal."

Wer war Major Cardenas? Gehörte Cardenas, wie auch Major Hazen, zur „Technical Intelligence Section" der USAEF?

So heißt es über das Lippisch P-13 Projekt eines Staustrahljägers?

„Die Pläne dieser revolutionären Fliegenden Flügel („Triebflügel", Anm.d.A.) wurden dem amerikanischen Projektoffizier Major A. C. Hazen von der Air Intelligence Section der amerikanischen Luftwaffe in Europa ausgehändigt. Sie wurden ihm aber aus einem offenen BMW-Wagen gestohlen, der von einem Zahnarzt aus Bad Tölz von den Amerikanern „requiriert" worden war."

Dazu schreibt ergänzend Alexander Lippisch im seinem Buch „Erinnerungen":

„. . . Die Pläne dieser drei Flugzeuge (DM-2, DM-3, DM-4, Anm.d.A.) wurden einem amerikanischen Offizier bei Rosenheim aus dem offenen Wagen gestohlen. Ein sowjetischer Sender hat damals kurz darauf erklärt, dass den Russen diese Pläne in die Hände gefallen seien."

Anmerkung des Autors:

Diese schöne Geschichte kann man glauben oder auch nicht.

Hochgeheime Pläne, die zuvor in einem Tresor sicher aufbewahrt wurden, liegen einfach in einem offenen Wagen herum. Und die Russen haben nichts Besseres zu tun, als der ganzen Welt kundzutun, dass sie nun Konstruktionsunterlagen für ein überlegenes Hyperschallflugzeug in Händen hielten, statt den Vorteil geheim zu halten.

Oder haben wir hier wieder eine - schlecht gemachte - Ablenkungsgeschichte, um sagen zu wollen, dass so ein Hyperschallprojekt genauso uninteressant ist, wie zum Beispiel die „Flugscheiben", bei deren Sichtungen ja auch, neben den „Außerirdischen", die Russen daran schuld sind!

Spielte Major Hazen vom amerikanischen Geheimdienst kurz nach Kriegsende den Russen neueste Pläne von Dr. Alexander Lippischs hyperschnelle Flugzeuge zu, damit auch hier die Sowjetunion mit dem Westen gleichziehen konnte?

Wurden solche hyperschnallschnellen Flugzeuge von Lippisch eingehend ausgewertet und flossen die Ergebnisse in die - Überschall - Gleiter ein, die als „Ghost-Rockets" über Schweden im Jahre 1946 erfolgreich erprobt wurden?

Siehe heute Russlands (als auch Chinas) neues Hyperschallgleiter-Projekt, das von dem russischen „Ajax-Projekt" abgeleitet worden sein könnte, und das den Verteidigungsexperten in den USA großes Kopfzerbrechen bereitet.

Was für ein Büro sollte in Wiesbaden, gegebenenfalls auf dem Flugplatz in Schierstein, wo später im Kalten Krieg Spionageflüge in den Ostblock durchgeführt wurden, und wo die CIA in Schierstein das Sagen hatte, für deutsche Flugzeugkonstrukteure eingerichtet werden?

Schien man mit dem „Desinteresse" und dem Abwandern von deutschen Spezialisten in den Osten, alles getan zu haben, dass die Sowjetunion technologisch zumindest halbwegs gleichziehen konnte, damit ein „Kalter Krieg" überhaupt in irgendeiner Weise vor der Öffentlichkeit zu rechtfertigen war?

Was machte Siegfried Günter in Landsberg, in Landsberg/Pensing auf dem dortigen Flugplatz und wie kontrollierte, oder instruierte der Führungsoffizier Major Cardenas die Heinkel-Mannschaft und insbesondere den hochgradig talentierten Flugzeugkonstrukteur Siegfried Günter?

So heißt es in dem Buch: „*Arming the Luftwaffe: The German Aviation Industry in World War II*", Daniel Uziel, aus dem Englischen:

```
„Die Amerikaner ergatterten auch Ernst Heinkel und fast seine
gesamte Konstruktionsmannschaft in Landsberg, die dort an der He 162
arbeiteten. Die „Technical Intelligence Section" der USAAF war sich
bewusst, wie wertvoll und wichtig diese Konstruktionsmannschaft von
Heinkel war.

Im Juni 1945 genehmigte diese U.S. Nachrichteinheit der Heinkel
Mannschaft in einem improvisierten Büro, unter der Führung von
Siegfried Günter, für einige Monate weiterzuarbeiten, um neue
Blaupausen einiger der fortschrittlichsten deutschen Projekte zu
erstellen. Im Oktober 1945 sammelten die Amerikaner alle Unterlagen
```

ein und versandten diese in die USA. Die gesamte Heinkel Gruppe wurde daraufhin aufgelöst."

Bearbeitete diese Heinkel Gruppe nur eigene Flugzeugprojekte, die bereits im Krieg angedacht gewesen waren, oder gab man Chefkonstrukteur Günter auch Blaupausen anderer deutscher Flugzeughersteller, um deren Projekte nachzuvollziehen, beziehungsweise diese zu überarbeiten, sie an modernere Techniken (Triebwerke mit Schub über 2.000 kg) anzupassen?

War der Hinweis von Major Cardenas, den Heinkel in seinem o.g. Buch erwähnte, nur eine Hinhaltetaktik, weil die Amerikaner niemals vorhatten, in Wiesbaden ein neues Konstruktionsbüro für deutsche Luftfahrtingenieure aufzumachen? Oder gab es diese Pläne, wurden aber, weil der Dritte Weltkrieg nicht kam, aufgegeben?

Sollte Siegfried Günter, der seine Familie ernähren und durchbringen musste, in seiner Verzweiflung dazu genötigt werden, bei den Russen in Ost-Berlin anzuheuern, um Geld zu verdienen?

Oder ist dies nur eine der vielen Deckgeschichten, wie auch der nächste Absatz über Atomforschung in der SU aufzeigt, um eine Legende aufzubauen, warum die Sowjets mit westlicher Hilfe die Möglichkeit bekamen, ein modernes Jagdflugzeug zu bauen, dass im Luftkampf mit amerikanischen Maschinen im nächsten Krieg, dieses mal in Korea, überhaupt mithalten konnten?

Auszüge aus dem ins Englische übersetzte Bericht „Russian Jets", Internet:

„Der Begin der Entwicklung russischer Strahlflugzeuge begann im Oktober 1946. Ganze Eisenbahnladungen an Ausrüstung aus deutschen Flugzeugfabriken, ob Werkzeug- oder Büromaschinen, sogar ganze Zeichentische wurden nach Podberesje, 100 Kilometer nördlich von Moskau gebracht. Dazu Ausrüstung aus dem amerikanischen „Lend-Lease" Programm, darunter komplette Laboreinrichtungen zu Forschungszwecken.

Das gesamte Inventar der deutschen Flugzeugwerke von Junkers, Siebel, Heinkel, Oranienburg und von Messerschmitt, Wiener Neustadt, Österreich (auch Modelle, Blaupausen und Fluggeräte, elektrostatischen Flugkörper, die als „Foo Fighters" bekannt geworden sind? Oder wurde dieses Material gesondert von den USA abtransportiert, damit es nicht in russische Hände fällt?) wurden nach Podberesje verfrachtet. In Podberesje trifft Günter alte Freunde wieder und alle begannen nun für die Sowjets zu arbeiten.

Die gebauten Prototypen wurden von Podberesje mit Barkassen auf der Wolga zum Flugplatz Toplistan nahe Moskau (Ramenskoje) gebracht, wo sie im Fluge erprobt wurden.

Zur selben Zeit wurden in Kuibyschew neue Strahltriebwerke auf Basis der deutschen Junkers 004 oder BMW 003 von einem deutsch-österreichischen Team entworfen. Unter den Spezialisten befand sich auch Ferdinand Brandner. Zusätzlich kauften die Russen bei Rolls Royces 25 „Nene" und 30 „Dervient" Triebwerke, die auch anstandslos vom Westen zu den Kommunisten geliefert wurden. Derweil nahm auch der „Wunderjet" in Podberesje Formen an.

In Nikolowaskoje fand am 30 Dezember 1947 der Erstflug des I-310 Prototyp, den Siegfried Günter entworfen hatte, statt. Daraufhin wurden die Vorserienmodelle des „Wunderjets" von deutschen Piloten ausführlich getestet.

Nach Abschluss der Versuche verschwanden auf einmal hunderte von Ingenieuren, Konstrukteuren und Mechaniker, die alle von den Deutschen auf den „Wunderjet" eingewiesen worden waren und man hörte Gerüchte, dass Moskau den Befehl gegeben hatte, eine Großserienfertigung zu starten. Nur einige wenige Experten wussten Bescheid, was wirklich vor sich ging. Im Westen nahm man von dem „Wunderjet" erstmal 1948 Notiz und im Mai 1949 wurde das Flugzeug offiziell auf einer Militärparade vorgeführt."

Die MiG-15 „Fagot" im Nato-Code war der erste erfolgreiche Strahljäger, der mit Pfeilflügeln transsonische Fluggeschwindigkeiten erreichen konnte. Zusammen mit der F-86 „Sabre" war der ehemalige Günter-Entwurf das beste Kampfflugzeug im Koreakrieg.

Da man in Deutschland während des Krieges noch nicht in der Lage war, einen Schub von mehr als 1.134 Kilopond zu entwickeln (Weiterentwicklungen in diese Richtungen waren das Junkers 012 und das BMW 018 Strahltriebwerk), suchte man ein besseres, leistungsfähigeres Triebwerk und fand es bei Rolls-Royce. Zu Stalins Überraschung, der zur russischen Kaufanfrage des zuverlässigen, britischen „Nene" meinte: „Welcher Narr würde uns deren Geheimnisse verkaufen?", lieferten die Briten den Sowjets auf deren Anfrage das „Nene" Radialtriebwerk und machten damit die MiG-15 zu einem der erfolgreichsten Jagdflugzeug überhaupt.

Damalige Militär-Analysten bemerkten eine starke Ähnlichkeit mit Kurt Tanks Focke-Wulf Ta 183 „Huckebein" Strahljäger, einem Me 262 Nachfolger. Die Russen sollen Windtunnel-Modelle und Blaupausen der Ta-183 in Mittel- und Ostdeutschland erbeutet haben.

In den USA soll die erbeutete Messerschmitt P 1101 und deren Nachbau Vorbild für die NAA F-86 gewesen sein. Die Me P 1101 wurde von Bell als X-5 nachgebaut und intensiv erprobt.

Wäre in einem Dritten Weltkrieg die „MiG-15", als Focke-Wulf oder als Heinkel-Projekt von Günter verwirklicht worden? Da der Krieg nicht kam, wanderte diese Luftfahrt-Technologie in die SU, um einen ebenbürtigen Gegner für die inszenierten Kriege der USA zu schaffen.
…

„Am 1. November 1950 waren die Flugzeugbesatzungen von amerikanischen F-84 and F-80 „Shooting Star" plötzlich geschockt, als einige MiG 15 durch ihre Formationen rasten und die U.S. Jäger aufgrund höherer Geschwindigkeit ausmanövrieren konnten.

Nur 40 Stunden später überführte man die ersten F-86 „Sabre" Jets nach Korea, um die MiGs effektiver bekämpfen zu können. Der erste richtige Luftkampf zwischen einer MiG-15 und einer F-86 fand am 17. Dezember statt.

Merkwürdig für die U.S. Piloten war, dass die MiG-15 eine große Ähnlichkeit mit ihren „Sabres" hatten!

Um eine schnelle „IFF", „Identification Friend Foe" vornehmen zu können, riefen die amerikanischen Piloten über Funk ihren Kameraden zu, mit den Tragflächen zu wackeln. Wenn nicht gewackelt wurde, war es eine MiG, die zum Abschuss freigegeben war.

In einem Artikel des amerikanischen „Life Magazine" von Frank Campion mit der Überschrift: **„In the Summer of 1945"** hieß es:

"… *Two items arrive at* **North American Aviation (NAA) in Los Angeles**, *from Air Force Intelligence. One item is* **a wing of a German Me 262** *and the other* **a German secret report on the advantages of swept wings on jet aircraft.**
…
The leading edge slats of the Me 262 and many other parts were used directly on the F-86. *The wing sweep is what made the F-86 great.*"

Die Russen kannten ebenso die deutschen Berichte über gepfeilte Tragflächen aus dem Krieg.

In der Zeitschrift „Aero-Digest" behauptete Gurewitsch, dass er der Konstrukteur der MiG-15 sei. Er war es genauso wenig, wie Tupolov nichts mit den Entwürfen der Tu-70 oder Tu-4 zu tun hatte. Alle waren sie exakte Kopien des amerikanischen Langstreckenbombers Boeing B-29.

Niemand anderes als Professor Dr. Heinkel selbst erklärte in Stuttgart, als man ihm die ersten Fotos der sagenhaft schnellen MiG-15 vorlegte:

„Das ist genau das Flugzeug Günters, worüber wir in den ersten Wochen des Jahres 1945 in meinem Konstruktionsbüro gesprochen haben. Hätte ich weiterproduzieren dürfen, so wäre die Maschine bestimmt von mir gebaut worden."

In einem Aufsatz von Heinz G. Struck „Das Düsenzeitalter", schreibt der ehemalige Peenemünder Mitarbeiter, der unter Wernher von Braun an der V-2 Rakete arbeitete, später für die U.S. Army Raketen entwickelte und die Flugeigenschaften sowjetischer Flugzeuge analysierte:

„Als Günter aus Russland zurückkehrte, sprach ihn Ernst Heinkel an, ob er nicht wieder als Chef Konstrukteur in seiner Firma in Stuttgart-Zuffenhausen arbeiten möchte.
…
Ich hatte das Vergnügen, als ich in der „Truckenbrodt Gruppe" als Aerodynamiker tätig war, mit Günter zu arbeiten. Er war ein eher schüchterner und bescheidener Mensch …
…
In einem Zeitungsartikel wurde er als Erbauer der MiG 15 genannt. Ihn darüber befragt, verneinte, noch bejahte Günter dies, aber er beschrieb die Methode, wie die Deutschen auf der kleinen Insel in der Wolga arbeiteten:

„Wir erhielten gewisse, genau definierte Aufträge. Unter strenger Beobachtung der Russen überwachten sie unsere Arbeit, bis zu einem gewissen Zeitpunkt all unsere, bis dato gefundenen Ergebnisse eingesammelt wurden und wir eine neue Aufgabe erhielten, die nichts mehr mit unserem vorherigen Tätigkeitsfeld zu tun hatte."

Die Russen taten dies, damit die Deutschen kein Gesamtbild dessen erhielten, was die Russen vorhatten. Siehe auch Aussage von Dr. Wilhelm St. in Kasalinsk, der mit anderen Junkers Ingenieuren an einer Flugscheibe arbeiten musste.

Günter arbeitete an der MiG-15, aber er besaß nicht den Gesamtüberblick über das Projekt …"

Struck traf bei Heinkel auch Mitarbeiter von Kurt Tank, die aus Argentinien kamen und ging mit ihnen nach Indien, wo Tank das Strahlflugzeug „Marut" baute.

Die „Truckenbrodt Gruppe" wurde von Dipl.-Ing. Erich Truckenbrodt geleitet, der im Krieg Entwurfsingenieur bei Junkers in Dessau war. Nach dem Krieg wurde Truckenbrodt Mitarbeiter in einer deutschen Ingenieurgruppe bei Sud Aviation und Heinkel Flugzeugbau.

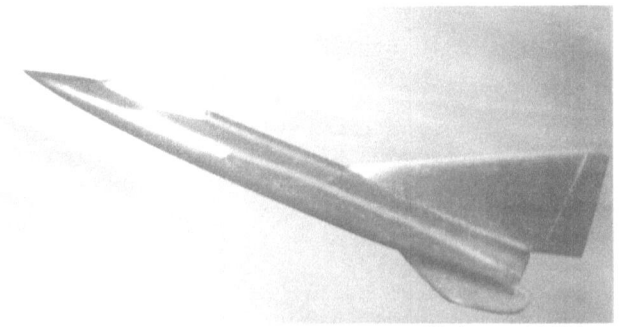

Siegfried Günter entwickelte 1949 in der SU auf Basis der DFS-346 beim OKB-2 einen Überschall-Abfangjäger mit der Bezeichnung "486".

Das „Projekt 486" war ein schwanzloser Deltaflügler mit Raketenantrieb. Das Raketenflugzeug sollte von einem Startwagen aufsteigen und auf einer Kufe landen. Ein hölzerner Gleiter, „466" bezeichnet, diente als Versuchsflugzeug für die 486. Dieser Segler konnte Geschwindigkeiten bis 500 km/h im Gleitflug erreichen. Flugversuche fanden 1950 statt, aber das Projekt wurde 1951 wegen Streichung finanzieller Mittel abgebrochen. Das „OKB-2" wurde aufgelöst und die Mitarbeiter auf andere Flugzeugfirmen verteilt.

Der deutsche Beitrag zum Bau neuer Strahl- und Raketenflugzeuge in der SU stellte sich als unbefriedigend heraus. Der Grund dafür war, dass die deutschen Experten von der russischen Entwicklung neuer Maschinen abgeschnitten waren und nur ihre Erfahrung, das, was sie aus Kriegszeiten in Deutschland her kannten, in ihre Projekte mit einfließen lassen konnten. Diese Erkenntnisse waren aber nach 1945 zumeist überholt und veraltet.

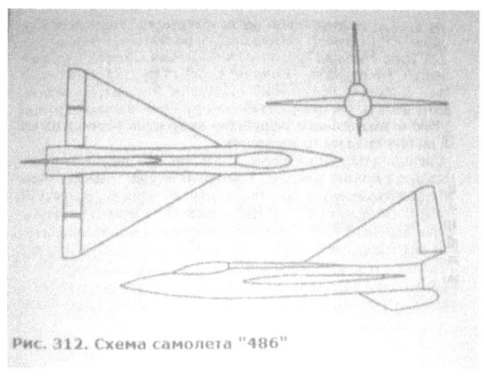

Рис. 312. Схема самолета "486"

Heinkel He 011

Abb.: Nachkriegsentwurf von Günter für einen Delta-Abfangjäges für Ägypten.

Beachte konischen Diffusor in Nasenspitze.

He 011:

Spannweite: 11,50 m
Länge: 14,75 m
Höchstgewicht: 12.000 Kg
Höchstgeschwindigkeit: Mach 1,2
Triebwerk: 1 Heinkel He 053 mit 6.500 Kg Schub

Entwicklungsarbeit von 1956

Wohlmöglich griff Ing. Günter bei der He 011 auf seine Erfahrungen zum Entwurf des „Projekt 486" des „OKB-II" in der Sowjetunion zurück.

Im sowjetische „OKB-2" war der Chef der Projektabteilung der ehemalige Heinkel Chefkonstrukteur Siegfried Günter, der hier die Firmen Heinkel, Junkers und Siebel vereinte.

Das Siebel Flugzeugwerk in Halle baute das überschallschnelle Raketenflugzeug DFS-346. Siegfried Günter beriet in der SU nun auch die Arbeiten an dieser ehemaligen Siebel Konstruktion, die in Schkeuditz im Krieg noch ihren Anfang nahm.

MiG-9

Abb.:

Zweistrahlige MiG-9 mit zwei BMW-003 Nachbauten im unteren Rumpf. Erstflug: 24. April 1946

Der Nachfolger MiG-15 besitzt Konstruktionsmerkmale der MiG-9.

Me P 1101

Abb.:

Messerschmitt P 1101, wie sie nach dem Krieg in die USA kam. Hier Anpassungsarbeiten bei Bell Aircraft des Allison J-35 Tl-Triebwerkes. Die Messerschmitt P1101 ist nie geflogen, dafür der Nachbau, die Bell X-5.

Von diesen oben gezeigten Ausgangskonzepten wurden wohlmöglich sowohl die sowjetische MiG-15 als auch die amerikanische F-86 beeinflusst.

Beide oben gezeigten Maschinen haben die Triebwerke unten im Rumpf, sowie kurze Ansaugwege, weil die Triebwerksleistung zu schwach war. Deshalb war der Rumpf so kurz und das Leitwerk musste an einem Heckausleger befestigt werden, das weit über das Triebwerk nach hinten hinaus ragte. Das britische „Nene" Strahltriebwerk hatte dagegen einen Schub von circa 2.200kg, als ungefähr das Doppelte an Schub, wie die deutschen TL-Triebwerke im Krieg.

Ta-183

Abb.: Focke-Wulf Ta-183 Tl-Jäger

Beachte auch hier kurzer Rumpf und weit über den Rumpf hinaus ragendes Seitenleitwerk, das der Maschine Stabilität verleiht.

Möglicherweise kannte Siegfried Günter auch andere deutsche Entwürfe aus dem Krieg, da man sich aufgrund der schlechten Kriegslage für Nazi-Deutschland, untereinander, ggfs. über das RLM-Berlin und die dortigen abgehaltenen Konferenzen, austauschte.

Ob tatsächlich Ernst Heinkel im Krieg bereits einen Vorläufer der späteren MiG-15 als TL-Jäger im Rahmen des Jägernotprogramms projektiert hatte, ist unklar. Heinkels Aussage könnte auch eine Ablenkung gewesen sein, die zu einer Legendbildung beitragen sollte.

Denn wer weiß, was Ingenieur Günter in Russland alles widerfahren ist, über was man damals, wie heute, nicht gerne spricht.

Heinkel He 033 Interceptor „Florett"

Abb.: Heinkel He 031 „Florett", entworfen von Siegfried Günter.

Beachte konischen Diffusor in Nasenspitze.

Die He 031 war ein Abfangjäger, der für eine Ausschreibung des Bundesverteidigungsministeriums im Jahre 1956 konzipiert wurde.

Das Konzept scheiterte letztendlich, nicht etwa, weil die Maschine schlecht war, sondern man hatte sich für den U.S. amerikanische F-104 „Starfighter" entschieden, den die U.S. amerikanische Marionette und Lobbyist Franz-Josef Strauß, damals Verteidigungsminister, durchdrückte.

Denn die Firma Lockheed und die USA wollten Geld verdienen und Deutschland, sowie weitere NATO-Länder waren ein dankbarer und großer Markt zum Verkauf amerikanischer Rüstungsprodukte, und sind es heute noch!

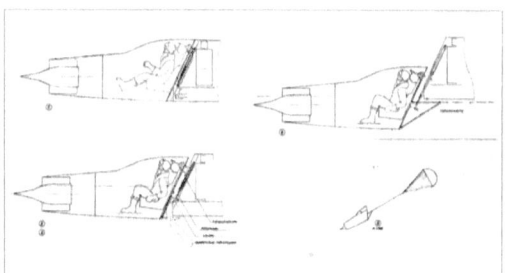

Abb.: Absprengbares Cockpit der He 033 als Rettungskapsel.

Der Pilot konnte sich bei einer Havarie mit seinem Führerstand komplett vom restlichen Rumpf lösen und sich später, bei niedrigerer Fallgeschwindigkeit aus der, frei nach unten fallender Cockpitsektion per Fallschirm befreien.

Die nach unten fallende Rettungskapsel sollte per Fallschirm vor unkontrollierten Bewegungen stabilisiert werden.

Alle anderen Piloten müssen sich bei hohen Fluggeschwindigkeiten beim Hinauskatapultieren aus dem Cockpit einem schnellen und äußerst stark und hart auf das Gesicht und Körper auftreffenden Luftstrom aussetzen. Solche hohen Belastungen, dazu extreme g-Kräfte beim Ausschuss führen zu Verletzungen, wie Stauchungen der Wirbelsäule. Dies hätte das Heinkel-Rettungs-System verhindern helfen können!

Abb.: Vordere, absprengbare Cockpit-Sektion als „Mock-up", als Holz-Attrappe. Beachte Ähnlichkeit des gesamten Heinkel-Projektes zur späteren MiG-21! Beachte den konischen, spitz zulaufenden Diffusor, der charakteristisch für die Günter-Entwürfe von Überschall-Abfangjägern war!

Überschall-Lufteinläufe müssen einen großen Geschwindigkeitsbereich von Langsam- bis Schnellflug abdecken. Mit dem Konus wird die vorne auftreffende Überschallströmung durch gezielte Verdichtungsstöße auf Unterschall gebracht, bevor sie auf den Verdichter im Triebwerk trifft. Man unterscheidet Geradstoß-, Kegelstoß- und Keilstoßdiffusoren. Je nach Ausführung sind sie verstellbar und besitzen Trennbleche, um zu verhindern, dass eine langsam fließende Rumpfgrenzschicht in den Einlauf strömen kann. Die durch den Konus verlangsamte Luftströmung kann nun keine Schäden mehr an den Verdichterrädern des Strahltriebwerkes verursachen. Ein konischer Diffusor bewirkt eine ungestörte Anströmung von vorn. Der Schrägstoßwinkel ist abhängig von Geschwindigkeit. Die Front sollte immer am Lufteinlass liegen, um einen geringen Widerstand zu verursachen und ist deshalb nach vorn verstellbar wie bei MiG-21 in drei Stufen (Kegel ist abgewinkelt!)

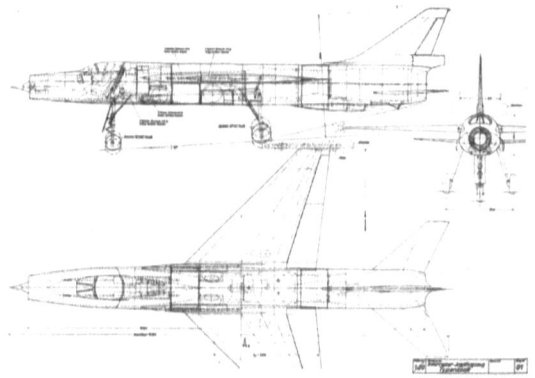

Abb.:

Heinkel He 033, Länge 13,85 m, Spannweite 8,64 m, 1 Mann Besatzung, Abfangjäger

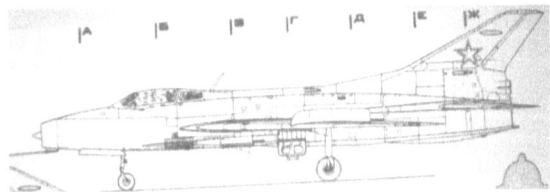

Abb.:

MiG-21 Daten abhängig je nach Version, wobei die Ye-4 als Vorläufer der MiG-21 gilt Länge zwischen 14,50 und 15 m, Spannweite ca. 7,15 m, 1 Mann Besatzung, Abfangjäger

Nach der Aufhebung der Besatzungsstatuten im Mai 1955 und der Wiedererlangung der vollen Souveränität der Bundesrepublik Deutschland, gab das Bundesverteidigungsministerium eine Wettbewerbs-Ausschreibung für die Entwicklung eines deutschen Abfangjägers heraus.

Die Anforderungen waren:

Höchstgeschwindigkeit: Mach 2,0
Landegeschwindigkeit: 200 km/h
Steigzeit: 3 min auf 25.000 m Höhe
Dienstgipfelhöhe: 25.000 m
Triebwerk: Empfohlen wurde das de Havilland Gyron Jr., da ein deutsches Triebwerk noch nicht verfügbar war.
Zusätzlich wurde der Einbau eines de Havilland Spectre Jr. empfohlen, um die geforderten Geschwindigkeiten mit Sicherheit zu erreichen. Bewaffnung: Zwei Luft-Luft-Raketen mit Infrarot-Zielsuchkopf oder Radarsteuerung, dazu Batterien mit ungelenkten Luft-Luft-Raketen des Kalibers 2 inch.

Zum Bau einer Mustermaschine kam es jedoch nicht mehr, da man sich zwischenzeitlich in den Luftwaffen-Führungsstäben der NATO dem Senkrechtstarter als neue, viel versprechende Jagdflugzeug-Kategorie zugewandt hatte.

Könnte Ing. Günter, als er aus der SU nach Hause zurückkehrte, wieder den U.S. Geheimdienstmann, Major Cardenas getroffen haben, der ihn eingehend nach seiner Tätigkeit in der SU befragte?

So heißt es in den „Vierteljahresberichten für Zeitgeschichte", Institut für Zeitgeschichte, München-Berlin:

„Nachdem **Siegfried Günter 1954 in den Westen gegangen war**, stellte auch er den Vernehmungsoffizieren eine interessante Möglichkeit vor Augen. Während des Krieges war er Chefkonstrukteur bei Heinkel gewesen, und Ernst Heinkel hatte ihn für „den bedeutendsten Flugzeugstatiker und Aerodynamiker" Europas gehalten.

Zwischen 1948 und 1951 war er in der UdSSR mit der Konstruktion eines **„Deltaflügel-Kampfflugzeugs"** beschäftigt gewesen. Dabei handelte es sich um Pläne für ein völlig neuartiges, raketengetriebenes Deltaflugzeug ohne Höhenleitwerk. Günter unterrichtete seine Befrager über alle Einzelheiten der beiden Versionen seines Entwurfs. Die eine Version war ein Hochdecker, die zweite ein Mitteldecker mit rundem Rumpf. Das Büro, in dem Günter arbeitete, entfernte aus den technischen Zeichnungen alles, was auf den deutschen Ursprung hindeuten konnte. Günter nahm das als Anzeichen dafür, daß die Konstruktion als sowjetische Leistung präsentiert werden sollte. Die Arbeit sei, so sagte er, von sowjetischen Ingenieuren fortgesetzt worden, nachdem man ihn aus dem Projekt genommen hatte, **und ein sehr ähnliches Flugzeug sei in Produktion gegangen.**

Tatsächlich ist 1955, ein Jahr nach Günters Befragung, die MiG-21 (von den Sowjets „Balalaika" genannt, von der NATO „Fishbed") erstmals in der Luft getestet worden.

Sie ist dem sowjetischen Ingenieur Mikojan zugeschrieben worden. Sie unterschied sich in wichtigen Zügen von beiden Versionen Günters.

Jedoch handelte es sich bei ihr in der Tat um einen Mitteldecker mit Deltaflügel und kann daher **durchaus von Günters zweiter Version beeinflußt gewesen sein**. Das Flugzeug wurde 1959 in Dienst gestellt und danach in erheblichen Stückzahlen in andere Länder verkauft; im Laufe der Zeit sollte es das am meisten verwendete Kampfflugzeug der Welt werden."
-Ends-

aus: STIB-Interview Nr. 182, 03.09.1954, mit Dipl. Ing. Siegfried Günter, in: PRO, DEFE 41/102;

Hatte Dipl.-Ing. Günter gar die ganze Zeit während seines „zwangsweise" Aufenthaltes bei den Russen, Kontakt zu westlichen Geheimdiensten? Berichtete er regelmäßig, z.B. über verschlungene Kanäle, über seine Arbeit in Podberesje?

Begleitete Cardenas, oder mittlerweile ein anderer Führungsoffizier, den weiteren beruflichen Lebensweg des Heinkel-Manns Günter, als er wieder im Westen zu arbeiten anfing? Beobachtete man Günters Arbeit in Ägypten und später in Spanien?

Wusste man von seinen einzelnen Flugzeug-Konstruktionen, die Siegfried Günter ausgearbeitet hatte?

Lag das Konzept eines überschallschnellen Abfangjägers, wie die spätere He 033, bereits in der Schublade von Siegfried Günter, den er von seinen Delta-Projekten He 011 und He 022 abgeleitet hatte? Hatte Siegfried Günter immer noch Verbindungen, dazu persönliche Kontakte zu russischen Konstrukteuren und Militärs in der Sowjetunion, auch als er bereits lange wieder nach Hause zurückkehrt war? Nutzen amerikanische Dienste dies aus?

Bleibt die Frage offen, ob Heinkels „Florett" dafür bestimmt war, den Sowjets einen weiteren, modernen Abfangjäger zuzuschanzen, der später gegen die amerikanische „F-4 Phantom" in Luftkämpfen über Vietnam bestehen konnte?

Oder ob es nur purer Zufall war, also sich zufällig eine Übereinstimmung des Baukonzeptes eines Mach-schnellen Abfangjäger ergab, der in Ost, wie West ähnliche Konstruktionsmerkmale aufwies.

Wahrscheinlich wird man es nie erfahren, denn wenn Machenschaften nachrichtendienstlicher Art im Spiel waren, werden diese für immer ein Geheimnis bleiben!

Russischer Atomrektor in riesiger Untergrundanlage im Jahre 1946

CHELIABINSK-40, N-II-88, and **KHIMKI**.

The men revealed the existence and location of key installations in the Soviet military-industrial complex. Three examples are given here: **one the Soviet Union's first plutonium production reactor**; the other two important complexes for the development and experimental production of guided missiles and their engines.

Peter Blumenkamp, an NCO in the Wehrmacht - Unteroffizier, was **interned between May 1943 until January 1945 in a camp at Kyshtym**, which lay **behind the Urals**, **north-west of Cheliabinsk**.

He was put to work in the town loading vegetables onto trucks. **In 1944** he travelled several times on trucks laden with vegetables along the rough road leading to the nearby town of Kazli. The road ran through a site which was being cleared for building work. The site was out of the ordinary in that not only were barracks being built in one corner but a new branch railway line was being laid from the main line at Kyshtym to the cleared area. The whole site was approximately 30 kilometres square. **In January 1945** he was moved to another camp, but returned to Kyshtym in May 1947 to work in a machine workshop in the town. His second stay there lasted only five months, but he discovered **from prisoners-of-war** who had been there during his absence that, **in March 1946**, the area he had seen being cleared, had been closed and the road to Kazli which had run through it had been diverted round the site. Neither German prisoners-of-war nor Russians without express authority were now allowed to approach the site, which was guarded by a strong MVD force.

Blumenkamp kept his eyes open. He observed that three or four goods trains, generally guarded by soldiers, were now travelling daily to the site and returned empty of their cargo eight hours later. He could not tell what most of the wagons contained, since they tended to be closed, but he noticed that those that were open carried construction materials: sand, cement, and steel girders. A building of some importance was obviously being constructed. He asked a Russian who was working with him in the workshop what was being built on the road to Kazli, and received the remarkable reply that **an atomic plant was being put up**, **most of the factories of which lay underground**. His colleague added that only troops and the political prisoners building the plant were allowed onto the site. The prisoners were not allowed to leave it.

That is the story which Blumenkamp told his interrogators **when he was questioned at Friedland on 16 October 1948**, a year after he had left Kyshtym. The comment was added to the report made on the interrogation:

"Informant made a very good impression, and his information is considered reliable." He was not actually the first German to provide intelligence **of this atomic reactor**, but he is the first who can be identified. First word of the reactor reached the British at STO/18/NO/48, DEFE 41/145. See P. Maddrell, 'La Pénétration de la Zone soviétique de l'Allemagne et de l'Union soviétique', in J. Delmas and J. Kessler (eds.), Renseignement et propagande pendant la Guerre Froide (1947–1953) (Brussels, 1999), 153–72.

Wehrmachtsangehöriger kennt ersten Plutonium Reaktor der Russen

Friedland (Durchgangslager für heimkehrende Kriegsgefangene, Anm.d.A.) in August 1948. These Germans had exceeded all their expectations of the intelligence benefit of interrogating ex-PoWs: they had revealed the whereabouts of **Cheliabinsk-40**, the first **plutonium production reactor constructed in the Soviet Union**, and its counterpart to Hanford Engineering Works in the USA.

Only five months before British military planners had conceded that they did not know where Soviet atomic plants were located. Unfortunately, the British discounted these reports of swift Soviet atomic progress because they were low grade. Consequently, the USSR's early atomic test took them by surprise.

Blumenkamp sketched a crude map of the secret site, on which he showed it as being **near Kyshtym** and showed Kyshtym as being not far from Cheliabinsk, lying north-north-west of this industrial city and south-south-east of Sverdlovsk.

The reactor was, indeed, built about 15 kilometres east of Kyshtym, and about 80 kilometres north-west of Cheliabinsk. The site was chosen by General Avraami Pavlovich Zaveniagin of the First Chief Directorate, **late in 1945**.

In that location, two **nearby lakes** would supply the **great quantities of water needed to cool the reactor**. Moreover, this was a highly industrialized region of the USSR, just behind the Urals, which had not been fought over during the war. Consequently, it had the best electricity supply network in a country reduced to ruins. It was also well supplied with serviceable railways and roads, along which raw materials could be sent to the plant, and nearby were such industrial centres as Cheliabinsk, Sverdlovsk, and Magnitogorsk, which could provide many of the materials needed for construction.

Finally, lying deep in Russia, the site would be difficult for foreign air forces to attack, and foreign spies or listening devices to reach.

The wonder is that a German destined to return to his country was allowed anywhere near it. The acceptance of such a security risk by a government obsessed with security can only reflect its desperate need for manpower. Not merely does Blumenkamp's location of the reactor tally with its actual location, his account of its construction dovetails perfectly with that of David Holloway in his book Stalin and the Bomb. Holloway writes that,

"*In the early months of **1946** roads were laid and the site was prepared for construction; digging of the foundations began in the summer.*"

Blumenkamp was told by his fellow prisoners-of-war that the site had been **closed off in March 1946**. Holloway writes that Cheliabinsk-40 was built by prisoners, with as many as 70,000 working on the project at one time; Blumenkamp heard the same from his Russian colleague in the workshop in Kyshtym in 1947. The construction of the reactor itself began in early March 1948 and was complete by the end of May. **The reactor was, indeed, built underground, in a concrete shaft with walls 3 metres thick.**

Tanks of water surrounded these mighty walls, acting as a sheath round the reactor. The reactor, known as "Annushka", went critical in June and was put to its intended use

  JIC(G) Co-ordinating Committee minutes, 24/8/1948, DEFE 41/68. JP(48)7, 'Mounting of an Air Counter Offensive in 1957—Use of Naval Carriers', 11/3/1948, DEFE 6/5. JS/JTIC minutes, 28/9/1949, DEFE 10/493.
-Ends-

„Vor dem Krieg hatte **Peter Blumenkamp** als Maschinenschlosser in Düsseldorf gearbeitet.

Bei seiner Gefangennahme war er **Unteroffizier der Wehrmacht**. Von **Mai 1943 bis Januar 1945** saß er mit rund dreihundert anderen Kameraden in einem **Lager bei Kyschtym**, das sich **hinter dem Ural** befindet, nordwestlich von Tscheljabinsk.

Er wurde in der Stadt beschäftigt, wo er Gemüse auf Lastwagen lud. **1944** fuhr er etliche Male entlang der Straße, die zu der nahe gelegenen **Stadt Kasli** führt. Die Straße kreuzte ein Gelände, das für **Bauarbeiten hergerichtet wurde**. Der Platz, der etwa **dreißig Kilometer im Quadrat umfaßte**, fiel auf, da nicht nur in einer Ecke Kasernen entstanden, sondern er überdies durch eine **Zweigbahn mit der Hauptlinie bei Kyschtm verbunden wurde**.

Im **Januar 1945** kam Blumenkamp in ein anderes Lager, kehrte aber im **Mai 1947** nach Kyschtym zurück, um dort in der Stadt als Maschinenschlosser in einer Werkstatt zu arbeiten.

Von anderen Gefangenen erfuhr er, daß das Gelände, das er gesehen hatte, **inzwischen abgesperrt** worden war und daß die damals das Gebiet kreuzende Straße nach Kasli nun drum herum führte. Weder deutsche Kriegsgefangene noch Russen **ohne Sondererlaubnis** durften die Anlage betreten, die von einer **starken NKWD-Truppe bewacht wurde**.

Täglich trafen Züge mit Baumaterial ein. Sein Interesse geweckt, fragte Blumenkamp einen russischen Arbeitskollegen, was denn da an der Straße nach Kasli gebaut werde, und er bekam die bemerkenswerte Antwort, daß dort eine **Atomanlage entstehe**, deren Produktionsstätten meist unter der Erde lägen.

Diese Geschichte erzählte Blumenkamp seinen Vernehmungsoffizieren, als er am 16. Oktober 1948 in Friedland befragt wurde, ein Jahr nachdem er Kyschtym verlassen hatte. Der dem Bericht über das Verhör beigefügte Kommentar lautete: „Informant machte einen sehr guten Eindruck, und seine Information wird als zuverlässig eingeschätzt."

Blumenkamp machte eine Skizze, auf der er die geheime Anlage in die Nähe von Kyschtym plazierte, Kyschtym wiederum nicht weit entfernt von Tscheljabinsk, nord-nord-westlich von dieser Industriestadt und süd-süd-östlich von Swerdlowsk. Er war nicht der erste Deutsche, der über den Atomreaktor bei Kyschtym berichtete, doch er ist der erste, der identifiziert werden kann.

Schon im August 1948 hatten drei Kriegsgefangene, die Friedland passierten, dort den Reaktor erwähnt. Sie hatten die Lage von Tscheljabinsk-40 angegeben, den **ersten Plutonium produzierenden Reaktor, der in der Sowjetunion errichtet wurde**, dem Gegenstück zu den Hanford Engineering Works in den USA.

Der Reaktor war in der Tat etwa fünfzehn Kilometer östlich von Kyschtym und rund achtzig Kilometer nordwestlich von Tscheljabinsk entstanden. Der Plutoniumkern der ersten sowjetischen Atombombe, getestet am 29. August 1949, ist hier produziert worden. Weitere Reaktoren wurden dort in den fünfziger Jahren gebaut. Die Anlage ist noch immer in Betrieb, wenn auch seit 1990 kein Plutonium mehr für Nuklearwaffen erzeugt wird. Die Briten haben also nur zwei Monate, nachdem der Reaktor seine „Kritikalität" erreicht hatte, Kenntnis davon erhalten.

Die Amerikaner haben von den Kriegsgefangenen, die sie zur gleichen Zeit befragten, wahrscheinlich dieselben Informationen bekommen. Ein Indiz dafür ist die Voraussage, die sie, „gestützt auf unvollständiges Material über sowjetische Aktivitäten" und unter Verwendung von Zahlen zur „Produktionskapazität bekannter oder erschließbarer sowjetischer Anlagen", im April 1950 machten, bis 1954 werde die UdSSR über ein Lager von 200 Atombomben verfügen. Das „Wringer"-Programm führte vermutlich zur Entdeckung mindestens eines weiteren Atomreaktors.

1949 gab „Die Stimme Amerikas" bekannt: „In der Umgebung von Tomsk nahe dem Dorf Belaja Boroda wird eine Atomfabrik gebaut." Dies traf zu. Fünf Plutoniumreaktoren, bei denen als Moderatorensubstanz Graphit verwendet wurde, entstanden bei Tomsk-7, etwa fünfzehn Kilometer nordwestlich von Tomsk, dazu eine Anlage zur Anreicherung von Uran. Das Datum der Bekanntgabe deutet auf Kriegsgefangene als Quelle; sie waren am ehesten in der Lage, Aussagen über eine im Bau befindliche Produktionsstätte für Plutonium tief in Sibirien zu machen. Und zu den Empfängern der Informationen, die aus Kriegsgefangenen herausgeholt wurden, gehörte „Die Stimme Amerikas".

Sicher ist jedenfalls, daß die CIA damals Agenten in die Sowjetunion schleuste, um mehr über bestimmte Anlagen, darunter Kernreaktoren, herauszufinden."
-Ends-

Die mehr als 3 Million Kriegsgefangenen, die aus sowjetischer Gefangenschaft über die Jahre in den Westen entlassen wurden und in britischen und amerikanischen Auffanglagern, wie Friedland, bei Göttingen ankamen, wurden mehr oder minder eingehend befragt.

In den Lagern wurden die näheren Umstände eines jeden Kriegsgefangenen festgestellt. Wer wichtige und wertvolle Informationen besaß, wurde von der Masse der Neuankömmlinge ausgesondert und eingehend von Geheimdienstspezialisten verhört.

„Der Chef der Intelligence Division, Generalmajor Haydon, zollte dem nachrichtendienstlichen Wert der heimkehrenden Kriegsgefangenen seinen Tribut, als er im Herbst 1949 dem Joint Intelligence Committee (Germany) sagte:

„Ohne Zweifel stellten die zurückkehrenden Kriegsgefangenen eine der ergiebigsten und stetigsten Quellen von Informationen über Russland dar, die in Deutschland zur Verfügung stehen ..."

Unter dem Decknamen „Wringer", von „Auswringen" lief das U.S. Massenbefragungsprogramm. Die Briten hatten eine ähnliche Operation laufen, auch in Österreich wurden Heimkehrer „ausgewrungen".

„Im Laufe der britischen Operation wurden im Lager Friedland von 1948 bis 1951 zwischen 230.000 und 287.000 Kriegsgefangene „screened", das heißt einer ersten Befragung unterzogen. Da aber Anstrengungen unternommen wurden, auch von den Kriegsgefangenen Informationen zu erhalten, die es fertig gebracht hatten, dem „Screening" im Lager zu entgehen, lag die Zahl derer, die durch die Hände des britischen Nachrichtendienstes gingen, sicherlich höher. Die Befragungstrupps der „Wringer-Operation" wiederum haben von 1949 bis 1955 zwischen 300.000 und 400.000 Kriegsgefangene vernommen und mehr als eine Million Berichte geschrieben. Die große Mehrheit der Gefangenen, die durch Friedland passierten, kamen aus der Sowjetunion, etliche aber auch aus Polen, der Tschechoslowakei, Jugoslawien und Albanien. Befragungen in großem Maßstab scheinen bis Mai 1950 stattgefunden zu haben, als die sowjetische Regierung durch die TASS-Agentur in Frankfurt am Main bekannt gab, daß die Repatriierung von Kriegsgefangenen abgeschlossen sei."
...
aus: Vierteljahreshefte für Zeitgeschichte, Münchner Institut für Zeitgeschichte.

Hier ein Beispiel britischer Befrager zu deutschen Raketentechnikern in der SU:

Operation "Dragon Return"

...
„Gröttrup und sein Team hatten <u>eine radikal modifizierte Version</u> der A-4 entworfen, die sie <u>R-10 nannten (evtl. Abwandlung des A-8, Anm.d.A.)</u>. Ihre Modifikationen stießen bei Korolew auf großes Interesse. Gröttrup glaubte, daß Korolew vielleicht einige davon für seine eigenen Entwürfe verwendet hatte. Er erinnerte sich daran, daß Korolew vor allem die Idee eines **abtrennbaren Sprengkopfs** „eine sehr gute Idee" fand.

Tatsächlich war die Spitze von Korolews R-5, getestet im Frühjahr 1953, neun Monate vor Gröttrups Befragung, abtrennbar von der übrigen Rakete. **Wie der Kopf bei Gröttrups R-10- Entwurf, so trennte sich auch der Kopf bei der R-5 im Augenblick der Treibstoffabstellung**. In diesem Maße hat die Information, die Gröttrup zu seiner R-10 lieferte, den Befragern gesagt, wie die R-5 konstruiert worden war. Seine Aussage legte den Schluß nahe, es dürfe angenommen werden, daß die Sowjets über eine Rakete vom Typ R-**10 verfügten, die über das Entwicklungsstadium hinaus und getestet worden war**, folglich entweder vor der Serienproduktion stand oder

sich bereits in Massenfertigung befand. Trotz offensichtlicher Unterschiede zur Realität - so sah die R-10 eine Reichweite von 910 Kilometern vor, während die R-5 tatsächlich eine Reichweite von 1.200 Kilometern hatte - ist das eine recht treffende Einschätzung des damaligen Stands der sowjetischen Raketenentwicklung gewesen. Gröttrup nahm ferner an, daß Korolew am Ende auch das Kontroll- und Lenksystem des R-10-Entwurfs übernehmen werde. Tatsächlich behaupten die Historiker der Raketenentwicklung, Frederick Ordway und Mitchell Sharpe, daß viele Elemente der R-10, namentlich das **Peilstrahl-Lenksystem**, bei den sowjetischen Raketen der frühen fünfziger Jahre Verwendung gefunden hätten. Gröttrup machte die Briten nicht zuletzt auf das **sowjetische Interesse an mehrstufigen Raketen aufmerksam**, das heißt an Raketen mit größerer Reichweite. Dieses Interesse erfuhr seine Krönung 1957 mit Korolews R-7, der ersten interkontinentalen Fernlenkwaffe der Welt. Der R-14-Entwurf der Gruppe Gröttrup für eine Rakete, die eine Ladung von **3.000 Kilogramm bis zu 3.000 Kilometer tragen sollte**, bestätigte ebenfalls die sowjetische Entschlossenheit, Raketen mit großer Reichweite zu bauen; schließlich hatte den Auftrag Rüstungsminister Ustinow selbst erteilt. Gröttrup wies auch noch auf die Tendenz der Sowjets hin, **unterirdische Abschußbasen zu schaffen.**"
-Ends-

...
„Als Beispiele sind wiederum die Atomwissenschaftler zu nennen, vornehmlich die Gruppe Riehl. Riehl behauptete, daß es im **nördlichen Kaukasus Uran gebe**, auch hatte er von „einem Objekt bei Kriwoj Rog" gehört, „wo etwas vor sich geht". Sowohl er wie Wirths sagten, daß Uran im Ferganatal in Zentralasien gewonnen und in einer Anlage bei Leninabad (nahe Tadschikistan) verarbeitet werde, auch sei es in Estland in Ölschiefer vorhanden. Riehls Vernehmungsoffizier hielt fest: „Es war bei dieser Gelegenheit, daß Antropow sagte, die Probleme der Uran-Versorgung seien „in unserem Land" gelöst (ohne Estland).

Das war eine wichtige Aussage, da der britische Nachrichtendienst bis dahin die Ansicht vertreten hatte, daß die Sowjetunion unter einem Mangel an Uranerz leide (eine der vielen geheimdienstlichen Legenden, die in unserer Welt gestreut werden, als Ablenkung?, Anm.d.A.), der „im Programm [der Sowjets] den bestimmenden Faktor darstellen werde".

Riehl hatte Antropow auch sagen hören, daß die UdSSR „keine gute Quelle für Thorium" habe (das als Ersatz für Uran dienen kann). Am wichtigsten war, daß die Angehörigen der Gruppe Informationen über eine Anzahl von Atomanlagen in der UdSSR zu liefern vermochten, vor allem über die Atombrennstoffproduktion bei Elektrostal, Nowosibirsk und Glasow, den Plutoniumproduktionskomplex Tscheljabinsk-40 und das nahegelegene Sungul Radiologische Laboratorium, das 1955 eine der beiden hauptsächlichen sowjetischen Einrichtungen für Atomwaffenforschung wurde; es hieß von da an Tscheljabinsk-70 (nur wurde es 1958 auf ein Gelände zehn Kilometer weiter nördlich verlegt). Dr. Karl Zimmer erzählte seinem Vernehmungsoffizier, gegen Ende des Aufenthalts der Deutschen in Sungul habe das Gerücht die Runde gemacht, daß dort eine große Atomanlage gebaut werden solle.
...

Riehls Aussage hat den U-2-Aufklärungsflugzeugen fraglos die richtige Richtung gewiesen. Herbert Schmitz, der Techniker der Gruppe Riehl, lenkte jene Flugzeuge ebenfalls auf weitere Anlagen in der Region am Baikalsee . . .
-Ends-

Aus Vierteljahresberichte . . .

Anmerkung:

Der deutsche Wehrmachts-Unteroffizier und Maschinenschlosser Peter Blumenkamp gelangte ab Mai 1943 als russischer Kriegsgefangener hinten den Ural, u.a. in den Ort Kyschtym, nordwestlich von Tscheliabinsk.

Ende 1944 kam es in der Nähe des Orts Kazli zu ersten umfangreichen Baumaßnahmen. Straßen wurden verbreitert, eine Eisenbahnlinie, abgezweigt von der Hauptstrecke, wurde in ein neu erschlossenes Gebiet verlegt. Das ganze vorbereitete (Militär-) Gelände hatte eine Ausdehnung von 30 Quadratkilometer. Wohlmöglich wurden erste Ausschachtungsarbeiten für eine unterirdisch gelegene Atomwaffenfabrik vorgenommen.

Blumenkamp erfuhr, dass im März 1946 das von ihm beobachtete Gelände bereits hermetisch abgeriegelt war und auch keine Kriegegefangene mehr das Gebiet betreten durften.

Der Wehrmachtssoldat Blumenkamp bemerkte, das mehrere Eisenbahnzüge mit Baumaterial belanden, jeden Tag auf das Gelände auffuhren und erfuhr, dass unterirdische Bunkeranlagen für einen Atomreaktor, eine Atomfabrik im Aufbau waren (ähnlich der U-Anlagen im Eulengebirge, Jonastal und „B-8" bei St. Georgen?). Der Atomreaktor selbst wurde im März 1948 fertig gestellt und begann mit seinem Betrieb im Juni. War Blumenkamp als Handwerker und Schlosser selbst in die geheimen Arbeiten der Russen verwickelt, was der - zensierte - Geheimdienstbericht durchaus weglassen könnte?

Interessant ist hier, dass Soldat Blumenkamp bereits 1944/45 erste Erschießungsmaßnahmen zum Bau eines unterirdischen Atommeilers bei Kyschtym feststellen konnte.

Wann begannen die Planungen zum Bau dieser militärischen Atomanlage ähnlich deren von Hanford, USA und seit wann wusste man in der SU, dass man dort einen Atomreaktor zum Bau von Atombomben, zur Gewinnung von Plutonium errichten würde? Schon während des Krieges, wo angeblich Russland noch nicht in der Lage war, Atombomben zu bauen?

Da schon während des Zweiten Weltkrieges an der Entwicklung von Ultra-Gaszentrifugen gearbeitet, oder bereits für die Produktion angereichertes Uran hergestellt wurden, und deutsche Wissenschaftler, die während des Kriege daran gearbeitet hatten, nach Kriegsende entweder in der britischen Besatzungszone, oder in sowjetischer Kriegsgefangenschaft ungehindert weiterarbeiten konnten, könnten die Sowjets nach Ende des Zweiten Weltkrieges wohlmöglich relativ schnell in der Lage gewesen sein, entweder hinter dem Ural, oder in anderen Atomforschungszentren, wie in Tomsk mit u.a. Gaszentrifugen Uran anzureichern, das zum Bau für A-Bomben geeignet war.

Wann wurde zudem erkannt, dass man dort, im Ural große Uranvorkommen finden würde? Denn die Geschichtsschreibung erweckt den Eindruck, die Russen hätten nicht genug strahlendes Material und mussten auch auf deutsches Verkommen in Wismuth zurückgreifen.

Woher wussten die Russen, dass sie nach Kriegsende die Technologie zum Bau von Atommeilern besitzen würden, sodass sie bereits während des Zweiten Weltkriegs mit Baumaßnahmen beginnen konnten? Hatten die Russen schon diese Möglichkeiten, dazu Atom-Spezialisten, die nötigen Anlagenbauer, die solch eine große Anlage auf dem Reißbrett konzipieren konnten?

Erlangten die Sowjets durch Ausspionieren der deutschen Atomwerke, die nach Vorbild der Anlagen in Hanford, USA in den bekannten Standorten in Nazi-Deutschland errichtet wurden, an neue Erkenntnisse zum Bau eigener Anlagen? Die deutschen Anlagen waren teilweise absichtlich zerstört worden. Fanden die Russen Blaupausen, Baupläne der deutschen Anlagen in der SBZ, wurden diese ihnen gar zugespielt? Nahmen deutsche Kriegsgefangene, Spezialisten zum Bau von Bomben, solche Pläne mit, oder rekonstruierten sie diese aus dem Gedächtnis, wie evtl. Heinz Jakffe? Gingen auch Anlagenbauer großer deutscher Baufirmen in die SU, damit die Russen später diese Installationen in Kyschtym errichten konnten?

Ein anderer deutscher Wissenschaftler, der als Krieggefangner in die SU gehen musste war Gernot Zippe:

„Gernot Zippe wurde im Sudetenland geboren, wuchs im niederösterreichischen Laa an der Thaya auf und studierte an der Universität Wien in den Jahren 1935 bis 1939 Physik:

„Ich war der letzte Student, als Physik noch zur Philosophie und nicht zu den Naturwissenschaften gehörte. Weil mein Hobby seit 1936 das Segelfliegen war", wurde er, als er gleich zu Kriegsbeginn mit 15 Soldat wurde, von der Luftwaffe als Segelfluglehrer in die Flugschule Wels abkommandiert. 1943 wurde er zur Deutschen Radar-Forschung nach Berlin geholt. Obgleich Wehrmachtsangehöriger, bekam er keinen Sold mehr, sondern wurde vom Unternehmen Pintsch (Funkmess Anm.d.A.) bezahlt, welches das Radar-Messgerät Forsthaus/Förstersonde entwickelte. Aber das ist nicht fertig geworden, denn die Firma wurde 1945 zerbombt. Zippe wurde nach Prag geschickt, um dort herauszufinden, warum Propeller bei Überschallgeschwindigkeit nicht antreiben, sondern bremsen. Doch auch dieses Werk wurde bombardiert, und schließlich geriet Zippe in sowjetische Kriegsgefangenschaft.
...
... Der Lagerkoch war ein Studienkollege und machte den Sowjets weis, Zippe sei anerkannter, studierter Physiker. So kam dieser in ein spezielles Lager, in dem er Ferdinand Brandner kennen lernte, der Fachmann für Flugzeugtriebwerke war. Dazu stieß der deutsche Physiker Max Steenbeck (in den späten fünfziger Jahren Direktor von Siemens), der sich seit den dreißiger Jahren mit der Plasmaforschung beschäftigte.
...
Was den arrivierten Technikern nicht gelungen war, schaffte der 22-jährige Anfänger Zippe schrittweise. Er ließ Zentrifugen mit sehr langen Kreiselarmen bauen, um das Gewicht bei hoher Drehzahl auszubalancieren. Die Trommel einer Waschmaschine rotiert bis zu 15-mal pro Sekunde. Zippes Zentrifuge musste hundertmal so schnell kreiseln, annähernd mit Schallgeschwindigkeit. Die Experten lachten ihn aus: „An rotierende Schornsteine glaube ich nicht." Aber das Prinzip funktionierte, und Zippe übergab im Winter 1953/54 in Leningrad seine Erfindung zur industriellen Weiterverarbeitung."
-Ends-

(aus: profil.at, „Erfinder: Der dritte Mann", 8.4.2004, Internet)

Die deutschen Forscher schufen für die Sowjets ein Anreichungsgrad von 30 Prozent. Im Jahre 1956 kehrten alle nach Hause zurück.

Ende der 1980er Jahre versuchten die Iraker „Zippe-Zentrifugen" mit deutscher Hilfe herzustellen.

Max Christian Theodor Steenbeck, geb.: 21. März 1904 in Kiel; gest.: 15. Dezember 1981 in Ost-Berlin, trat nach seiner Doktorarbeit 1927 als Laborleiter in die Wissenschaftliche Abteilung der Siemens-Schuckert-Werke in Berlin-Siemensstadt ein, wo er bis 1945 tätig war.

Steenbeck leistete Pionierarbeit in der Physik der Gasentladungen und der Plasmen. Er entwickelte das Betatron und hatte bereits 1927/28 eine Idee für ein Zyklotron und für das Synchro-Zyklotron. Ob Steenbeck und die Firma Siemens auch in die Entwicklung einer Röntgenstrahl-Kanone verwickelt war, ist nicht bekannt. Während des Zweiten Weltkrieges befasste sich Steenbeck auch mit dem Aufspüren und der Entschärfung magnetischer Seeminen.

Nach dem Einmarsch der Roten Armee in Berlin wurde Steenbeck im April 1945 verhaftet und als Zivilgefangener zunächst in ein Lager in Posen (Polen) gebracht.

Nachdem die Amerikaner die Atombomben auf Hiroshima und Nagasaki im August 1945 abgeworfen hatten, wollten die Russen nachziehen.

So wurde Steenbeck zunächst nach Moskau gebracht und kam dann nach Suchumi am Schwarzen Meer, wo bereits etwa 100 deutsche Spezialisten unter verhältnismäßig guten Bedingungen lebten und arbeiteten, darunter auch der Nobelpreisträger Gustav Herz und Manfred von Ardenne.

Steenbeck stellte eine Gruppe von Mitarbeitern zusammen, die sich mit dem Verfahren zur Trennung von Uran-Isotopen befasste. Er verfolgte seit Ende 1947 die Idee einer Gaszentrifuge und entwickelte, zunächst in Suchumi und später in Leningrad (dem heutigen St. Petersburg), eine erfolgreiche Version zusammen mit u.a Gernot Zippe.

Steenbeck kehrte im Sommer 1956 nach Deutschland zurück, wählte aber aus politischen Gründen die DDR und Jena als neuer Wohnsitz.

Interessant ist hier, dass weder Zippe, noch Steenbeck direkt in die Entwicklung von Gaszentrifugen in Deutschland während des Krieges verwickelt waren. Und doch konnte Zippe später zu *der* Kapazität in dieser besonderen Technologie der Urananreicherung werden.

Wie konnten diese Leute dies erreichen? Weil die Russen evtl. bereits entsprechendes, umfangreiches und detailliertes Forschungsmaterial aus Nazi-Deutschland zu diesem Thema erbeutet hatten, oder woanders her die Blaupausen zum Bau von UZ bezogen, sodass die Deutschen, die außer v. Ardenne keine reinen Atomforscher waren, trotzdem sich schnell und umfassend in die Materie einarbeiten konnten, um sie weiter zu verbessern und betriebsbereit zu machen?

Hatten die Russen nach Kriegsende bereits Ultra-Gaszentrifugen erbeutet und im Betrieb?

Erbeutetes Material aus der Kernforschung im „Protektorat", u.a von Skoda und dem Kammlerstab in Pilsen, das man bewusst von amerikanischer Seite den Sowjets großzügig überließ?

Wechselte kurz nach Kriegsende im Mai, Juni 1945 das ggfs. vom Kammlerstab ausgearbeitete Anreicherungsverfahren von Uran, sowie Leicht- und Schwerwasserreaktoren und der Bau von Atombomben die Seiten und geriet ungestört in sowjetische Hände. Generaldirektor Voss wollte diese unbedingt verhindern, aber U.S. Offiziere beharrten darauf, dass alles, was bei Skoda vorgefunden wurde, an die Russen ging.

Wussten die Sowjets, dass die Blaupausen auf Mikrofilm aus Pilsen ihnen zugespielt werden würden, nachdem der Krieg zu Ende gegangen war? Kannten sie die Forschungen bereits von etlichen Spionen, die in dem riesigen tschechischen Unternehmen heimlich tätig waren und brauchten nur darauf zu warten, bis die „regulären" innerhalb der U.S. Armee ihnen das Material auf dem Silbertablett servierten? Sowie auch weitere Kraftwerkstechnologie, die es den Sowjets ermöglichte, recht bald eigene A-Bomben zu fertigen?

Sind die genannten, offiziell bis dato bekannten Deutschen, die in der russischen Atomforschung (und auch anderen Bereichen) nach Kriegsende in der SU tätig waren, zum einen nur eine „Alibi-Veranstaltung", „Vorzeige-Personen" für die Öffentlichkeit und die offiziellen Geschichtsbücher, und profitierten sie von einem Wissenszuwachs, den sie aus anderen (SS-Forschungs-) Quellen erhielten, die bis heute unbekannt sind?

Wobei die SS wiederum die Informationen aus Verrat, Spionage, sowie Zusammenarbeit mit „Abtrünnigen" aus dem U.S. Militär, ggfs auch aus Los Alamos und Hanford, USA, via die Schweiz erhielten?

Quellen, wie die Millionen von Zeichnungen und Berichte, die man auf Mikrofilm bei Skoda gefunden hatte? Quellen von unbekannten SS und anderen in- und ausländischen Forschergruppen, die so geheim arbeiteten, dass sie bis heute unbekannt geblieben sind und es auch bleiben?

Denn über das, was in Pilsen beim Kammlerstab „gemauschelt" wurde, ist wenig bekannt, aber wohl entscheidend, was den weiteren Verlauf eines Dritten Weltkrieges betroffen haben könnte. Und somit „Above Top Secret"!

Hier haben wir eine geheimdienstliche „Gemengelage", immer nach dem Motto, der Feind meines Feindes ist mein Freund. Eine Vorgehensweise, die bis zum heutigen Tage anhält und immer wieder aufs Neue praktiziert wird!

Ging Kyschtym früher in Produktion (1946/47)? Gegebenenfalls mit UZ, Ultra-Gaszentrifugen zur Urananreicherung für russische Atombomben und Atomsprengköpfen für ICBMs, oder nach einem anderen Verfahren, das die Russen von den USA durch Spionage abkupferten oder von diesen auf verschlungenen Pfaden erhielten? Oder mit „alter Zentrifugentechnologie" von Paul Harteck, das ggfs. noch im Krieg zur Anwendung kam?

Oder bekamen die Russen auch hier zusätzlich „Nachhilfe" aus den USA, versteckt zum Beispiel hinter dem U.S. „Lend-Lease-Programm", damit sie für einen nächsten Krieg in der Lage waren, überhaupt Atomwaffen bauen zu können? Unter tatkräftiger Unterstützung deutscher Gefangener, die das sowjetische Atomprogramm mithalfen, aufzubauen?

Dazu heißt es:

„Seufzte ein Degussa-Sprecher: "Das Ganze ist nichts anderes als ein alter Hut.

Mit ähnlichen Geräten wie der nun zum Staatsgeheimnis erklärten Gaszentrifuge experimentierten **sowohl deutsche als auch amerikanische Wissenschaftler schon vor zwanzig Jahren im Zweiten Weltkrieg; 1941 wurden erste wissenschaftliche Arbeiten darüber in Deutschland veröffentlicht.**

Das Anliegen damals wie heute: die Gewinnung spaltbaren Materials als Brennstoff für Atombomben und Atomreaktoren - vor allem das Uran-Isotop 235."
(aus: Der Spiegel, „Das Staatsgeheimnis")

Genauso, wie die Russen „Nachhilfe" im Bau einer Fernrakete mit 3.000 Kilometer Reichweite von Dr. Schulz und seiner Gruppe bekamen, damit sie die Atomsprengköpfe überhaupt gen Westen verschießen konnten? Oder Nachhilfe bekamen, leistungsfähige Jagdflugzeuge für den Korea- oder den Vietnamkrieg einsetzen zu können, damit überhaupt ein anständiger Luftkampf MiG vs. U.S. Jet-Fighters zustande kam?

Weil man im Hintergrund im Jahre 1945 (oder früher) beschlossen hatte, durch einen globalen Atomkrieg, oder später durch den Kalten Krieg, neue Verhältnisse in der Welt herbeizuführen? Spielten und spielen die Russen bis heute bei diesem geheimen Vorhaben mit?

Konnte in Kyschtym ein Atommeiler bereits inoffiziell vor 1949 in Betrieb gehen und produzierte waffenfähiges Plutonium, das u.a. für atomar bestückte (Kegel-) Fernraketen bestimmt war?

Der deutsch/britische Spion Klaus Fuchs lieferte den Russen zwischen 1941 und 1943 wichtige theoretische Hinweise zum Bau einer Atombombe. Er soll 1946 der sowjetischen Auslandsspionage die komplette Beschreibung der amerikanischen Plutoniumbombe, Skizzen der Konstruktion, von Einzelteilen sowie die wichtigsten Abmessungen übergeben haben. (Übrigens: ein weiteres Indiz, dass die Amerikaner sehr wohl in der Lage waren, Atombomben selbst zu entwickeln und zu bauen, und nicht auf deutsche Hilfe angewiesen waren, wie die Propaganda und einzelne Autoren dies einem weismachen wollen!)

Ein weiterer Agent, den die Russen direkt in das amerikanische Atomprogramm platzieren konnten, war George Kowal, Deckname „Delmar". Während des Krieges wurde Kowal zur US-Armee eingezogen und dort eingesetzt, wo Plutonium, angereichertes Uran und Polonium (ohne die Hilfe aus Nazi-Deutschland!) hergestellt wurde. Kowals Informationen, so heißt es, hätten dazu beigetragen, die Fristen bei der Herstellung der russischen, „vaterländischen Atombombe" bedeutend zu verkürzen.

Hätten diese Informationen der Agenten aber ausgereicht, eine solche Anlage in der Größe der amerikanischen Atomfabrik, wie in Handford, W.A., in der Steppe der Ural-Provinz im Oblast Tscheljabinsk bei Osjorsk als „Tscheljabinsk-65" auf einer Gesamtfläche von 90 km² (der unterirdische Kern der Anlage dagegen dehnte sich nur einige Hektar im Untergrund aus) ohne fremde Hilfe errichten zu können?

Die kleine Stadt „Swerdlowsk-45" ist für ein riesiges Uranvorkommen in der Uralregion bekannt. Der Ort galt lange auch als Ziel ausländischer Geheimdienste. Unweit von „Swerdlowsk-45" ist am 1. Mai 1960 der berühmte US-Pilot Francis Gary Powers mit seinem CIA Lockheed U-2-Spionageflugzeug von der sowjetischen Raketenabwehr abgeschossen worden.

Swerdlovsk-45, oder die geschlossene Stadt Lesnoi, „Waldstadt", wurde im Jahre 1947 gegründet und beherbergte Mitarbeiter eines Kombinates zur Herstellung von Kernwaffentechnik.

Hinter den Ural wurde auch eine ganze Flugzeugfabrik evakuiert. 1946 begann Nowouralsk mit dem Bau einer Fabrik, um hoch angereichertes Uran für Atomwaffen zu produzieren. Dieser Ort, „Swerdlowsk-44" wurde ebenfalls zur geschlossenen Stadt erklärt.

Alle diese Anlagen, die kurz nach Kriegsende 1945 angefangen wurden, errichtet zu werden, zeigen, das die SU sehr schnell Atombomben bauen wollte, um für einen großen, globalen nuklearen Krieg gerüstet zu sein.

Für diese Atombomben wurden schnellstmöglich die Trägersysteme, wie Flugzeuge, Bomber und Raketen, am Anfang mit Hilfe deutscher Technologie, entwickelt und einsatzbereit gemacht.

Die Untergrundanlagen hinter dem Ural, wie ein Atommeiler (sowie ein Zyklotron oder Zentrifugen) zur Herstellung von waffenfähigem Plutonium, wurden mit russischen Flugabwehrraketen geschützt, die die U-2 abschossen. Diese Flugabwehrraketen werden wohl auf die deutsche „Wasserfall" und deren Weiterentwicklungen, sowie auf die Zielsuchsysteme, Radar und Fernsteuerung von ehemals Telefunken und anderen deutschen Firmen, sowie deren „Spezialisten", die nach Russland gingen oder gehen mussten, zurückgehen.

Auch könnte der Höhenaufklärer U-2 von Chefkonstrukteur Kelly Johnson von Lockheed Aircraft auf deutsche Vorarbeiten, wie eine Höhenaufklärer-Variante der DFS 1068, aufgebaut gewesen sein.

Der geheime Ort Kyschtym mit der U-Anlage zum Bau von Massenvernichtungswaffen, „Kerntechnische Anlage Majak", die industriemäßige Herstellung von spaltbarem Material, wurde am 29. September 1957 Schauplatz eines „Größten Anzunehmenden Unfalls", „GAU".

Kühlleitungen wurden undicht, die hochradioaktive flüssige Rückstände kühlten, die zur Aufbereitung der abgebrannten Uranbrennstäbe zur Gewinnung von Plutonium anfallen. Dieses kontaminierte Material wurde in großen Tanks wegen der „Nachzerfallswärme" gelagert. Die Kühlung fiel aus und die flüssigen Rückstände in den Tanks trockneten aus.

An jenem 29 September 1957 löste dann ein Funke eines im Tank liegenden Kontrollgerätes eine Explosion der auskristallisierten Nitrate aus. Dabei entstand „nur" eine chemische, nicht eine nukleare Explosion, die große Mengen an radioaktivem Material freisetzte. Der „Fallout" bewegte sich aber nur in niedrigeren Luftschichten (im Gegensatz zu Tschernobyl, wo solche Stoffe hoch in die Obere Atmosphäre geschleudert wurden und durch Winde um die halbe Welt verteilt wurden). 90 Prozent des radioaktiven Materials verblieb auf dem großen Betriebsgelände, die restlichen 10% wurden durch Windströme bis zu 400 km nordöstlich verteilt, die so genannte „Ost-Uralspur".

Die Explosion soll als leuchtender Schein hunderte Kilometer weit gesichtet worden sein und wurde als „Wetterleuchten" oder „Polarlicht" weg gedeutet.

Dieser „GAU" ist bis heute wenig bekannt, da er damals von der SU vertuscht wurde und nur die Ural-Region betraf. Erst in den 1970er Jahren gelangten Informationen darüber durch einen sowjetischen Journalisten in den Westen. Im Jahre 1989 gestand die sowjetische Führung den Unfall offiziell ein!

War es ein Unfall, der übliche russische „Schlendrian", oder eine Sabotage, die man ja auch gerüchteweise in Tschernobyl nachsagt?

Mit Sicherheit wurden und werden diese russischen Atomanlagen bis heute aus der Luft weiterhin aufgeklärt und überwacht. Nicht nur mit Satelliten oder hoch fliegenden U-2 Spionageflugzeugen.

Auch sehr tief, bis „Ameisenkniehöhe", fliegende, unbemannte und autonom agierende Aufklärer werden das Gebiet weiterhin überfliegen, um Kontrollmaßnahmen auszuführen.

Amerikanische Drohnen, die die Russen nicht wagen, zu bekämpfen oder abzuschießen.

Denn diese unbemannten Aufklärer sind akkreditiert, angemeldet. Die Russen wissen, welche Maschinen ihr Territorium schon seit Jahrzehnten überfliegen. Sie kennen deren Technik und den Auftrag der U.S. Drohnen. Die Russen haben ebensolche Aufklärer, die wiederum seit vielen Jahrzehnten ungehindert die USA und deren hochsensible Atom- und andere Militäranlagen überfliegen dürfen. Ungestraft!

Die meisten Personen, ob Militärangehörige, ob Zivilisten, kennen diese Fluggeräte nicht. Sie wissen nichts über diese Art der Luftaufklärung mit autonom fliegenden Drohnen. Sie werden es auch nie erfahren. Dies gehört zu den am best gehüteten Geheimnissen auf dieser Welt. Die Öffentlichkeit bekommt erzählt, es seien „UFOs", fliegende Untertassen, die gesichtet wurden.

Aber es sind russische und amerikanische EM-Flugkörper, die auch in den Büchern des Autors besprochen wurden.

Der Propaganda und Desinformation, der L-Presse sei Dank, dass bis heute „UFOs" die Welt aus der Luft aufklären können, ohne das sich irgendjemand beschwert!

Zum Glück blieb ein - gewollter - globaler Atomkrieg bis heute „kalt", auch Dank der Luftaufklärung dieser „Fliegenden Untertassen". Aber bis heute (2018) sind tausende Atomraketen mit Mehrfachsprengköpfen immer noch auf 15 Minuten „Readyness", um jederzeit ein weltweites nukleares Inferno loszubrechen.

Wie dieser bis jetzt verschobene Dritte Weltkrieg ausgelöst werden wird, ist unklar. Eine Theorie ist, dass sich die weltweiten Lebensbedingungen verschlechtern werden. Ein Szenario ist ein Bürgerkrieg, der in den USA mutwillig durch den jetzigen U.S. Präsidenten herbeigeführt wird, der sich negativ auf die weitere wirtschaftliche und militärische Lage in der Welt auswirken könnte. Auch Europa könnte durch „Divide and Rule" wieder in die Kleinstaaterei zurückfallen und wirtschaftliche Not, dazu die Überfremdung mit Millionen eingewanderter Flüchtlinge, könnte auch bei uns einen Bürgerkrieg auslösen.

Vorbereitungen, der Vorlauf zu einem U.S. Bürgerkrieg, wurden schon vor mehreren Jahren vorgenommen (Bau von „Fema/Homeland Security" Lager für Aufständige, Busse, Züge, Flugzeuge zum Abtransport, „Schwarze Listen" ect. Zahlt sich dieser Aufwand eines Tages aus? Ist es in Europa ähnlich?

Keine signifikanten Fortschritte in deutscher Atomforschung

„… been under construction at Falkenhagen, not far from Frankfurt an der Oder, when the war ended. All three plants were in Soviet hands. Although all chemical weapons and all traces of the nerve gases were removed from the Dyhernfurth plants before they were abandoned, the plants were not destroyed. Shells and bombs containing approximately 10,000 tons of Tabun had been hidden in places in the Soviet Zone and so had to be presumed to be in Soviet hands. The most profitable interrogation of all was that of the inventor of Tabun and Sarin, Dr Gerhard Schrader. Schrader did not know how Tabun had been given its name, but knew that Sarin stood for **S**chrader, **A**mbros, **R**ittler, and von der L**in**de (the other three were chemists who had helped to turn his invention into a weapon in production). Also interrogated was Professor Richard Kuhn, the inventor of the most toxic of the gases, Soman."

Von den drei in Deutschland entwickelten Kampfstoffen, Sarin, und Tabun, ist Soman das giftigste und am längsten in der Atmosphäre bestehende Nervengift.

Soman wurde im Frühjahr 1944 von dem Chemiker Richard Kuhn und seinem Mitarbeiter Konrad Henkel hergestellt. Bis Kriegsende wurden nur geringe Mengen für Versuche produziert. Die Sowjetunion erbeutete das Gift und stellte es in großen Mengen als „R-55" her.

"Owing to its importance to Germany's war effort, all factories, properties, and assets of I. G. Farben were, in November 1945, taken into the ownership and control of the Allied Control Council by its Law No. 9.

Since Tabun-filled weapons, the plants at Dyhernfurth and Falkenhagen, and quite possibly documents relating to nerve-gas manufacture had all fallen into Soviet hands, it had to be assumed that the Soviets would soon be capable of making the gases.

The Germans' submarines, torpedoes, aerodynamics, fuels, infra-red detection, and V-1 engine were all superior to the Allies' counterpart technologies, and the Soviets came by **German knowledge in all these fields as well**. However, in the field of atomic warfare the Germans had **not advanced beyond the level of Soviet science**.

…
When the war ended, the atomic energy project **under Werner Heisenberg was still at a** rudimentary stage. Research had made good progress until 1942, when the project's army supervisors had concluded that, **such was the difficulty of making a bomb, none could**

be made during the war. The prevailing view among them, and among the scientists working on the project, was that the war could be won in a year or two; accordingly, from 1942 more attention was given to the development of advanced weapons which might be completed quickly enough to be decisive within this space of time. As the prospect of defeat loomed, ever-greater efforts were devoted to putting "Wonder weapons" into service quickly. <u>The atomic project remained a civilian research and development programme</u>. Unlike the Manhattan Project, **it never moved from the laboratory to industrial-scale production. A self-sustaining atomic reactor was not built.** Nor was any fissionable material manufactured for use as explosive in an atomic weapon. Interrogation of captured scientists established that Allied fears of Nazi Germany's biological warfare capability had been exaggerated as well.
German Periodic State Report 47, 25/4/1946, FO 1031/70; ...

Anmerkung:

Wenn es im Zweiten Weltkrieg keinen deutschen Atommeiler gab, woher kam die Technologie, um im Eulengebirge, an dem Fluss „Säuferwasser" ein Leichtwasser-Reaktor zu bauen, dessen Fundamente noch heute (Stand 2018) zu besichtigen sind?

Wenn es im Jonatal einen Schwerwasser-Reaktor gab, wo kam er her?

Wenn es in „B-8 Bergkristall" nahe dem Nieder-Österreichischen Örtchen St. Georgen an dem Fluss Gusen ein weiterer Leichtwasser-Reaktor gegeben haben soll, woher stammt die Technologie, um solche Anlagen auf deutschem Boden zu errichten?

Woher kamen die Zyklotrone oder Gaszentrifugen, um Uran anzureichern?

Alles unter den beschränkten Mitteln eines kriegsgeschüttelten Deutschlands hervorgebracht (im Vergleich zu den drei riesigen Arealen, wo in den USA Atomforschung und -produktion stattfand)?

Oder kam die Initialzündung aus Los Alamos, N.M. und Hanford, WA, USA? Verraten über die Schweiz an deutsche Forschungsstellen, an General Hans Kammler und die SS?

Sind die genannten und in der Öffentlichkeit bekannten Ingenieure und Wissenschaftler im Zusammenhang mit der deutsche Atomforschung nur die „Vorzeige-Personen", um dahinter die riesigen Machenschaften, die „Verschwörung", in die hauptsächlich die Vereinigen Statten verwickelt sind, eben nur eine Ablenkung, um in der Öffentlichkeit ein wesentlich „harmloseres" Bild des Zweiten Weltkrieges vorzugaukeln?

Schlussbetrachtung

Schaut man sich, auch als unabhängiger Privatmann, nur einmal die offizielle Darstellung, die Historie des Zweiten Weltkrieges an, stößt man ungewollt auf jede Menge Ungereimtheiten.

Bohrt man tiefer, tun sich geradezu unglaubliche Abgründe auf!

Es gibt einen hohen Grad an Desinformation, mutwillig von vielerlei Personen, ob aus der Geschichtsforschung, dem Militär und Geheimdienst, sowie von – gedungenen – „Privatleuten", Autoren (ex Geheimdienst/Militär, Angeworbene) seit Jahrzehnten verbreitet, um bestimmte Dinge und Abläufe zu verschleiern.

Machenschaften, die, würden sie aufgedeckt werden, zu einem gigantischen Skandal führen, der unbedingt vermieden werden muss.

Dies ist durchaus verständlich, handelt es sich doch unter anderem um militärische Geheimnisse, die teilweise heute noch Gültigkeit haben, die vertuscht werden müssen. Zum anderen würde bei bestimmten Enthüllung herauskommen, wie wenig die Begriffe Moral, Anstand, Ehrlichkeit, Gerechtigkeit, Frieden und Freiheit und so fort, tatsächlich wert sind!

Wir leben in einer militarisierten Welt, da hat die Wahrheit keinen Platz. Auch Frieden und Freiheit und ein Menschenleben ist auf unserer Welt nicht all zu viel wert. Auf diesem Planeten herrscht das Recht des Stärkeren, ob früher mit Muskeln oder heute mit High Tec (inklusive MK und ausgefeilte Manipulationstechniken, um damit dauerhaft ganze Völker hinters Licht zu führen).

Kriege finden nicht nur auf dem Schlachtfeld statt, sondern in allen Bereichen des täglichen Lebens der Menschen.

Krieg in der Bankenwelt, in der Wirtschaft, in der Politik usw., usw.

Alles und jeder wird als Machtinstrument missbraucht.

Wohlgemerkt, der Krieg wird in der Hauptsache gegen den Normalbürger geführt!

Wie sagte erst vor kurzem jemand betreffend spezieller Finanzmarkgeschäfte so schön, wo mehrere EU-Staaten ihrer Steuern beraubt wurden, dass ihn im Finanzbereich mittlerweile gar nichts mehr wundert, bezüglich krimineller Energie die aufgewendet wird, um gnadenlos abzuzocken.

„Wer die Finanzen eines Staates beherrscht, beherrscht das Land!", sagte sinngemäß ein Banker einer Großfamilie, die schon seit Generationen die unbedarften Bürger weltweit abgezockt haben.

Wenn man auf dieser Welt lebt, sollte man sich im Klaren sein, dass wir nicht in einem Paradies leben und das auf absehbare Zeit auch keine goldenen Zeiten, zumindest nicht für den Normalbürger, in Sicht sind.

Aber die Hoffnung stirbt zuletzt. Möge am Ende eine bessere Welt stehen!

-Ende-

www.ingramcontent.com/pod-product-compliance
Lightning Source LLC
Chambersburg PA
CBHW021403210526
45463CB00001B/210